2025 MBA MPA MEM MPAcc

管理类联考数学

条件充分性判断

100%原创题

紧扣真题新考法

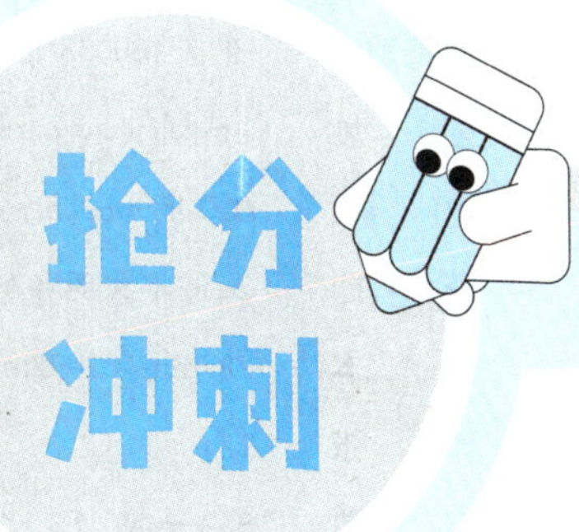

抢分冲刺

主编 ◎ 吕建刚 罗瑞

中国政法大学出版社

2024 · 北京

图书在版编目（CIP）数据

管理类联考数学. 条件充分性判断400题/吕建刚，罗瑞主编. —北京：中国政法大学出版社，2024.5（2024.8重印）

ISBN 978-7-5764-1473-8

Ⅰ.①管… Ⅱ.①吕… ②罗… Ⅲ.①高等数学—研究生—入学考试—习题集 Ⅳ.①O13-44

中国国家版本馆CIP数据核字(2024)第102684号

出 版 者　中国政法大学出版社

地　　址　北京市海淀区西土城路25号

邮寄地址　北京100088信箱8034分箱　邮编100088

网　　址　http://www.cuplpress.com (网络实名：中国政法大学出版社)

电　　话　010-58908285(总编室) 58908433（编辑部） 58908334(邮购部)

承　　印　三河市文阁印刷有限公司

开　　本　787mm×1092mm　1/16

印　　张　15

字　　数　352千字

版　　次　2024年5月第1版

印　　次　2024年8月第2次印刷

定　　价　49.80元

·如何解决管综数学最大难题·

一、认识条充题

管理类联考数学分为两种题型：问题求解（即传统的单选题）和条件充分性判断，其中条件充分性判断题（简称“条充题”）是管理类联考数学独有的题型，同学们在过往的数学学习中，并没有遇到过此类题型，因而和传统的选择题（即问题求解）相比，考生的训练量更少、基础更薄弱．根据调查分析和往届学生的反馈，我们发现，大部分学生对条充题的认识模棱两可，虽然能做但正确率不高，哪怕备考后期还是很迷茫，是管综数学的主要失分点．

在目前的备考阶段，同学们应该对条件充分性判断题有以下基础认知：

1. 充分性的定义

对于两个命题 A 和 B，若有 $A\Rightarrow B$，则称 A 为 B 的充分条件．

2. 题目构成

题干先给出结论，再给出两个条件，判断由给定的条件是否可以推出题干中的结论．

例 1 已知等比数列$\{a_n\}$的公比大于 1（题干条件）．则$\{a_n\}$为递增数列（结论）．

（1）a_1 是方程 $x^2-x-2=0$ 的根．　　　（条件 1）

（2）a_1 是方程 $x^2+x-6=0$ 的根．　　　（条件 2）

条件充分性判断题为固定题型，其选项设置均相同，本书之后将不再单独注明．考试中真题是在第 16 题前统一放置选项，各位同学需了解．

（A）条件（1）充分，条件（2）不充分．

（B）条件（2）充分，条件（1）不充分．

（C）条件（1）和条件（2）单独都不充分，但条件（1）和条件（2）联合起来充分．

（D）条件（1）充分，条件（2）也充分．

（E）条件（1）和条件（2）单独都不充分，条件（1）和条件（2）联合起来也不充分．

3. 如何选出答案

由上述选项的设置，可以得出条件充分性判断题的做题步骤如下：先分别单独判断条件（1）和条件（2）能否推出结论，如果都不能，将两个条件联合，再判断能否推出结论．具体分析见下表：

<table>
<tr><th>条件(1)
能否推出结论</th><th>条件(2)
能否推出结论</th><th>两个条件联合
能否推出结论</th><th>答案</th></tr>
<tr><td>能</td><td>不能</td><td rowspan="3">—</td><td>(A)</td></tr>
<tr><td>不能</td><td>能</td><td>(B)</td></tr>
<tr><td>能</td><td>能</td><td>(D)</td></tr>
<tr><td rowspan="2">不能</td><td rowspan="2">不能</td><td>能</td><td>(C)</td></tr>
<tr><td>不能</td><td>(E)</td></tr>
</table>

4. 条充题的难点

条充题的考法新颖，判断“是否充分”的过程实质上是一种逻辑推理的过程，需要考生深入理解、运用所学的知识，通过分析和推理来解决问题．其难点主要体现在：

（1）做题顺序与以往不同：与传统的选择题不同，条件充分性判断是由下而上的做题过程，由下面两个条件通过单独或联合的方式推导结论，很多同学是第一次接触这种题型，经常将做题顺序弄反，从而导致结果错误．

（2）计算结果与以往不同：因为是判断条件的充分性，因此有时不需要条件推导的结果与结论一致，只需要条件推导的结果在结论的范围内即可，即条件是结论的子集，这与传统的数学题思路是有不同的，需要一段时间的训练才能适应．

（3）不给出具体的数值：数学作为一门计算学科，传统的数学题目都是带有具体的数值（或字母）的，然而近几年真题中的条充题频频出现“无数值型”题目，这对于习惯了计算具体数值的学生们来说是很难接受的．

（4）易出陷阱题：例如经常有同学出现不该先联合但是一上来就联合了，需要联合反而忘记联合的情况；例如有时涉及一些逻辑关系词，A 或 B，A 且 B 等，很多同学会在这种逻辑关系分析上出错．

以下两道例题可以让同学们体会到条充题相对于问题求解题的难度：

例 2 已知 x 为正实数，$x^2-\frac{1}{x^2}=3\sqrt{5}$，则 $x-\frac{1}{x}=$（　　）．

（A）$\sqrt{5}$　　（B）$\sqrt{7}$　　（C）$\pm\sqrt{5}$　　（D）$\pm\sqrt{7}$　　（E）$\sqrt{15}$

【解析】 题干两边平方，可得 $x^4+\frac{1}{x^4}-2=45$，$x^4+\frac{1}{x^4}=47$，左右两边加 2，可得 $x^4+\frac{1}{x^4}+2=49$，即 $\left(x^2+\frac{1}{x^2}\right)^2=49$，故 $x^2+\frac{1}{x^2}=7$.

上式左右两边加 2，可得 $x^2+\frac{1}{x^2}+2=9$，即 $\left(x+\frac{1}{x}\right)^2=9$，因为 x 为正实数，则 $x+\frac{1}{x}=3$，$x^2-\frac{1}{x^2}=\left(x+\frac{1}{x}\right)\left(x-\frac{1}{x}\right)$，因而 $x-\frac{1}{x}=\sqrt{5}$.

【答案】（A）

在问题求解中，按部就班推导即可，整体计算难度不大，但如果换成条件充分性判断：

例 3（2022 年真题）已知 x 为正实数．则能确定 $x-\frac{1}{x}$ 的值．

（1）已知 $\sqrt{x}+\frac{1}{\sqrt{x}}$ 的值．

（2）已知 $x^2-\frac{1}{x^2}$ 的值．

不难发现，条件虽然说“值已知”，但是并未给出具体数值，结论也不需要计算出具体结果．如果给条件赋一个具体的数，例如条件（2），假设 $x^2-\frac{1}{x^2}$ 是一个正数，算出 $x-\frac{1}{x}$ 的值之后，还需要考虑值为负数的时候成不成立，这就表明，此类“无数值型”的题目，如果赋具体的数，需要考虑多种情况，不能有遗漏．而如果这个已知的值不赋具体的数，而是用一个字母代替，则显然不如具体的数直观，整体计算难度也会增加很多．

另外，如果两个条件都不充分，可能还要考虑联合的情况．因而不论是题目理解还是计算过程，条充题的难度都远大于问题求解．

二、条充题如何学

1. 构建知识体系

在对条充题进行系统训练之前，大家应当先以考试大纲给出的考点为脉络，建立完整的知识体系．因为条充题虽然是一个全新的命题形式，但考查的内容依然是初等数学的知识和母题模型．例如：

例 4（2024 年真题）设 a 为实数，$f(x)=|x-a|-|x-1|$．则 $f(x)\leqslant 1$.

（1）$a\geqslant 0$.

（2）$a\leqslant 2$.

观察题目可看出，本题考查的知识点是绝对值线性和问题中的“两个线性差”，这些基本的知识点和相关结论做题之前必须要掌握，我们在《数学要点 7 讲》和《数学母题 800 练》中，对大纲内所有的知识点和结论都有详细的阐述，掌握了这些之后，才能快速且正确地解出题目．

【解析】若想 $f(x)\leqslant 1$，需满足 $f(x)_{max}\leqslant 1$. 形如 $y=|x-a|-|x-b|$ 是绝对值线性和问题，由“两个线性差”的结论知 $y_{max}=|a-b|$，故本题 $f(x)$ 的最大值为 $|a-1|$，即 $|a-1|\leqslant 1$，解得 $-1\leqslant a-1\leqslant 1$，则 $0\leqslant a\leqslant 2$.

对比条件(1)和条件(2)，易知两个条件单独均不充分，联合充分．

【答案】（C）

观察解析过程还会发现，本题还涉及不等式恒成立问题和解绝对值不等式的知识．因此，掌握好大纲的基本知识点，构建完整知识体系，是解决条件充分性判断题目的前提．同学们可以跟着《数学要点 7 讲》《数学母题 800 练》将所有管综数学涉及的知识学习到位，完善自己做条充题的知识储备．

2. 训练解题方法

条充题形式上与众不同，自然也有其特有的解题方法，而大多数同学却将条充题当证明题去做，去证明这些条件对结论来说是否充分，这无形中增加了做题的难度，也忽视了管综数学做题的灵活性．面对条充题，同学们应当善用以下方法：

（1）反例法：通过举反例的方式，快速确定某个条件的不充分性．

例 5 （2021 年真题）某单位进行投票表决，已知该单位的男、女员工人数之比为 3∶2．则能确定至少有 50％的女员工参加了投票．

（1）投赞成票的人数超过总人数的 40％．

（2）参加投票的女员工比男员工多．

【解析】女员工投票比例$=\frac{\text{参与投票的女员工人数}}{\text{女员工总数}}$，要使该比例最小，则使女员工投票人数最少．

假设总人数为 50，则男、女员工人数分别是 30，20．

条件(1)：投赞成票的人数超过总人数的 40％，即大于 20 人．举反例，假设全是男员工投票，则女员工投票比例为 0，故条件(1)显然不充分．

条件(2)：举反例，假设女员工有 2 人投票，男员工有 1 人投票，则有 10％的女员工参加了投票，故条件(2)显然不充分．

联合两个条件，由条件(1)可知投赞成票的人数最少是 21，假设投票的员工都是投赞成票，再根据条件(2)，参加投票的女员工比男员工多，则女员工最少有 11 人投票，此时女员工投票比例为$\frac{11}{20}>50\%$，故两个条件联合充分．

【答案】(C)

（2）赋值法：题目条件是“已知 XX 的值”时，可以直接赋值，方便运算．

例 6 （2022 年真题）两个人数不等的班数学测验的平均分不相等．则能确定人数多的班．

（1）已知两个班的平均分．

（2）已知两个班的总平均分．

【分析】这里没有说明具体分数，我们不妨直接赋值，将条件变为：

(1)第一个班的平均分是 80 分，第二个班的平均分是 90 分．

(2)两个班的总平均分是 86 分．

【解析】条件(1)：知道两个班平均分，但是没有两个班其他的关系，无法判断，不充分．

条件(2)：知道总平均分但是不知道各自平均分也无法判断，不充分．

联合两个条件，不妨设第一个班人数为 x；第二个班人数为 y．

则有$\frac{80x+90y}{x+y}=86$，解得$\frac{x}{y}=\frac{2}{3}$，可得人数多的班为第二个班．故两个条件联合可确定人数多的班．

【答案】(C)

（3）从结论出发法：当从条件入手不方便计算，而结论更方便计算时，可以先计算结论的结果，再与条件对比，只要保证条件是结论的子集即可．

例 7 （2019 年真题）直线 $y=kx$ 与圆 $x^2+y^2-4x+3=0$ 有两个交点.

（1）$-\frac{\sqrt{3}}{3}<k<0$.

（2）$0<k<\frac{\sqrt{2}}{2}$.

【解析】利用条件推结论是不太方便的，因而我们可以先计算结论成立时 k 的范围.

将圆的方程化为标准式：$(x-2)^2+y^2=1$，故圆心为$(2,0)$，半径为 1.

若结论成立，则直线与圆相交，故圆心到直线的距离小于半径，即

$$\frac{|2k-0|}{\sqrt{k^2+(-1)^2}}<1\Rightarrow -\frac{\sqrt{3}}{3}<k<\frac{\sqrt{3}}{3}.$$

对比条件(1)和条件(2)，只有条件(1)是结论的子集，因此本题条件(1)充分，条件(2)不充分.

【答案】(A)

上述 3 种方法是条充题常用的快速解题法，更多、更系统的方法详见本书第 1 部分.

3. 总结出题规律

近 10 年管综真题中条件充分性判断题的考频统计如下：

年份 \ 题量（道） \ 讲次	算术	整式与分式	函数、方程、不等式	数列	几何	数据分析	应用题
2015	3	1	2	2	2	1	0
2016	1	0	3	1	2	1	2
2017	2	0	3	0	2	1	3
2018	1	0	3	1	3	0	2
2019	2	0	2	2	3	1	1
2020	2	0	3	0	3	2	0
2021	2	0	1	1	3	0	4
2022	2	2	0	2	2	0	2
2023	1	0	1	2	2	1	3
2024	2	1	3	1	1	1	1
合计	18	4	21	12	23	8	18
平均每年	1.8	0.4	2.1	1.2	2.3	0.8	1.8

说明：

（1）由于很多数学题目都是一道题目涉及多个知识点，故以上题目统计可能存在少许误差，这是由数学题的性质决定的，请大家理解.

（2）同样，由于存在一个题目多个考点的问题，以上统计存在重复. 故近 10 年真题共有考题 100 道，但以上各题型统计的数量之和多于 100 道.

通过上表中的数据可知，“几何”的考频最高，平均每年考查 2.3 道．这是因为，“几何”的内容最多，包含平面几何、空间几何和解析几何三大部分，而这三部分考频的关系是：解析几何>平面几何>空间几何．由此可见解析几何在条件充分性判断题中的重要性，同学们在复习时应当有所侧重．

其次，“算术”“函数、方程、不等式”“应用题”这三部分也有举足轻重的地位．

最后，“整式与分式”“数列”“数据分析”这三部分的考频较低，不是因为这三部分不重要，而是相对于其他讲次，这三部分本身的内容较少，但常和别的讲次综合考查．

4. 系统综合训练

因为考试所涉及的题型及内容比较庞杂，同学们在训练条件充分性判断题时，应该从以下几方面入手：

（1）基础题＋技巧的训练．

从基础题入手，此时题目难度不大，只涉及基础的知识点，比较容易掌握解题规律，逐渐熟悉各种技巧的应用．这个阶段主要是加深大家对条充题的认识和理解，减少陌生感．

（2）专项题型训练．

根据真题的出题分布，对重点命题内容多做训练，掌握重点题型的命题规律、出题形式及解题方法．

（3）仿真训练．

市面上参考教材难度不一，题目质量也参差不齐，同学们需要找到贴合真题出题形式、命题规律和出题难度的题目去训练，才能提高解题水平．同时，大家在此阶段要进行限时训练，对自己的做题速度有一个整体的把握．

三、本书内容设置

基于对条件充分性判断题型的深刻剖析和对学生实际学习情况的考量，我们将全书内容设置如下：

框架结构	内容涵盖	详细说明
第 1 部分 11 大破题技巧	第 1 篇　4 大解题方法 从条件出发法 从结论出发法 特值验证法 逻辑推理法	以条充题最基础也是最重要的内容为起点，正式进入本书的学习．此部分详细展示每种解题方法的适用情况和解题思路，先帮同学们建立系统的解题思维．
	第 2 篇　7 大条件关系 矛盾关系 包含关系 等价关系 互补关系之变量缺失 互补关系之定性定量 其他互补关系 相互独立关系	题干的两个条件一般是呈现一定关系的，并且这些关系在解题中有很大的辅助作用，通过对十几年真题答案规律的分析，可以发现，当判断好条件关系之后，既可以更好地把握做题的方向，也能帮助验证答案是否正确合理． 此部分归纳了七种易判断的条件关系，基本涵盖真题的命题形式，同学们可以通过对这部分内容的学习，做到两点：一是能够清楚分析出条件关系，二是根据真题的答案规律，大致给出可能的选项．

续表

框架结构	内容涵盖	详细说明
第 2 部分 5 大命题陷阱	单独充分陷阱 “指定对象取值”陷阱 “存在”陷阱 “并且”与“或者”陷阱 范围或定义域陷阱	做条充题时，大家常会掉入命题组设置的各种陷阱中，导致不必要的失分．此部分以十几年的真题为样本，总结陷阱类型，让大家能快速识别各类陷阱，注意到有可能掉进陷阱的情况．
第 3 部分 7 大专项冲刺	专项冲刺 1～7	按考试大纲分为 7 个专项，根据真题考查频率设置每个专项的题目数量和难度，尽可能多地将所有考点以条充题的形式考查，让同学们掌握这些考点在条充题中的应用．
第 4 部分 真题必刷卷	2020—2024 年真题	在掌握了条充题的解题技巧和大纲内所有考点后，趁热打铁，利用近 5 年真题进行自我检验．为了加深同学们对条件关系的理解，所有题目解析均从条件关系出发，将条件关系充分运用于实战．
第 5 部分 满分必刷卷	满分必刷卷 1～15	设置了 15 套满分必刷卷，每套题目均标有难度星级，整体难度由低到高，同学们可以进行实战训练，提高整体的解题速度和正确率．

四、本书如何使用

1. 适用人群

本书适用于备考 199 考试的所有考生，以下考生可以通过本书提高联考数学的水平:

（1）基础比较薄弱、想要快速提分的考生．

（2）有基础、但是对条充题束手无策的考生．

（3）有基础、但是想要提高解题速度和正确率的考生．

2. 学习目标

本书旨在帮助考生深入理解条件充分性判断这种题型，提高解题能力和应试能力，从而更好地应对考试．具体而言，本书的学习目标包括:

（1）认识条充题的基本命题形式和解题步骤，掌握基本的做题方法和技巧;

（2）把握真题的命题特点和规律，如条件关系、命题陷阱、各讲考点的命题方向等;

（3）熟练运用所学知识和技巧，解决较复杂的条充题目，提高做题速度和正确率．

3. 学习计划

本书是针对联考数学中“条件充分性判断”题目的专项强化训练，适用于一轮复习之后至考前冲刺阶段．本书对于数学基础有一定的要求，需要先学习完联考数学的全部内容（可参考《数学要点 7 讲》《数学母题 800 练》），再使用本书．

（1）根据考生学习形式的不同，制定如下学习计划:

①在校生/全日制考生．

在校生通常有较长的学习时间，全日制的分数线较高，建议每天的学习时间为 2～4 个小时．

本书的前两部分至少学习三轮，达到熟练掌握的程度．后三部分是训练题，至少做两遍．

每部分的具体时间分配为：

本书内容	学习时间	说明
第 1 部分　11 大破题技巧	3～4 天	4 大解题方法的例题均为真题，由于大多数考生对于真题较为熟悉，故本部分可在半天内学完． 分析真题的“条件关系”是一种新能力，需要考生认真训练．另外，由于本书并未将 2020 年以前的所有真题展示出来，故为了提高分辨条件关系的能力，考生还可以利用剩余的真题自行训练．
第 2 部分　5 大命题陷阱	1～2 天	考生经常因为各种陷阱失分，故真题陷阱的设置方式也需熟练掌握．做这部分的题目，不求速度，但一定要仔细认真，熟记每种陷阱的命题特点．
第 3 部分　7 大专项冲刺 第 4 部分　真题必刷卷 第 5 部分　满分必刷卷	10～20 天	本书的后三部分是刷题训练，共有 404 题，建议每天 20～40 题，具体情况考生可以根据自己的时间安排．其中真题必刷卷和满分必刷卷建议限时完成，每套限时 30 分钟．

②在职生/非全日制考生．

在职生通常工作较忙，建议每天的学习时间为 1～2 个小时，在周末和假期适当增加学习时间．全书内容至少学习两轮，重点学习本书的前三部分．

每部分的具体时间分配为：

本书内容	学习时间	说明
第 1 部分　11 大破题技巧	4～5 天	解题方法是做条充题的基本逻辑，需要熟练掌握． 在职生的复习时间较短，更需要技巧的辅助．因此，会分析“条件关系”对做题速度不够快的考生来说无异于“如虎添翼”．
第 2 部分　5 大命题陷阱	2 天	考生经常因为各种陷阱而失分，故真题陷阱的设置方式也需熟练掌握．
第 3 部分　7 大专项冲刺 第 4 部分　真题必刷卷 第 5 部分　满分必刷卷	13～20 天	后三部分共有 404 题，建议每天 20～30 题，其中真题必刷卷和满分必刷卷建议限时完成，每套限时 30 分钟．

（2）根据考生对考试分数要求的不同，制定如下学习计划：

①分数要求 190 分以内．

完全掌握“解题方法”，牢记每种“条件关系”对应的真题答案规律，在后三部分的训练中运用条件关系及规律进行快速解题，争取做到 10 道题对 6 道以上．

②分数要求 190～210 分左右．

完全掌握“解题方法”“条件关系”，全面掌握“专项冲刺”的习题，真题必刷卷和满分必刷卷要在规定时间内完成，争取做到 10 道题对 8 道以上．

③分数要求 210 分以上．

除了上述要求外，还需掌握“命题陷阱”，对“专项冲刺”重点练习，务必每道题都能完整推出，真题必刷卷和满分必刷卷要在规定时间内完成，争取做到 10 道题对 9 道以上．

CONTENTS

目录

第 1 部分　11 大破题技巧

01

第 1 篇　4 大解题方法

第 2 篇　7 大条件关系

第 2 部分　5 大命题陷阱

02

第 3 部分　7 大专项冲刺

03

第 4 部分　真题必刷卷

04

第 5 部分　满分必刷卷

05

第 1 部分

11大破题技巧

第1篇　4大解题方法

方法1　从条件出发法

条件充分性判断题的本质是：条件(1)能推出结论吗？条件(2)能推出结论吗？在条件(1)和条件(2)单独都不能推出结论的情况下，两个条件联合能推出结论吗？

因此，解条件充分性判断题的根本方法就是由条件出发，验证条件能否推导出题干中的结论(一般是“则”后面的语句).

真题例析

例1 (2019年真题)能确定小明的年龄.

(1)小明的年龄是完全平方数.

(2)20年后小明的年龄是完全平方数.

【方法说明】本题的结论没有任何可用信息，若想求小明的年龄，只能从条件入手，是很典型的从条件出发的题目.

【解析】先看条件(1)能否推出结论：小明的年龄可能为1，4，9，…，不能唯一确定，不充分.

再看条件(2)能否推出结论：小明的年龄可能为5，16，29，…，不能唯一确定，不充分.

联合两个条件：设小明的年龄为m^2，20年后的年龄为$20+m^2=n^2(m, n\in \mathbf{N}_+)$，整理得

$$(n+m)(n-m)=20=5\times 4=10\times 2=20\times 1.$$

由奇偶性可知，$n+m$与$n-m$同奇同偶，故只能是$n+m=10$，$n-m=2$，解得$m=4$，$n=6$.故小明的年龄为$4^2=16$，两个条件联合充分.

【秒杀方法】本题也可以用穷举法，在人类的年龄范围内穷举即可.

条件(1)：小明的年龄可能为1，4，9，16，25，36，49，64，81，100.

条件(2)：小明的年龄可能为5，16，29，44，61，80.

两个条件皆满足的只有16，故两个条件联合充分.

【答案】(C)

例2 (2018年真题)甲购买了若干件A玩具，乙购买了若干件B玩具送给幼儿园，甲比乙少花了100元.则能确定甲购买的玩具件数.

(1)甲与乙共购买了50件玩具.

(2)A玩具的价格是B玩具的2倍.

【方法说明】两个条件分别给出一个已知量，将已知量代入题干可以分析甲购买的玩具件数，因此本题适合从条件出发.

【解析】设甲、乙购买的玩具数量分别为 x 件、y 件，A，B玩具的价格分别为 a 元、b 元.

先看条件(1)能否推出结论：$\begin{cases}x+y=50,\\by-ax=100,\end{cases}$ 无法确定 x 的值，不充分.

再看条件(2)能否推出结论：$\begin{cases}a=2b,\\by-ax=100,\end{cases}$ 无法确定 x 的值，不充分.

联合两个条件：$\begin{cases}x+y=50,\\a=2b,\\by-ax=100,\end{cases}$ 整理可得 $b(50-3x)=100$，无法确定 x 的值，不充分.

【答案】(E)

方法2 从结论出发法

若通过条件很难直接计算结论，但题干和结论有定量关系，可以进行计算，则可以从结论出发解题，步骤如下：

第1步：从结论出发进行计算，将结论转化成一个表述更为简单的等价结论.

第2步：分析条件(1)和条件(2)是否能推出这个简单的等价结论.

【易错警示】将结论进行等价转换后，切记一定要去分析条件能否推出结论，而不能误以为是结论推出条件.

真题例析

例3 (2019年真题)直线 $y=kx$ 与圆 $x^2+y^2-4x+3=0$ 有两个交点.

(1)$-\frac{\sqrt{3}}{3}<k<0$.

(2)$0<k<\frac{\sqrt{2}}{2}$.

【方法说明】本题的两个条件都是范围而非具体的值，通过范围去分析结论并不方便．另外，结论本身的内容足够具体，是可以计算出结果的，因此，可以从结论出发，将结论简化为等价结论.

【解析】直线与圆有两个交点，即圆心到直线的距离小于半径.

圆的方程整理成标准式，得 $(x-2)^2+y^2=1$，故圆心为(2，0)，半径为1.

圆心到直线距离小于半径，即 $\frac{|2k-0|}{\sqrt{k^2+(-1)^2}}<1\Rightarrow-\frac{\sqrt{3}}{3}<k<\frac{\sqrt{3}}{3}$.

因此本题的等价结论为$-\frac{\sqrt{3}}{3}<k<\frac{\sqrt{3}}{3}$.

下面来分析两个条件能否推出等价结论：

条件(1)：$-\frac{\sqrt{3}}{3}<k<0$在等价结论的范围内，可以推出结论，充分.

条件(2)：$0<k<\frac{\sqrt{2}}{2}$有一部分不在等价结论的范围内，推不出结论，不充分.

【答案】(A)

例4 (2017年真题)设a，b是两个不相等的实数．则函数$f(x)=x^2+2ax+b$的最小值小于零.

(1)1，a，b成等差数列.

(2)1，a，b成等比数列.

【方法说明】两个条件都是关于a，b的关系式，结论是求二次函数的最小值，也可以简化成关于a，b的关系式，故本题可以先从结论出发，将结论简化为等价结论.

【解析】从结论出发．由一元二次函数的顶点坐标公式，可得$f(x)=x^2+2ax+b$的最小值为$\frac{4b-4a^2}{4}=b-a^2$，因此本题的等价结论为$b-a^2<0$.

下面来分析两个条件能否推出等价结论：

条件(1)：1，a，b成等差数列，故$2a=1+b$，$b=2a-1$，则

$$b-a^2=2a-1-a^2=-(a^2-2a+1)=-(a-1)^2\leqslant 0.$$

又$a\neq b$，因此$2a-1\neq a\Rightarrow a\neq 1$，故$b-a^2=-(a-1)^2<0$. 条件(1)充分.

条件(2)：1，a，b成等比数列，故$a^2=b$，$b-a^2=0$. 条件(2)不充分.

【答案】(A)

例5 (2015年真题)已知$M=(a_1+a_2+\cdots+a_{n-1})(a_2+a_3+\cdots+a_n)$，$N=(a_1+a_2+\cdots+a_n)\cdot(a_2+a_3+\cdots+a_{n-1})$. 则$M>N$.

(1)$a_1>0$.

(2)$a_1a_n>0$.

【方法说明】本题的题干条件很复杂，无法通过条件直接代入去验证，因此，可以从结论出发，先将M和N化简，将结论简化为等价结论.

【解析】M和N有公共部分，故使用换元法.

令$a_2+a_3+\cdots+a_{n-1}=t$，则$M=(a_1+t)(t+a_n)$，$N=(a_1+t+a_n)t$.

通过作差法比较M和N的大小：

$$M-N=(a_1+t)(t+a_n)-(a_1+t+a_n)t=a_1a_n.$$

故本题的等价结论为$a_1a_n>0$.

下面来分析两个条件能否推出等价结论：

条件(1)：a_n的正负未知，不能确定$a_1a_n>0$. 条件(1)不充分.

条件(2)：$a_1a_n>0$，与等价结论一致，故条件(2)充分.

【答案】(B)

方法 3　特值验证法

情况 1　赋值法

如果题目的条件为“已知…的值”，或仅仅给出几个对象之间的某种关系，或仅有比例、百分比，而没有给出具体的值，则可以直接用一个字母或具体数值代替它的值．

真题例析

例 6 (2022 年真题)已知 x 为正实数．则能确定 $x-\frac{1}{x}$ 的值．

(1)已知 $\sqrt{x}+\frac{1}{\sqrt{x}}$ 的值．

(2)已知 $x^2-\frac{1}{x^2}$ 的值．

【方法说明】本题没有任何具体的数，赋值时可以用字母来代替，但是难度较大．也可以赋具体的数值．

【解析】方法一：赋字母．

条件(1)：令 $\sqrt{x}+\frac{1}{\sqrt{x}}=a$(根据对勾函数的性质可知 $a\geqslant 2$)．

由 $\left(\sqrt{x}-\frac{1}{\sqrt{x}}\right)^2=\left(\sqrt{x}+\frac{1}{\sqrt{x}}\right)^2-4$，可得 $\sqrt{x}-\frac{1}{\sqrt{x}}=\pm\sqrt{a^2-4}$，因此

$$x-\frac{1}{x}=\left(\sqrt{x}-\frac{1}{\sqrt{x}}\right)\left(\sqrt{x}+\frac{1}{\sqrt{x}}\right)=\pm a\sqrt{a^2-4},$$

有正、负两个值，故条件(1)不充分．

条件(2)：令 $x^2-\frac{1}{x^2}=a$．

由 $\left(x^2+\frac{1}{x^2}\right)^2=\left(x^2-\frac{1}{x^2}\right)^2+4$，可得 $x^2+\frac{1}{x^2}=\sqrt{a^2+4}$．等式两边同时加 2，可得

$$x^2+\frac{1}{x^2}+2=\left(x+\frac{1}{x}\right)^2=\sqrt{a^2+4}+2.$$

因为 x 是正实数，故 $x+\frac{1}{x}=\sqrt{\sqrt{a^2+4}+2}$，唯一确定．又因为 $x^2-\frac{1}{x^2}=\left(x+\frac{1}{x}\right)\left(x-\frac{1}{x}\right)$，其中 $x+\frac{1}{x}$ 和 $x^2-\frac{1}{x^2}$ 的值唯一，故可以确定 $x-\frac{1}{x}$ 的值．条件(2)充分．

方法二：赋数值.

条件(1)：令$\sqrt{x}+\frac{1}{\sqrt{x}}=2+\frac{1}{2}$，解得$x=4$或$\frac{1}{4}$，则$x-\frac{1}{x}=\pm\frac{15}{4}$，值不唯一，不充分.

条件(2)：令$x^2-\frac{1}{x^2}=4-\frac{1}{4}$，解得$x=\pm2$，因为$x$为正实数，则$x=2$可唯一确定，故$x-\frac{1}{x}=\frac{3}{2}$可唯一确定，充分.

【答案】(B)

例7 (2022年真题)两个人数不等的班数学测验的平均分不相等. 则能确定人数多的班.

(1)已知两个班的平均分.

(2)已知两个班的总平均分.

【方法说明】本题同样不含任何具体的数，可以用赋值法.

【解析】条件(1)：知道两个班的平均分，但是没有两个班其他相关的等量关系，无法判断人数的关系，不充分.

条件(2)：知道总平均分但是不知道两个班各自平均分，也无法判断人数的关系，不充分.

联合两个条件. 不妨设甲班平均分为60分，人数为x；乙班平均分为90分，人数为y. 两个班的总平均分为80分.

根据总平均分列方程，有$\frac{60x+90y}{x+y}=80$，解得$\frac{x}{y}=\frac{1}{2}$，可得人数多的班为乙班. 故两个条件联合充分.

【注意】①“人数”是需要求的量，求的量是未知的，一定不要设成具体的值；

②赋值时也是有要求的，不能毫无依据，例如本题中两个班的总平均分肯定介于两个班各自的平均分之间.

【答案】(C)

例8 (2010年真题)企业今年人均成本是去年的60%.

(1)甲企业今年总成本比去年减少25%，员工人数增加25%.

(2)甲企业今年总成本比去年减少28%，员工人数增加20%.

【方法说明】本题的成本和人数都是百分数，不是具体的值，因此可以使用赋值法简化计算.

【解析】设企业去年总成本为100，人数为100，则人均成本为1.

条件(1)：今年总成本减少25%，为75；人数增加25%，为125；人均成本为$\frac{75}{125}=0.6$. 所以今年人均成本是去年的60%，条件(1)充分.

条件(2)：今年总成本减少28%，为72；人数增加20%，为120；人均成本为$\frac{72}{120}=0.6$. 所以今年人均成本是去年的60%，条件(2)充分.

【答案】(D)

情况2 反例验证法

对于条件充分性判断题来说，反例是指符合条件但不符合结论的特殊数值．

许多题目都可以通过举反例迅速验证条件(1)或条件(2)不充分，尤其是含有字母的代数式、不等式、数列等．

真题例析

例9 (2019年真题)设 n 为正整数．则能确定 n 除以5的余数．

(1)已知 n 除以2的余数．

(2)已知 n 除以3的余数．

【解析】条件(1)：举反例，假设 n 除以2余1，则 $n=1，3，5，\cdots$，n 除以5的余数为1，3，0，…，余数不能确定，不充分．

条件(2)：举反例，假设 n 除以3余1，则 $n=1，4，7，\cdots$，n 除以5的余数为1，4，2，…，余数不能确定，不充分．

联合两个条件，假设 n 除以2余1，除以3余1，则 $n-1$ 能被6整除，$n=1，7，13，\cdots$，n 除以5的余数为1，2，3，…，显然余数不确定．故两个条件联合也不充分．

【答案】(E)

例10 (2016年真题)设 x，y 是实数．则 $x\leqslant 6$，$y\leqslant 4$.

(1)$x\leqslant y+2$.

(2)$2y\leqslant x+2$.

【解析】条件(1)：举反例，令 $x=7$，$y=8$，满足条件但不符合结论，不充分．

条件(2)：举反例，令 $x=8$，$y=5$，满足条件但不符合结论，不充分．

联合两个条件，两式相加得 $x+2y\leqslant y+2+x+2$，解得 $y\leqslant 4$. 再与 $x\leqslant y+2$ 相加，解得 $x\leqslant 6$. 故两个条件联合充分．

【答案】(C)

例11 (2013年真题)已知 a，b 是实数．则 $|a|\leqslant 1$，$|b|\leqslant 1$.

(1)$|a+b|\leqslant 1$.

(2)$|a-b|\leqslant 1$.

【解析】条件(1)：举反例，令 $a=-2$，$b=1$，则 $|a|>1$，故条件(1)不充分．

条件(2)：举反例，令 $a=2$，$b=1$，则 $|a|>1$，故条件(2)不充分．

联合两个条件，用三角不等式法．

条件(1)和条件(2)相加得 $|a+b|+|a-b|\leqslant 2$.

由三角不等式得 $|(a+b)+(a-b)|\leqslant|a+b|+|a-b|\leqslant 2\Rightarrow|2a|\leqslant 2\Rightarrow|a|\leqslant 1$；

又有 $|(a+b)-(a-b)|\leqslant|a+b|+|a-b|\leqslant 2\Rightarrow|2b|\leqslant 2\Rightarrow|b|\leqslant 1$.

故两个条件联合充分．

【答案】(C)

方法4 逻辑推理法

情况1 分析法

分析法，是指在证明时，一步一步追溯到一个明显成立的式子或简单的式子为止．常用格式为：要证……，只需证……，只需证…….

真题例析

例 12 (2021年真题)清理一块场地．则甲、乙、丙三人能在2天内完成．

(1)甲、乙两人需要3天完成．

(2)甲、丙两人需要4天完成．

【解析】条件(1)和条件(2)显然单独都不充分，故考虑联合．

本题并不是计算定值，因此可以采用分析法．

设工作总量为1，甲、乙、丙单独完成所需的工作时间分别为x，y，z.

由条件(1)可得，$\frac{1}{x}+\frac{1}{y}=\frac{1}{3}$.

由条件(2)可得，$\frac{1}{x}+\frac{1}{z}=\frac{1}{4}$.

联合可得$\frac{2}{x}+\frac{1}{y}+\frac{1}{z}=\frac{7}{12}$，结论要求：$\frac{1}{x}+\frac{1}{y}+\frac{1}{z}\geqslant\frac{1}{2}$.

要证明结论成立，只需证明：$\frac{1}{x}+\frac{1}{x}+\frac{1}{y}+\frac{1}{z}\geqslant\frac{1}{2}+\frac{1}{x}$.

只需证明：$\frac{7}{12}\geqslant\frac{1}{2}+\frac{1}{x}$.

只需证明：$\frac{1}{12}\geqslant\frac{1}{x}$.

只需证明：$x\geqslant12$.

但是这个结论题干和条件均没有给出，因此联合不充分．

【答案】(E)

例 13 (2013年真题)某单位年终共发了100万元奖金，奖金金额分别是一等奖1.5万元、二等奖1万元、三等奖0.5万元．则该单位至少有100人．

(1)得二等奖的人数最多．

(2)得三等奖的人数最多．

【解析】设得一等奖 x 人，二等奖 y 人，三等奖 z 人，则有 $1.5x+1y+0.5z=100$.

要想证：该单位至少有100人，即 $x+y+z\geqslant 100$.

只需证：$x+y+z\geqslant 1.5x+1y+0.5z$.

只需证：$x\leqslant z$.

故只需证明一等奖人数小于等于三等奖人数即可.

条件(1)：举反例，二等奖87人，一等奖8人，三等奖2人，共计97人，条件(1)不充分.

条件(2)：得三等奖的人数最多，则得一等奖的人数少于得三等奖的人数，条件(2)充分.

【答案】(B)

情况2 逆否验证法

逆否验证法原理：假设条件是 A，结论是 B，若条件充分，则有 $A\Rightarrow B$ 成立．由于逆否命题和原命题是等价的，即 $A\Rightarrow B$ 等价于 $\neg B\Rightarrow\neg A$，故当由条件 A 推结论 B 比较困难时，可以由 $\neg B$ 推 $\neg A$.

真题例析

例14 (2015年真题)已知 a，b 为实数．则 $a\geqslant 2$ 或 $b\geqslant 2$.

(1)$a+b\geqslant 4$.

(2)$ab\geqslant 4$.

【方法说明】由 a，b 整体的范围推单独的范围比较困难，但是由 a，b 单独的范围推整体的范围就简单很多，因此本题可以采用逆否验证法解题.

【解析】逆否验证法，验证 $\neg B\Rightarrow\neg A$ 是否成立.

条件(1)：结论 B：$a\geqslant 2$ 或 $b\geqslant 2$，则 $\neg B$：$a<2$ 且 $b<2$.

条件 A：$a+b\geqslant 4$，则 $\neg A$：$a+b<4$.

由 $a<2$ 且 $b<2$，可推出 $a+b<4$，即 $\neg B\Rightarrow\neg A$ 成立，则 $A\Rightarrow B$ 成立，故条件(1)充分.

条件(2)：举反例．令 $a=b=-3$，满足条件，但结论不成立，故条件(2)不充分.

【答案】(A)

第2篇　7大条件关系

类型1　矛盾关系

【条件特点】

情况1：两个条件围绕某个数值呈现出不等关系，且没有交集；结论也是不等关系．

例如：条件为 $x>1$ 与 $x<1$；$x\geqslant 1$ 与 $x<1$；$x=0$ 与 $x\neq 0$.

情况2：结论是唯一的，但两个条件对应的结果不同，故最多只有一个条件是充分的．

【真题特征】

2015—2024年题量：3，占比：3%；近五年题量：2，占比4%.

选项分布	A	B	C	D	E
数量	2	1	—	—	—
年份	2018，2022	2020	—	—	—

此类题目的条件一定无法联合，故不可能选(C)项．

当两个条件为矛盾关系时，多数为一个充分、一个不充分，即选(A)项或(B)项．

【解题技巧】

可以先找反例排除一个条件．

真题例析

例1　(2022年真题)设实数 a，b 满足 $|a-2b|\leqslant 1$. 则 $|a|>|b|$.

(1) $|b|>1$.

(2) $|b|<1$.

【条件关系】两个条件均为 $|b|$ 与1的大小关系，且没有交集，显然无法联合，结论也是不等关系，故两个条件是矛盾关系．

【解题技巧】当两个条件为矛盾关系时，如果可以判断出一个条件充分，那么另一个条件大概率是不充分的，可以用反例排除；如果能很容易找到一个条件的反例将它排除，则另一个条件大概率是充分的．

【解析】条件(1)：由$|a-2b|\leqslant 1$可得$2b-1\leqslant a\leqslant 2b+1$.

根据$|b|>1$可得$b>1$或$b<-1$，然后分情况进行讨论：

①当$b>1$时，$a\geqslant 2b-1\Rightarrow a-b\geqslant b-1>0$，此时$a>b>1$；

②当$b<-1$时，$a\leqslant 2b+1\Rightarrow a-b\leqslant b+1<0$，此时$a<b<-1$.

综上，$|a|>|b|$一定成立，故条件(1)充分.

条件(2)：举反例，令$b=0$，$a=0$，满足条件，但结论不成立，故条件(2)不充分.

【答案】(A)

例 2 (2020 年真题)在$\triangle ABC$中，$\angle B=60°$. 则$\frac{c}{a}>2$.

(1)$\angle C<90°$.

(2)$\angle C>90°$.

【条件关系】两个条件均为$\angle C$与$90°$的大小关系，且没有交集，显然无法联合，结论也是不等关系，故两个条件是矛盾关系.

【解题技巧】条件(1)可以先通过举反例排除掉：假设$\angle C=60°$，则$\triangle ABC$是等边三角形，故$\frac{c}{a}=1$，不满足结论，条件(1)不充分.

【解析】当$\angle C=90°$时，$\frac{c}{a}=2$. 固定BC边的长度，即a不变，$\angle C$变化时，c也随之变化，如图所示.

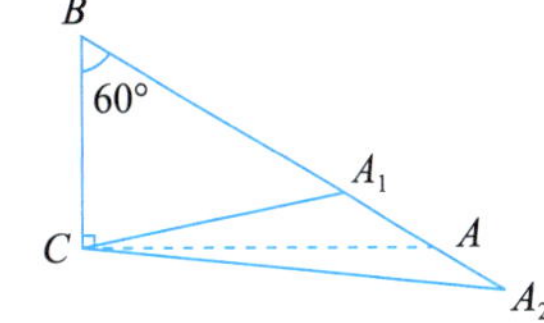

条件(1)：当$\angle C<90°$时，c变小，则$\frac{c}{a}$变小，故$\frac{c}{a}<2$，不充分.

条件(2)：当$\angle C>90°$时，c变大，则$\frac{c}{a}$变大，故$\frac{c}{a}>2$，充分.

【答案】(B)

习题训练

1. (2010 年在职 MBA 真题)圆C_1是圆C_2：$x^2+y^2+2x-6y-14=0$关于直线$y=x$的对称圆.

(1)圆C_1：$x^2+y^2-2x-6y-14=0$.

(2)圆C_1：$x^2+y^2+2y-6x-14=0$.

2. (2003 年真题)不等式$|x-2|+|4-x|<s$无解.

(1)$s\leqslant 2$.

(2)$s>2$.

3. $\frac{|a+b|}{|a|+|b|}<1$.

(1)$ab>0$.

(2)$ab<0$.

4. 袋中有 10 个白球、8 个红球. 则两次取出的球都是白球的概率为$\frac{5}{17}$.

(1)有放回地取两次，每次取 1 个.

(2)无放回地取两次，每次取 1 个.

5. 有 6 本不同的书．则不同的分书方法有 90 种．

(1)平均分给 3 个人．

(2)平均分成 3 堆．

• 习题详解 •

1. (B)

【条件关系】圆关于直线对称的圆只有一个，两个条件给出的方程表示不同的圆，故属于矛盾关系，最多只有一个充分．

【解析】易知关于 $y=x$ 对称的曲线方程，将 x 与 y 互换即可，则 C_1 为 $x^2+y^2+2y-6x-14=0$. 故条件(1)不充分，条件(2)充分．

2. (A)

【条件关系】两个条件均为 s 与 2 的大小关系，且没有交集，显然无法联合，属于矛盾关系．

【解题技巧】条件(2)：举反例，令 $s=100$，满足条件，但是不等式显然有解 $x=0$，不满足结论，故条件(2)不充分．

【解析】令 $f(x)=|x-2|+|4-x|$．

$f(x)<s$ 无解等价于 $f(x)\geqslant s$ 恒成立，需满足 $f(x)_{\min}\geqslant s$. 由绝对值两个线性和的结论可知，$f(x)_{\min}=4-2=2$，故有 $s\leqslant 2$.

故条件(1)充分，条件(2)不充分．

3. (B)

【条件关系】两个条件均为 ab 与 0 的大小关系，且无交集，显然无法联合，属于矛盾关系．

【解题技巧】条件(1)：举反例，令 $a=1$，$b=1$，则 $\dfrac{|a+b|}{|a|+|b|}=1$，不满足结论，故条件(1)不充分.

【解析】条件(1)：由三角不等式等号成立的条件可知，当 $ab>0$ 时，$|a+b|=|a|+|b|$，故 $\dfrac{|a+b|}{|a|+|b|}=1$，不充分．

条件(2)：由三角不等式小于号成立的条件可知，当 $ab<0$ 时，$|a+b|<|a|+|b|$，故 $\dfrac{|a+b|}{|a|+|b|}<1$，充分．

4. (B)

【条件关系】因为结论的“$\dfrac{5}{17}$”是唯一确定的结果，而条件给出的有放回和无放回取球算出的结果不可能相同，故两个条件属于矛盾关系，最多有一个充分．

【解析】条件(1)：有放回地取球，两次都是白球的概率为 $\dfrac{10}{18}\times\dfrac{10}{18}=\dfrac{25}{81}$，不充分．

条件(2)：无放回地取球，两次都是白球的概率为 $\dfrac{C_{10}^2}{C_{18}^2}=\dfrac{5}{17}$，充分．

5. (A)

【条件关系】因为结论的“90 种”是唯一确定的结果，而条件(1)比条件(2)多了个“分配”的过程，则两个条件算出的结果不可能相同，故两个条件属于矛盾关系，最多有一个充分．

【解析】条件(1)：先分组，再分配，可得不同的分书方法有$\frac{C_6^2C_4^2C_2^2}{A_3^3}A_3^3=90$(种)，充分．

条件(2)：按照分组方法，可得不同的分书方法有$\frac{C_6^2C_4^2C_2^2}{A_3^3}=15$(种)，不充分．

类型 2　包含关系

【条件特点】

从事件的角度来看，一个条件充分(称为大范围条件)，另一个条件(称为小范围条件)必然充分．

【真题特征】

2015—2024 年题量：3，占比：3%；近五年题量：1，占比 2%.

选项分布	A	B	C	D	E
数量	2	1	—	—	—
年份	2016，2024	2015	—	—	—

情况 1：大范围条件不充分，小范围条件充分，选小范围条件，即(A)项或(B)项．

情况 2：大范围条件充分，则小范围条件一定充分，选(D)项．

情况 3：小范围条件不充分，则大范围条件也不可能充分，选(E)项．

【解题技巧】

先判断大范围条件的充分性．

真题例析

例 3 (2015 年真题)信封中装有 10 张奖券，只有 1 张有奖，从信封中同时抽取 2 张，中奖概率为 P；从信封中每次抽取 1 张奖券后放回，如此重复抽取 n 次，中奖概率为 Q. 则 $P<Q$.

(1)$n=2$.

(2)$n=3$.

【条件关系】有放回地抽取奖券，抽取的次数越多，中奖概率 Q 越大，显然条件(1)的 Q 小于条件(2)的 Q，若较小的 Q 都满足 $Q>P$，则较大的 Q 一定满足 $Q>P$，即若条件(1)充分，则条件(2)一定充分，所以两个条件属于包含关系．

【解题技巧】先判断条件(1)的充分性．

【解析】同时抽2张，中奖的概率 $P=\frac{C_1^1C_9^1}{C_{10}^2}=0.2$.

有放回地重复抽取，每次中奖的概率均为0.1，不中奖的概率为0.9.

重复抽取 n 次，中奖情况为"n 次中至少有1次中奖"，其反面为"每一次都不中奖".

条件(1)：中奖的概率 $Q=1-0.9^2=0.19<P$，不充分．

条件(2)：中奖的概率 $Q=1-0.9^3=0.271>P$，充分．

【答案】(B)

例4 (2013年真题)三个科室的人数分别为6，3和2，因工作需要，每晚需要排3人值班．则在两个月中，可使每晚的值班人员不完全相同．

(1)值班人员不能来自同一科室．

(2)值班人员来自三个不同科室．

【条件关系】本题结论等价于"值班方案≥62种"，而"值班人员不能来自同一科室=3人来自三个科室+3人来自两个科室"，显然条件(1)的方案数多于条件(2)，故当条件(2)充分时，条件(1)一定充分，所以两个条件属于包含关系．

【解题技巧】先判断条件(2)的充分性．

【解析】条件(2)：值班人员来自三个不同科室，即每个科室各有1个人，总的方案有 $C_6^1C_3^1C_2^1=36<62$，故条件(2)不充分．

条件(1)：从反面思考，不能来自同一科室的方案数=总方案数－3人来自同一科室的方案数，即 $C_{11}^3-C_6^3-C_3^3=144>62$，故条件(1)充分．

【答案】(A)

例5 (2012年真题)某产品由两道独立工序加工完成．则该产品是合格品的概率大于0.8.

(1)每道工序的合格率为0.81.

(2)每道工序的合格率为0.9.

【条件关系】每道工序的合格率越高，该产品合格的概率越大，故如果合格率较低的条件(1)都能满足概率大于0.8，那么合格率更高的条件(2)更能满足概率大于0.8，即若条件(1)充分，则条件(2)一定充分，所以两个条件属于包含关系．

【解题技巧】先判断条件(1)的充分性．

【解析】条件(1)：该产品是合格品的概率为 $0.81\times0.81=0.6561<0.8$，不充分．

条件(2)：该产品是合格品的概率为 $0.9\times0.9=0.81>0.8$，充分．

【答案】(B)

习题训练

1. (2012年在职MBA真题)某人用10万元购买了甲、乙两种股票，若甲种股票上涨 $a\%$，乙种股票下降 $b\%$ 时，此人购买的甲、乙两种股票总值不变．则此人购买甲种股票用了6万元．

(1) $a=2$，$b=3$.

(2) $3a-2b=0(a\neq0)$.

2. 某足球比赛中，有 8 支球队进行单循环比赛．则能在 8 天内完成全部比赛．

(1)每天每队只比赛一场．

(2)每天每队比赛两场．

3. 已知$\frac{1}{a}$和$\frac{1}{b}$的算术平均值为$\frac{1}{6}$．则 a 和 b 的算术平均值是 8.

(1)a，b 为不相等的自然数．

(2)a，b 为自然数．

4. 一项议案由教职工代表大会投票表决，每人可投一票，其中职员占全员的 20%，其余均为教师．则教师投的票中至少有一半是反对票．

(1)总投票数中反对票超过 50%.

(2)总投票数中反对票超过 60%.

5. 直线 l：$y=x+m$ 与曲线 $y=\sqrt{1-x^2}$ 有两个公共点．

(1)$0<m<\sqrt{2}$.

(2)$1\leqslant m<\sqrt{2}$.

6. 有一杯浓度为 40%的盐水 100 克，每次都加入 n 克浓度为 10%的盐水，加了两次．则两次之后盐水浓度不高于 30%.

(1)$n=20$.

(2)$n=25$.

• 习题详解 •

1. (D)

【条件关系】条件(2)是 a，b 之间的关系，而条件(1)是符合条件(2)的一组特例，显然条件(2)和条件(1)是包含关系．

【解题技巧】先判断条件(2)的充分性．如果条件(2)充分，则条件(1)必充分，如果条件(2)不充分，再判断条件(1)的充分性．

【解析】根据题意可设购买甲、乙两种股票分别花费 x，y 万元，可得 $a\%x=b\%y\Rightarrow\frac{x}{y}=\frac{b}{a}$.

条件(2)：$3a-2b=0\Rightarrow\frac{b}{a}=\frac{3}{2}$，则$\frac{x}{y}=\frac{3}{2}$. 又 $x+y=10$，解得 $x=6$，所以条件(2)充分，那么条件(1)也充分．

2. (D)

【条件关系】条件(2)和条件(1)相比，每天每队比赛场次增多，显然比赛所需天数更少，故若条件(1)充分，则条件(2)一定充分，两者属于包含关系．

【解题技巧】先判断条件(1)的充分性．

【解析】有 8 支球队进行单循环比赛，则一共有 $C_8^2=28$(场)比赛．

条件(1)：每天每队只比赛一场，则 8 支球队每天比赛 4 场，共需 $28\div4=7$(天)就能完成全部比赛，条件(1)充分，那么条件(2)也充分．

3. (A)

【条件关系】条件(2)中的 a，b 可以相等也可以不相等，因此条件(2)包含了条件(1)，若条件(2)充分，则条件(1)一定充分，两者属于包含关系．

【解题技巧】先判断条件(2)的充分性．

【解析】由题可得$\frac{1}{a}+\frac{1}{b}=\frac{1}{6}\times 2$，整理可得 $ab=3a+3b$，即$(a-3)(b-3)=9$.

条件(2)：a，b 为自然数，则$\begin{cases}a-3=1,\\b-3=9\end{cases}$或$\begin{cases}a-3=9,\\b-3=1\end{cases}$或$\begin{cases}a-3=3,\\b-3=3,\end{cases}$解得$\begin{cases}a=4,\\b=12\end{cases}$或$\begin{cases}a=12,\\b=4\end{cases}$或$\begin{cases}a=6,\\b=6.\end{cases}$显然对于$\begin{cases}a=6,\\b=6,\end{cases}$这组解来说，平均值并不是8，故条件(2)不充分．

条件(1)：当 a，b 不相等时，有$\begin{cases}a=4,\\b=12\end{cases}$或$\begin{cases}a=12,\\b=4,\end{cases}$这两组解的平均值都是8，故条件(1)充分．

4. (B)

【条件关系】本题求教师中反对票的最小比例，显然总投票数中反对票越多，相应的教师中投反对票最小比例也就越大，因此当条件(1)充分时，条件(2)一定充分，两者属于包含关系．

【解题技巧】先判断条件(1)的充分性．

【解析】赋值法+极端假设法．假设总人数为100，则职员有20人，教师有80人．

条件(1)：反对票超过50%，考虑极限情况，即反对票最少为51票时，如果所有职员都投反对票，那么教师的反对票最少，只有31票，$\frac{31}{80}<\frac{1}{2}$，条件(1)不充分．

条件(2)：反对票超过60%，考虑极限情况，即反对票最少为61票时，如果所有职员都投反对票，那么教师的反对票最少，只有41票，$\frac{41}{80}>\frac{1}{2}$，若反对票比61票多时，教师的反对票一定也超过一半，条件(2)充分．

5. (B)

【条件关系】条件(1)中 m 的取值范围完全包含条件(2)，因此若条件(1)充分，则条件(2)一定也充分，两者属于包含关系．

【解析】本题题干是半圆和直线的交点情况，可以从结论出发，先求出 m 的范围(等价结论)，再去分析条件能否推出结论．

曲线 $y=\sqrt{1-x^2}$ 表示圆心为原点、半径为1的圆的上半圆，直线 l 表示斜率为1的直线，如图所示．

观察图像可知，当直线 l 经过$(-1,0)$点时，和半圆有两个交点，为临界情况，将点$(-1,0)$代入直线方程可得 $m=1$. 继续向上平移至和圆相切于第二象限时，有一个交点，此时圆心到直线的距离 $d=\frac{|m|}{\sqrt{2}}=1$，解得 $m=\pm\sqrt{2}$，截距为正，则 $m>0$，因此 $m=\sqrt{2}$.

故直线和曲线有两个交点的范围为 $1\leqslant m<\sqrt{2}$，对比条件知，条件(2)充分，条件(1)不充分．

6.(B)

【条件关系】因为加入的盐水浓度低于 40%，故加入的盐水越多，混合盐水浓度越低，因此若条件(1)充分，条件(2)必然充分，两个条件属于包含关系．

【解题技巧】先判断条件(1)的充分性．

【解析】条件(1)：$\frac{40\%\times100+10\%\times20\times2}{100+20+20}\times100\%\approx31.4\%$，不充分．

条件(2)：$\frac{40\%\times100+10\%\times25\times2}{100+25+25}\times100\%=30\%$，充分．

类型 3　等价关系

【条件特点】

经转化或计算后，两个条件完全等价．

【真题特征】

2015—2024 年题量：5，占比 5%；近五年题量：1，占比 2%.

选项分布	A	B	C	D	E
数量	—	—	—	5	—
年份	—	—	—	2017，2018(2)，2019，2022	—

情况 1：任意一个条件充分，则另外一个条件也充分．此时选(D)项．

情况 2：任意一个条件不充分，则另外一个条件也不充分．此时选(E)项．

【解题技巧】

验证一个条件的充分性即可．

真题例析

例 6 (2019 年真题)关于 x 的方程 $x^2+ax+b-1=0$ 有实根．

(1)$a+b=0$.

(2)$a-b=0$.

【条件关系】方程有实根，应满足 $\Delta=a^2-4(b-1)\geqslant0$.

条件(1)可以化为 $a=-b$，条件(2)可以化为 $a=b$，对于 Δ 中的 a^2 而言，都是等于 b^2，负号不影响结果，因此两个条件完全等价，验证一个条件的充分性即可．

【解析】条件(1)：$a=-b\Rightarrow a^2=b^2$，则 $\Delta=b^2-4b+4=(b-2)^2\geqslant0$，有实根，充分．

两个条件等价，那么条件(2)也充分．

【答案】(D)

例 7 (2018年真题)如果甲公司的年终奖总额增加25%，乙公司的年终奖总额减少10%，两者相等．则能确定两公司的员工人数之比．

(1)甲公司的人均年终奖与乙公司的相同．

(2)两公司的员工人数之比与两公司的年终奖总额之比相等．

【条件关系】设甲、乙两公司的年终奖总额分别为 x，y，员工人数分别为 a，b．由条件(1)可得 $\frac{x}{a}=\frac{y}{b}$，由条件(2)可得 $\frac{a}{b}=\frac{x}{y}$，显然两个条件是等价关系．

【解析】由题干可得 $1.25x=0.9y\Rightarrow\frac{x}{y}=\frac{18}{25}$.

条件(1)：人均年终奖 $=\frac{\text{年终奖总额}}{\text{员工人数}}$，因此 $\frac{x}{a}=\frac{y}{b}\Rightarrow\frac{a}{b}=\frac{x}{y}=\frac{18}{25}$，条件(1)充分，故条件(2)也充分．

【答案】(D)

例 8 (2017年真题)某人需要处理若干份文件，第一小时处理了全部文件的 $\frac{1}{5}$，第二小时处理了剩余文件的 $\frac{1}{4}$. 则此人需要处理的文件共25份．

(1)前两个小时处理了10份文件．

(2)第二小时处理了5份文件．

【条件关系】根据题意，第一小时处理了全部文件的 $\frac{1}{5}$，第二小时处理了剩余文件的 $\frac{1}{4}$，即 $\frac{4}{5}\times\frac{1}{4}=\frac{1}{5}$，说明第一小时与第二小时处理的文件份数相同．故前两个小时处理了10份文件等价于第二小时处理了5份文件，即两个条件是等价关系．

【解析】设文件总数为 x，第一个小时处理 $\frac{1}{5}x$，第二个小时处理 $\frac{1}{4}\times\frac{4}{5}x=\frac{1}{5}x$.

条件(1)：$\frac{1}{5}x+\frac{1}{5}x=10$，解得 $x=25$，充分．两个条件等价，故条件(2)也充分．

【答案】(D)

习题训练

1. (2018年真题)如图所示，在矩形 $ABCD$ 中，$AE=FC$. 则三角形 AED 与四边形 $BCFE$ 能拼接成一个直角三角形．

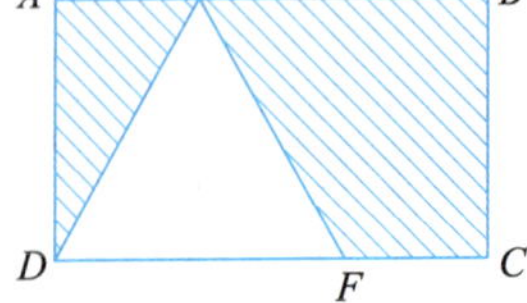

(1) $EB=2FC$.

(2) $ED=EF$.

2. (2012 年真题)在某次考试中，3 道题中答对 2 道题即为合格，假设某人答对各题的概率相同．则此人合格的概率是$\frac{20}{27}$.

(1)答对各题的概率均为$\frac{2}{3}$.

(2)3 道题全答错的概率为$\frac{1}{27}$.

3. 已知 $a+b+c=50$. 则 a 的值可以确定．

(1)$c=4a-b$.

(2)$2a$ 是 b 与 c 的算术平均值．

4. 某组有学生 6 人，血型分别为：A 型血 2 人，B 型血 1 人，以及 AB 型血和 O 型血若干人．则随机选取 2 人血型相同的概率为$\frac{2}{15}$.

(1)AB 型血有 2 人．

(2)O 型血有 1 人．

5. 设函数 $f(x)=\left|x-\frac{1}{a}\right|+|x-a|$. 则函数 $f(x)>1$.

(1)$a=2$.

(2)$a=\frac{1}{2}$.

6. 已知数列 $\{a_n\}$ 为等差数列．则能确定 S_9 的值．

(1)已知 $3a_9-2a_{11}$ 的值．

(2)已知 a_5 的值．

7. $\frac{1}{1+a^2}+\frac{1}{1+b^2}=1$.

(1)$ab=1$.

(2)$ab=-1$.

• 习题详解 •

1. (D)

【条件关系】过点 E 作 $EH\perp DF$. 由 $AE=FC$ 得 $EB=DF$. 由条件(2)可知，EH 是 DF 的垂直平分线，故 $DH=HF$. 又因为 $AE=DH$，$AE=FC$，则有 $EB=DF=2FC$. 反之也可推导，所以两个条件是等价关系．

【解析】延长 BC 和 EF，交于点 G，如图所示．

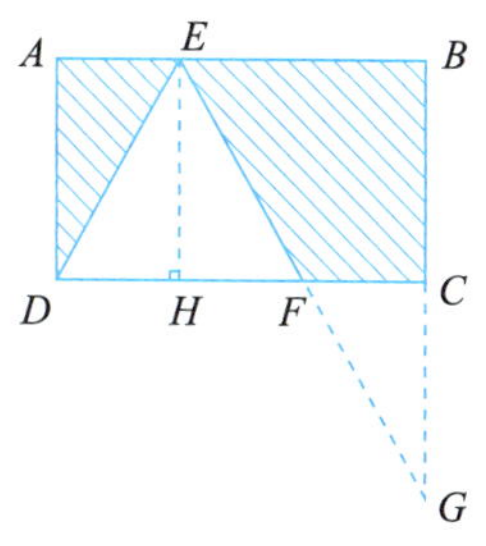

条件(1)：因为 $EB=2FC$，且 $EB//FC$，故 FC 为 $\triangle EBG$ 的中位线，于是 $CG=BC=AD$，又 $\begin{cases}AE=FC,\\ \angle A=\angle FCG=90^\circ\end{cases}\Rightarrow\triangle EAD\cong\triangle FCG(\text{SAS})$，所以 $\triangle AED$ 与四边形 $BCFE$ 可以拼接成一个直角三角形，条件(1)充分．两个条件等价，所以条件(2)也充分．

2.(D)

【条件关系】条件(2)中3道题全答错的概率为 $\frac{1}{27}$，则每道题答错的概率均为 $\frac{1}{3}$，故每道题答对的概率为 $\frac{2}{3}$，和条件(1)等价，故验证一个条件的充分性即可．

【解析】此人合格的情况为答对2道题或3道题，根据伯努利概型，此人合格的概率为

$$C_3^2\times\left(\frac{2}{3}\right)^2\times\frac{1}{3}+\left(\frac{2}{3}\right)^3=\frac{20}{27},$$

因此两个条件单独都充分．

3.(D)

【条件关系】条件(1)可化为 $b+c=4a$，条件(2)由算术平均值可得 $b+c=4a$，显然条件(1)和条件(2)完全等价，验证一个条件的充分性即可．

【解析】将 $b+c=4a$ 代入题干条件，可得 $a+4a=50$，解得 $a=10$，故两个条件单独都充分．

4.(D)

【条件关系】一共有6个人，A型血2人，B型血1人，当AB型血有2人时，O型血有1人；当O型血有1人时，AB型血有2人．故两个条件完全等价，验证一个条件的充分性即可．

【解析】若两人血型相同，则只能选取2个A型血或者2个AB型血的学生，故所求概率为 $\frac{C_2^2+C_2^2}{C_6^2}=\frac{2}{15}$. 两个条件单独都充分．

5.(D)

【条件关系】观察两个条件，不管 a 取2还是 $\frac{1}{2}$，函数始终都是 $f(x)=\left|x-\frac{1}{2}\right|+|x-2|$，因此两个条件完全等价．

【解析】$f(x)=\left|x-\frac{1}{2}\right|+|x-2|$，由绝对值两个线性和的结论，可得 $f(x)$ 的最小值为 $\left|2-\frac{1}{2}\right|=\frac{3}{2}>1$. 因此两个条件单独都充分．

6.(D)

【条件关系】由等差数列下标和定理，可得 $3a_9=2a_{11}+a_5$，即 $3a_9-2a_{11}=a_5$，故两个条件等价，验证一个条件的充分性即可．

【解析】$S_9=9a_5$，因此知道 a_5 的值，就能确定 S_9 的值，故两个条件单独都充分．

7.(D)

【条件关系】结论求 a^2 和 b^2 的数量关系，由两个条件均可得 $a^2b^2=1\Rightarrow a^2=\frac{1}{b^2}$，故两个条件等价，验证一个条件的充分性即可．

【解析】易知 $a^2=\frac{1}{b^2}$，故结论左式 $=\frac{1}{1+\frac{1}{b^2}}+\frac{1}{1+b^2}=\frac{b^2}{1+b^2}+\frac{1}{1+b^2}=1$，因此两个条件单独都充分．

类型 4 互补关系之变量缺失

【条件特点】

题干结论中的变量较多，而每个条件中的变量较少，导致单独的一个条件推不出结论，必须联合才能做.

【真题特征】

2015—2024 年题量：10，占比：10%；近五年题量：7，占比 14%.

选项分布	A	B	C	D	E
数量	—	—	8	—	2
年份	—	—	2017，2019(2)，2020，2021，2022，2023，2024	—	2021，2023

大部分选(C)项，少数选(E)项.

真题例析

例 9 (2021 年真题)清理一块场地．则甲、乙、丙三人能在 2 天内完成．

(1)甲、乙两人需要 3 天完成．

(2)甲、丙两人需要 4 天完成．

【条件关系】题干所求的是甲、乙、丙三人的合作时间，条件(1)缺少与丙相关的信息，条件(2)缺少与乙相关的信息，两个条件单独都无法判断三人合作的情况，因此需要联合．

【解析】设工作总量为 1，甲、乙、丙的工作效率分别为 x，y，z，则结论等价于

$$x+y+z\geqslant\frac{1}{2}.$$

两个条件单独显然不充分，考虑联合．

联合可得$\begin{cases}x+y=\frac{1}{3},\\x+z=\frac{1}{4},\end{cases}$举反例，令 $x=\frac{1}{6}$，$y=\frac{1}{6}$，$z=\frac{1}{12}$，则 $x+y+z=\frac{5}{12}<\frac{1}{2}$，故联合也不充分．

【答案】(E)

例 10 (2019年真题)某校理学院五个系每年的录取人数见下表：

系列	数学系	物理系	化学系	生物系	地学系
录取人数	60	120	90	60	30

今年与去年相比，物理系的录取平均分没变．则理学院录取平均分升高了．

(1)数学系的录取平均分升高了3分，生物系的录取平均分降低了2分．

(2)化学系的录取平均分升高了1分，地学系的录取平均分降低了4分．

【条件关系】理学院总平均分是由五个系各自的平均分得出的，已知物理系的平均分不变，剩余四个系的平均分皆对总平均分有影响，故两个条件缺一不可，需要联合．

【解析】两个条件单独显然不充分，联合之．

数学系总分变化量：$60\times3=180$(分)；生物系总分变化量：$60\times(-2)=-120$(分)；化学系总分变化量：$90\times1=90$(分)；地学系总分变化量：$30\times(-4)=-120$(分)．

故理学院总分变化量：$180-120+90-120=30$(分)，录取人数不变，总分增加，所以平均分增加了，故两个条件联合充分．

【答案】(C)

例 11 (2017年真题)某人参加资格考试，有A类和B类选择，A类的合格标准是抽3道题至少会做2道，B类的合格标准是抽2道题需都会做．则此人参加A类考试合格的机会大．

(1)此人A类题中有60%会做．

(2)此人B类题中有80%会做．

【条件关系】条件(1)只给出A类题中会做部分的占比，条件(2)只给出B类题中会做部分的占比，显然属于变量缺失型互补关系，单独一个条件无法比较参加哪类考试合格的机会大，因此需要联合．

【解析】两个条件显然单独不充分，联合之．

方法一：取球模型．

不妨设A，B两类题各10道．

A类题6道会做，合格概率为$\frac{C_6^3+C_6^2C_4^1}{C_{10}^3}=\frac{2}{3}$；B类题8道会做，合格概率为$\frac{C_8^2}{C_{10}^2}=\frac{28}{45}$．显然$\frac{2}{3}>\frac{28}{45}$，联合充分．

方法二：伯努利概型．

A类考试，3道题会2道或3道题都会做，合格的概率为$P_A=0.6^3+C_3^2\times0.6^2\times0.4=0.648$；

B类考试，2道题必须都会，概率为$P_B=0.8^2=0.64$．

$P_A>P_B$，故此人参加A类考试合格的机会大，两个条件联合充分．

【注意】方法一和方法二对于题目的理解不同，因此结果存在一定差别．取球模型认为题目数量是有限个，因此可以赋值进行计算比较；伯努利概型认为题目数量趋于无穷．在取球模型下，若“球”无限多，则概率与伯努利概型结果趋于相同．

【答案】(C)

习题训练

1. (2014 年真题)已知袋中装有红、黑、白三种颜色的球若干个．则红球最多．

(1)随机取出的一球是白球的概率为$\frac{2}{5}$.

(2)随机取出的两球中至少有一个黑球的概率小于$\frac{1}{5}$.

2. (2013 年真题)设 x，y，z 为非零实数．则$\frac{2x+3y-4z}{-x+y-2z}=1$.

(1)$3x-2y=0$.

(2)$2y-z=0$.

3. (2009 年真题)A 企业的职工人数今年比前年增加了 30%.

(1)A 企业的职工人数去年比前年减少了 20%.

(2)A 企业的职工人数今年比去年增加了 50%.

4. 若 a，b，x，$y\in\mathbf{R}$. 则能确定 $ax+by$ 的最大值．

(1)$x^2+y^2=1$.

(2)$a^2+b^2=3$.

5. 一水池有甲、乙、丙三个进水管．则三个水管同时打开能在 3 小时内注满水池．

(1)甲、乙两个水管同时打开 5 小时注满水池．

(2)甲、丙两个水管同时打开 6 小时注满水池．

6. 甲罐中装有 9 个红球 1 个白球，乙罐中装有 8 个红球 2 个白球．则 $P<Q$.

(1)从甲罐中随机抽取 3 个球，恰有 1 个白球的概率为 P.

(2)从乙罐中随机抽取 2 个球，恰有 1 个白球的概率为 Q.

• 习题详解 •

1. (C)

【条件关系】袋中有三种颜色的球，条件(1)只与白球相关，只知白球占总球数的$\frac{2}{5}$，无法确定黑、红两个颜色球的比例；条件(2)只与黑球相关，无法确定白、红两个颜色球的比例．两个条件各自缺失变量，单独都无法判断红球的量，故需要联合．

【解析】两个条件单独显然不充分，联合之．

方法一：赋值法．

假设一共有 10 个球，则白球有 4 个，设红球有 n 个，则取出的两球中至少有一个黑球的概率为 $1-\frac{C_{n+4}^2}{C_{10}^2}<\frac{1}{5}$，整理得$(n+12)(n-5)>0$，解得 $n>5$ 或 $n<-12$(舍去)，即红球至少有 6 个，因此红球数量最多，故联合充分(这里红球 6 个，白球 4 个，黑球 0 个，之所以出现黑球 0 个，是因为我们所设的样本数量比较少，但是并不影响我们判断出红球最多，当样本数量变多，黑球自然就有了，并不影响结果).

方法二：放缩法.

随机取两球中至少有一个黑球的概率大于随机取一球是黑球的概率，故随机取一球是黑球的概率小于$\frac{1}{5}$，又知白球占比为$\frac{2}{5}$，则红球占比大于$\frac{2}{5}$，红球最多，故联合充分.

2.(C)

【条件关系】结论是关于x，y，z的等式，条件(1)是x，y的关系，条件(2)是y，z的关系，两个条件各自缺失变量，单独无法计算结果，故需要联合.

【解析】两个条件单独显然不充分，联合之.

方法一：消元法.

易知$x=\frac{2y}{3}$，$z=2y$，则$\frac{2x+3y-4z}{-x+y-2z}=\frac{\frac{4y}{3}+3y-8y}{-\frac{2y}{3}+y-4y}=1$，两个条件联合充分.

方法二：赋值法.

令$x=2$，$y=3$，$z=6$，则$\frac{2x+3y-4z}{-x+y-2z}=\frac{2\times 2+3\times 3-4\times 6}{-2+3-2\times 6}=1$，两个条件联合充分.

3.(E)

【条件关系】结论是今年对比前年，条件(1)是去年对比前年，条件(2)是今年对比去年，两个条件各自缺失变量，显然需要联合.

【解析】两个条件单独显然不充分，联合之.

赋值法．设前年的职工有100人，则去年有80人，今年有120人，今年比前年增加了20%. 故联合不充分.

4.(C)

【条件关系】结论要确定$ax+by$的最大值，条件(1)是x，y的关系，条件(2)是a，b的关系，两个条件各自缺失变量，故需要联合.

【解析】联合两个条件，由柯西不等式得$(x^2+y^2)(a^2+b^2)\geqslant(ax+by)^2$，因此$(ax+by)^2\leqslant 3$，$|ax+by|\leqslant\sqrt{3}$，可以确定$ax+by$的最大值，联合充分.

5.(E)

【条件关系】要确定甲、乙、丙三个进水管同时打开注满水池的时间，必须要知道甲、乙、丙三者的进水速度，条件(1)与甲、乙相关，条件(2)与甲、丙相关，两个条件各自缺失变量，故需要联合.

【解析】设水池容积为1，甲、乙、丙每小时注水量分别为x，y，z，则结论等价于$x+y+z\geqslant\frac{1}{3}$.

联合两个条件，可得$\begin{cases}x+y=\frac{1}{5},\\ x+z=\frac{1}{6},\end{cases}$举反例，令$x=y=\frac{1}{10}$，$z=\frac{1}{15}$，则$x+y+z=\frac{4}{15}<\frac{1}{3}$，故联合也不充分.

6.(C)

【条件关系】结论比较P和Q的大小关系，条件(1)是P，条件(2)是Q，两个条件各自缺失变量，故需要联合.

【解析】从甲罐取 3 个球，恰有 1 个白球的概率为 $P=\frac{C_9^2C_1^1}{C_{10}^3}=\frac{3}{10}$；从乙罐取 2 个球，恰有 1 个白球的概率为 $Q=\frac{C_8^1C_2^1}{C_{10}^2}=\frac{16}{45}$. 故 $P<Q$，两个条件联合充分．

类型 5　互补关系之定性定量

【条件特点】

其中一个条件是定性的，即描述所求变量的性质或不等关系，或者有一些限定关系词，例如“相等”“不相等”等，一般在考研真题中很容易判断其单独不充分，其用处是给定量条件做补充．另外一个条件是定量的，即给出明确的数量关系．

【真题特征】

2015—2024 年题量：9，占比：9%；近五年题量：7，占比 14%.

选项分布	A	B	C	D	E
数量	—	—	7	—	2
年份	—	—	2017(2)，2020，2021(2)，2023(2)	—	2020，2022

若定性条件能为定量条件做补充，则选(C)项；若不能，则选(E)项．

【解题技巧】

通过找反例来验证定性条件是否能对定量条件做补充．

真题例析

例 12 (2021 年真题)已知数列 $\{a_n\}$. 则数列 $\{a_n\}$ 为等比数列．

(1) $a_na_{n+1}>0$.

(2) $a_{n+1}^2-2a_n^2-a_na_{n+1}=0$.

【条件关系】条件(1)只能确定 a_n，a_{n+1} 同号，属于定性条件，显然无法判定数列是不是等比数列．条件(2)是关于 a_n 和 a_{n+1} 的等式，属于定量条件．

【解析】条件(1)：显然不充分．

条件(2)：举反例，a_{n+1}，a_n 都可以为 0，显然不是等比数列，故条件(2)不充分．

联合两个条件，由条件(2)可得 $(a_{n+1}-2a_n)(a_{n+1}+a_n)=0$，解得 $a_{n+1}=2a_n$ 或 $a_n=-a_{n+1}$.

由条件(1)可知，a_n 与 a_{n+1} 同号且不能为 0，故 $a_{n+1}=2a_n$，即 $\frac{a_{n+1}}{a_n}=2$，则数列 $\{a_n\}$ 为等比数列，两个条件联合充分．

【答案】(C)

例 13 (2020 年真题)圆 $x^2+y^2=2x+2y$ 上的点到 $ax+by+\sqrt{2}=0$ 距离的最小值大于 1.

(1)$a^2+b^2=1$.

(2)$a>0$，$b>0$.

【条件关系】条件(1)是关于 a，b 的等式，是定量条件．条件(2)只能说明 a，b 是正数，故条件(2)属于定性条件，显然求不出距离的最值．

【解题技巧】可以通过验证条件(1)在 $a\leqslant 0$ 或 $b\leqslant 0$ 时是否充分，从而确定条件(2)能否对条件(1)起到补充作用．

【解析】圆上的点到直线距离的最小值为圆心到直线的距离减去半径．

圆的方程整理得 $(x-1)^2+(y-1)^2=2$，圆心 $(1,1)$ 到直线的距离为 $d=\dfrac{|a+b+\sqrt{2}|}{\sqrt{a^2+b^2}}$，因此结论转化为 $d-r=\dfrac{|a+b+\sqrt{2}|}{\sqrt{a^2+b^2}}-\sqrt{2}>1$.

条件(1)：已知 $a^2+b^2=1$，此时 $d-r=|a+b+\sqrt{2}|-\sqrt{2}$．举反例，令 $a=0$，$b=1$，此时 $|a+b+\sqrt{2}|-\sqrt{2}=1$，并不是大于 1 的，故条件(1)不充分．

条件(2)：显然不充分．

联合两个条件，得 $d-r=\dfrac{|a+b+\sqrt{2}|}{\sqrt{a^2+b^2}}-\sqrt{2}=|a+b+\sqrt{2}|-\sqrt{2}=a+b+\sqrt{2}-\sqrt{2}=a+b$.

而 $(a+b)^2=a^2+b^2+2ab=1+2ab>1$，两边同时开方，得 $a+b>1$.

故 $d-r=a+b>1$，所以两个条件联合充分．

【答案】(C)

例 14 (2017 年真题)某人从 A 地出发，先乘时速为 220 千米的动车，后转乘时速为 100 千米的汽车到达 B 地．则 A，B 两地的距离为 960 千米．

(1)乘动车时间与乘汽车的时间相等．

(2)乘动车时间与乘汽车的时间之和为 6 小时．

【条件关系】条件(1)只知时间相等，但是不知道具体的时间，属于定性条件，显然无法求出 A，B 两地的距离．条件(2)给出具体时间的数量关系，属于定量条件．

【解析】条件(1)：显然不充分．

条件(2)：总距离 $S=v_{动}\cdot t_{动}+v_{汽}\cdot t_{汽}=220t_{动}+100t_{汽}$，只知道时间和，不知道乘动车和汽车各自的时间，求不出 A，B 两地的距离，故条件(2)也不充分．

联合两个条件，可得 $t_{动}=t_{汽}=3$ 小时，则 A，B 两地的距离 $S=220\times3+100\times3=960$(千米)，所以联合充分．

【答案】(C)

习题训练

1. (2012 年真题)已知 $\{a_n\}$，$\{b_n\}$ 分别为等比数列与等差数列，$a_1=b_1=1$. 则 $b_2\geqslant a_2$.

(1)$a_2>0$.

(2)$a_{10}=b_{10}$.

2. (2009 年真题)$\{a_n\}$的前 n 项和 S_n 与$\{b_n\}$的前 n 项和 T_n 满足 $S_{19}:T_{19}=3:2$.

(1)$\{a_n\}$和$\{b_n\}$是等差数列.

(2)$a_{10}:b_{10}=3:2$.

3. (2009 年在职 MBA 真题)$\frac{1}{a}+\frac{1}{b}+\frac{1}{c}>\sqrt{a}+\sqrt{b}+\sqrt{c}$.

(1)$abc=1$.

(2)a，b，c 为不全相等的正数.

4. 已知两个正整数. 则能确定这两个正整数的乘积.

(1)两个正整数的和是偶数.

(2)一个正整数的 4 倍和另一个正整数的 3 倍之和等于 37.

5. 已知△ABC 的三边长 a，b，c 均为正整数. 则这样的三角形共有 3 个.

(1)$a\leqslant b\leqslant c$ 且 $a+b+c=13$.

(2)△ABC 是等腰三角形.

6. 数列$\left\{\frac{S_n}{n}\right\}$是等比数列.

(1)数列$\{a_n\}$满足 $a_1>0$.

(2)数列$\{a_n\}$满足 $a_{n+1}=\frac{n+2}{n}S_n$.

• 习题详解 •

1. (C)

【条件关系】条件(1)只说明 a_2 为正，属于定性条件，显然无法判断 a_2 和 b_2 的大小关系. 条件(2)给出两个数列第 10 项的关系，属于定量条件.

【解析】条件(1)：显然不充分.

条件(2)：$a_{10}=b_{10}$，即 $q^9=1+9d\Rightarrow d=\frac{q^9-1}{9}$，则 $b_2=1+d=1+\left(\frac{q^9-1}{9}\right)=\frac{q^9+8}{9}$. 举反例，令 $q=-2$，此时 $a_2=-2$，$b_2=\frac{-2^9+8}{9}<-2$，不充分.

联合两个条件，由条件(1)可得 $q>0$. 由均值不等式，可得 $b_2=\frac{q^9+8}{9}=\frac{q^9+1+1+\cdots+1}{9}\geqslant\sqrt[9]{q^9}=q=a_2$，即 $b_2\geqslant a_2$，故联合充分.

2. (C)

【条件关系】条件(1)只说明两个数列为等差数列，没有任何数量关系，属于定性条件，显然得不出 $S_{19}:T_{19}$的值. 条件(2)给出两个数列第 10 项的关系，属于定量条件.

【解析】两个条件显然单独皆不充分，考虑联合.

根据等差数列的性质，可得$\frac{S_{2n-1}}{T_{2n-1}}=\frac{(2n-1)a_n}{(2n-1)b_n}=\frac{a_n}{b_n}$，故$\frac{S_{19}}{T_{19}}=\frac{a_{10}}{b_{10}}=\frac{3}{2}$，两个条件联合充分.

3. (C)

【条件关系】条件(1)给出 a，b，c 乘积的值，是定量条件；条件(2)给出 a，b，c 的性质，是定性条件．

【解析】条件(1)：举反例．令 $a=b=c=1$，不充分．

条件(2)：举反例．令 $a=1$，$b=1$，$c=4$，不充分．

联合两个条件，由均值不等式得 $\frac{1}{a}+\frac{1}{b}\geqslant 2\sqrt{\frac{1}{ab}}=2\sqrt{c}$，$\frac{1}{b}+\frac{1}{c}\geqslant 2\sqrt{\frac{1}{bc}}=2\sqrt{a}$，$\frac{1}{a}+\frac{1}{c}\geqslant 2\sqrt{\frac{1}{ac}}=2\sqrt{b}$，三式相加，得 $2\left(\frac{1}{a}+\frac{1}{b}+\frac{1}{c}\right)\geqslant 2(\sqrt{a}+\sqrt{b}+\sqrt{c})$，即 $\frac{1}{a}+\frac{1}{b}+\frac{1}{c}\geqslant\sqrt{a}+\sqrt{b}+\sqrt{c}$.

由条件(2)可知，不存在 $a=b=c$，故等号不成立，则 $\frac{1}{a}+\frac{1}{b}+\frac{1}{c}>\sqrt{c}+\sqrt{a}+\sqrt{b}$. 联合充分．

4. (E)

【条件关系】条件(1)只说明两个正整数的和是偶数，有无数种情况，是定性条件，显然不充分．条件(2)描述的是一个等量关系，是定量条件．

【解析】设两个正整数分别为 x，y.

条件(1)：显然不充分．

条件(2)：$4x+3y=37$，由奇偶性分析得 y 是奇数，穷举可得 $\begin{cases}x=7,\\y=3\end{cases}$ 或 $\begin{cases}x=4,\\y=7\end{cases}$ 或 $\begin{cases}x=1,\\y=11.\end{cases}$ 无法确定乘积，不充分．

联合两个条件，可知和为偶数的情况有 $\begin{cases}x=7,\\y=3\end{cases}$ 和 $\begin{cases}x=1,\\y=11\end{cases}$ 两种，也无法确定乘积，故两个条件联合也不充分．

5. (C)

【条件关系】条件(1)是三角形三条边长之和，是定量条件．条件(2)是三角形的性质，属于定性条件．

【解析】条件(1)：由三角形三边关系，可知 $a+b>c$，即 $13-c>c$，解得 $c<\frac{13}{2}$；

由于 $a\leqslant b\leqslant c$，故 $a+b+c=13\leqslant 3c$，解得 $c\geqslant\frac{13}{3}$. 因此，$c=5$ 或 6.

当 $c=5$ 时，$a+b=8$，穷举可得 $\begin{cases}a=3,\\b=5\end{cases}$ 或 $\begin{cases}a=4,\\b=4.\end{cases}$

当 $c=6$ 时，$a+b=7$，穷举可得 $\begin{cases}a=1,\\b=6\end{cases}$ 或 $\begin{cases}a=2,\\b=5\end{cases}$ 或 $\begin{cases}a=3,\\b=4.\end{cases}$

综上，以 a，b，c 为三边长的三角形共有 5 个，条件(1)不充分．

条件(2)：显然不充分．

联合两个条件，满足条件(1)的等腰三角形有 3 个，分别为 $\begin{cases}a=3,\\b=5,\\c=5,\end{cases}$ $\begin{cases}a=4,\\b=4,\\c=5,\end{cases}$ $\begin{cases}a=1,\\b=6,\\c=6.\end{cases}$ 两个条件联合充分．

6.(C)

【条件关系】条件(1)只说明 a_1 的正负，是定性条件，显然无法判断数列是不是等比数列．条件(2)给出递推关系等式，是定量条件．

【解析】条件(1)：显然不充分．

条件(2)：举反例，数列 $\{a_n\}$ 的各项均为 0，显然 $\left\{\frac{S_n}{n}\right\}$ 不是等比数列，不充分．

联合两个条件，将 $a_{n+1}=S_{n+1}-S_n$ 代入条件(2)关系式可得 $S_{n+1}-S_n=\frac{n+2}{n}S_n$，整理得 $\frac{S_{n+1}}{n+1}=2\frac{S_n}{n}$，再由 $a_1>0$ 可知数列 $\left\{\frac{S_n}{n}\right\}$ 的首项 $\frac{S_1}{1}$ 为正，故 $\left\{\frac{S_n}{n}\right\}$ 的各项均为正，是等比数列，联合充分．

【易错警示】证明等比数列须注意隐含条件：等比数列各项均不能为 0.

类型 6 其他互补关系

【条件特点】

条件(1)和条件(2)分别给出一部分已知信息，但是每一个条件单独无法得出结论，必须要联合．

【真题特征】

2015—2024 年题量：25，占比：25%；近五年题量：12，占比 24%.

选项分布	A	B	C	D	E
数量	—	—	15	—	10
年份	—	—	2015(3)，2016(3)，2018，2019，2021，2022(2)，2023，2024(3)	—	2015，2016，2017，2018，2019，2020(2)，2021，2023，2024

最近五年的答案(E)基本集中在其他互补关系．

真题例析

例 15 (2018 年真题)已知点 $P(m，0)$，$A(1，3)$，$B(2，1)$，点 $(x，y)$ 在三角形 PAB 上．则 $x-y$ 的最小值与最大值分别为 -2 和 1.

(1) $m\leqslant 1$.

(2) $m\geqslant -2$.

【条件关系】若想使 $x-y$ 既有最大值，又有最小值，则点 P 的横坐标 m 既不能无限大，也不能无限小，m 需要上、下限皆有才行，因此两个条件属于互补关系，需要联合．

【解析】条件(1)：举反例，令 $m=-10$，当点(x,y)在点 P 时，$x-y=-10$，不充分．

条件(2)：举反例，令 $m=10$，当点(x,y)在点 P 时，$x-y=10$，不充分．

联合两个条件，$x-y$ 的最值即可看作“截距型最值问题”．设 $x-y=b$，则有 $y=x-b$，$x-y$ 的最小值和最大值分别为直线 $y=x-b$ 截距相反数的最小值和最大值．

如图所示，$-2\leqslant m\leqslant 1$，即点 P 在$(-2,0)$，$(1,0)$之间$\Leftrightarrow A(1,3)$，$B(2,1)$分别为直线 $y=x-b$ 可行域左、右边界上的点．将 A，B 两点坐标分别代入直线方程，可得 $x-y$ 的最小值和最大值分别为-2 和 1，所以联合充分．

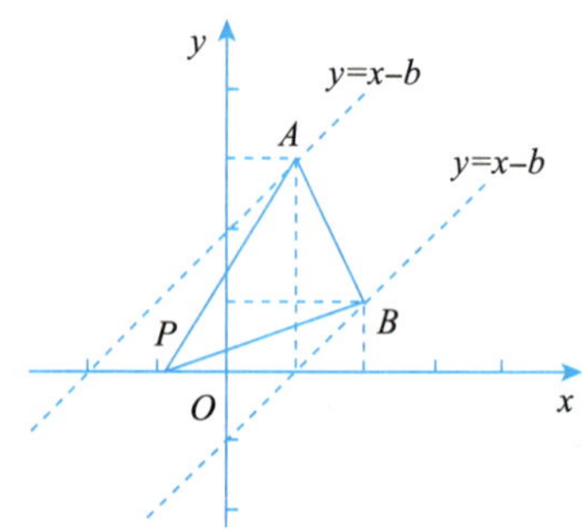

【答案】(C)

例 16 (2016 年真题)设 x，y 是实数．则 $x\leqslant 6$，$y\leqslant 4$.

(1)$x\leqslant y+2$.

(2)$2y\leqslant x+2$.

【条件关系】两个条件各自的 x，y 都是可以无限大的，显然无法确定 x，y 的最大值，需相互补充，属于互补关系，需联合．

【解析】联合两个条件，有$\begin{cases}x\leqslant y+2,\\2y\leqslant x+2,\end{cases}$两式相加得 $x+2y\leqslant y+2+x+2$，解得 $y\leqslant 4$. 再与$x\leqslant y+2$ 相加，解得 $x\leqslant 6$. 故两个条件联合充分．

【答案】(C)

例 17 (2015 年真题)几个朋友外出游玩，购买了一些瓶装水．则能确定购买的瓶装水数量．

(1)若每人分 3 瓶，则剩余 30 瓶．

(2)若每人分 10 瓶，则只有 1 人不够．

【条件关系】两个条件给出的都是瓶装水数量与人数的关系，然而单独看每个条件，人数都是不确定的，因此瓶装水的数量也不确定，故两个条件单独皆不充分，属于互补关系，需联合．

【解析】联合两个条件，设人数为 x，购买瓶装水的数量为 y，则有

$$\begin{cases}y=3x+30,\\10(x-1)<y<10x,\end{cases}$$

整理得 $10(x-1)<3x+30<10x$，解得$\frac{30}{7}<x<\frac{40}{7}$. 由于 x 为整数，故有$\begin{cases}x=5,\\y=45.\end{cases}$因此两个条件联合充分．

【答案】(C)

习题训练

1. (2015 年真题)设$\{a_n\}$是等差数列．则能确定数列$\{a_n\}$．
   (1)$a_1+a_6=0$.
   (2)$a_1a_6=-1$.
2. 某人去购买若干支签字笔和铅笔．则可以确定签字笔的单价高于铅笔．
   (1)6 支签字笔和 3 支铅笔的价格之和大于 24 元．
   (2)4 支签字笔和 5 支铅笔的价格之和小于 22 元．
3. 已知正整数 k. 则能确定 k 的值．
   (1)k 加上 50 为一个完全平方数．
   (2)k 减去 31 为一个完全平方数．
4. 某学校上学期已通过英语四级考试与未通过四级考试的人数之比为 3∶5. 则可以确定该学校的学生人数．
   (1)本学期学校人员未发生变动，又有 180 名学生通过四级．
   (2)本学期已通过英语四级和未通过英语四级的人数之比为 9∶11.
5. 一工人需定期制造出一定数量的零件．则能确定零件的总数．
   (1)若他每天多做 10 个，则提前 4.5 天完成．
   (2)若他每天少做 5 个，则会延期 3 天．
6. 能确定长方体的体积．
   (1)已知长方体从一个顶点出发的三条棱长之比．
   (2)已知长方体的表面积．

• 习题详解 •

1.(E)

【条件关系】确定数列需确定首项和公差，显然需要两个等量关系，两个条件各给出一个，故属于互补关系，需联合．

【解析】联合两个条件，可得$\begin{cases}a_1+a_6=0,\\a_1a_6=-1\end{cases}\Rightarrow\begin{cases}a_1=1,\\a_6=-1\end{cases}$或$\begin{cases}a_1=-1,\\a_6=1,\end{cases}$有两组解，显然数列不唯一，所以联合也不充分．

2.(C)

【条件关系】两个条件都是两种笔多支的价格之和，每个条件单独显然无法得出两种笔单价的大小关系，故单独都不充分，需要联合．

【解析】方法一：设一支签字笔的价格为 x 元，一支铅笔的价格为 y 元．

联合两个条件，可得$\begin{cases}6x+3y>24①,\\4x+5y<22②,\end{cases}$式①+(−1)×式②可得 $x-y>1$，故签字笔的单价高于铅笔，联合充分．

方法二：逻辑推理．

联合两个条件可知，当将 2 支签字笔换成 2 支铅笔后，价格之和变小，所以铅笔的价格小于签字笔，联合充分．

3.(E)

【条件关系】题干要求确定 k 的值，即 k 是唯一的，但是符合条件(1)或条件(2)的情况太多，k 的值并不唯一，两个条件需相互补充．

【解析】两个条件单独皆不充分，联合之．

联合两个条件可得 $\begin{cases}k+50=a^2,\\k-31=b^2\end{cases}$ $(a,\ b\in\mathbf{N})$，两式相减可得 $a^2-b^2=81$，即 $(a+b)(a-b)=81$，

则 $\begin{cases}a+b=81,\\a-b=1\end{cases}$ 或 $\begin{cases}a+b=27,\\a-b=3\end{cases}$ 或 $\begin{cases}a+b=9,\\a-b=9,\end{cases}$ 解得 $\begin{cases}a=41,\\b=40\end{cases}$ 或 $\begin{cases}a=15,\\b=12\end{cases}$ 或 $\begin{cases}a=9,\\b=0,\end{cases}$ 显然 k 的值并不唯一，联合也不充分．

4.(C)

【条件关系】条件(1)中新通过四级的180名学生在总人数中的占比未知；条件(2)已知比例变化，但是人员变动和具体新通过的人数未知．因此单独都求不出该学校学生人数，故需要联合.

【解析】两个条件单独皆不充分，联合之．

上学期比例为 $3:5$，总份数是8；本学期比例为 $9:11$，总份数为20. 学校总人数不变，故总份数统一为40. 因此上学期通过四级考试和未通过四级考试的人数之比为 $15:25$，本学期比例为 $18:22$. 显然新通过的180人占3份，每份为60人，因此学校总人数为 $40\times60=2\ 400$，联合充分．

5.(C)

【条件关系】题干中有两个未知数，一个时间，一个效率，条件(1)和条件(2)都是只给了一个等量关系，单独无法求解，故两个条件需要相互补充．

【解析】设原来工人每天做 x 个，做 y 天，则零件总数为 xy.

条件(1)：$(x+10)(y-4.5)=xy$，整理得 $9x-20y+90=0$，解不出 xy，不充分．

条件(2)：$(x-5)(y+3)=xy$，整理得 $3x-5y-15=0$，解不出 xy，不充分．

联合两个条件，解得 $\begin{cases}x=50,\\y=27,\end{cases}$ 则零件总数 xy 唯一确定，故联合充分．

6.(C)

【条件关系】条件(1)只知棱长的比例关系，没有任何具体长度，当然不能确定长方体的体积，显然不充分；条件(2)表面积一定，但形状不确定，体积也是无法确定的，显然也不充分．故两个条件需要相互补充．

【解析】两个条件单独皆不充分，联合之．

若长方体的三条棱长之比为 $a:b:c$，设三条棱长分别为 ax，bx，$cx\ (x>0)$.

长方体的表面积 $S=2(ax\cdot bx+ax\cdot cx+bx\cdot cx)=2x^2(ab+ac+bc)$，因为 S，a，b，c 已知，故能确定 x 的值．长方体的体积 $V=ax\cdot bx\cdot cx=abcx^3$，所有的值都已知，故能确定 V 的值，因此联合充分．

类型7 相互独立关系

【条件特点】

两个条件相互独立，每个条件都需要验证单独是否充分．一般地，两个条件不用联合．

情况1：两个条件的内容表述完全相同，只是数值不同，故计算过程相同．

情况2：除题干条件外，只缺一个条件即可推出结论，而条件(1)和条件(2)是两个角度的已知条件，并且这两个条件是无法联合的．

【真题特征】

2015—2024年题量：40，占比：40%；近五年题量：19，占比38%.

选项分布	A	B	C	D	E
数量	16	11	—	13	—
年份	2015，2016(2)，2017(2)，2019(3)，2020(2)，2021(2)，2022，2023(2)，2024	2015(2)，2016，2017(2)，2019，2022(3)，2023，2024	—	2015(2)，2016，2018(3)，2019，2020，2021(2)，2023，2024(2)	—

真题例析

例18 (2019年真题)设数列$\{a_n\}$的前n项和为S_n．则数列$\{a_n\}$是等差数列．

(1)$S_n=n^2+2n$，$n=1$，2，3，….

(2)$S_n=n^2+2n+1$，$n=1$，2，3，….

【条件关系】两个条件内容表述相同，都给出了数列S_n的通项，单独都能判断数列是否是等差数列，故两个条件是相互独立关系．

【解析】等差数列求和公式符合$S_n=Cn^2+Dn$的特征，形如一个没有常数项的一元二次函数，故条件(1)充分，条件(2)不充分．

【答案】(A)

例19 (2018年真题)设m，n是正整数．则能确定$m+n$的值．

(1)$\frac{1}{m}+\frac{3}{n}=1$.

(2)$\frac{1}{m}+\frac{2}{n}=1$.

【条件关系】两个条件关于 m，n 的等式形式相同，只有一个数值不同，故计算过程相同，属于相互独立关系.

【解析】条件(1)：

$$\frac{1}{m}+\frac{3}{n}=1\Rightarrow 3m+n=mn\Rightarrow mn-3m-n=0$$

$$\Rightarrow m(n-3)-(n-3)=3\Rightarrow (m-1)(n-3)=3.$$

因为 m，n 是正整数，故 $\begin{cases}m-1=1,\\n-3=3\end{cases}$ 或 $\begin{cases}m-1=3,\\n-3=1,\end{cases}$ 故 $m+n=8$，条件(1)充分.

条件(2)：$\frac{1}{m}+\frac{2}{n}=1\Rightarrow 2m+n=mn\Rightarrow (m-1)(n-2)=2\Rightarrow \begin{cases}m-1=1,\\n-2=2\end{cases}$ 或 $\begin{cases}m-1=2,\\n-2=1,\end{cases}$ 故 $m+n=6$，条件(2)也充分.

【答案】(D)

例 20 (2014年真题)已知 x，y 为实数. 则 $x^2+y^2\geqslant 1$.

(1) $4y-3x\geqslant 5$.

(2) $(x-1)^2+(y-1)^2\geqslant 5$.

【条件关系】两个条件给出的方程完全不一样，条件(1)是一条直线，条件(2)是一个圆，因此这两个条件各自都是一道单独的题目，属于相互独立关系.

【解析】$x^2+y^2\geqslant 1$ 属于"两点间距离型最值"问题，$x^2+y^2=(x-0)^2+(y-0)^2=d^2\geqslant 1$，因此结论等价于证明条件所表示的点到原点距离的最小值大于等于1.

条件(1)：表示点在直线 $-3x+4y-5=0$ 上或其上方，如图所示. 距离 d 的最小值为原点到直线的距离，即 $d_{\min}=\frac{|-3\times 0+4\times 0-5|}{\sqrt{(-3)^2+4^2}}=1$，故条件(1)充分.

条件(2)：表示点在圆 $(x-1)^2+(y-1)^2=5$ 上或圆外，如图所示. 原点在圆内，故 d 的最小值等于半径减去原点到圆心的距离，即

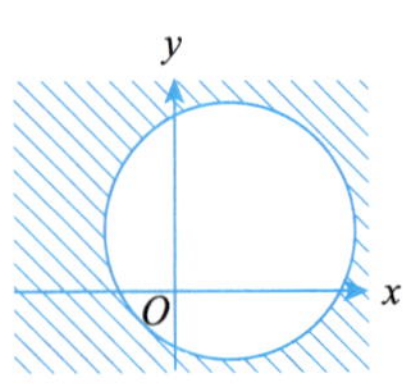

$$d_{\min}=\sqrt{5}-\sqrt{(1-0)^2+(1-0)^2}=\sqrt{5}-\sqrt{2}\approx 0.82<1,$$

故条件(2)不充分.

【答案】(A)

习题训练

1. (2016年真题)已知 $f(x)=x^2+ax+b$. 则 $0\leqslant f(1)\leqslant 1$.

(1) $f(x)$ 在区间 $[0,1]$ 中有两个零点.

(2) $f(x)$ 在区间 $[1,2]$ 中有两个零点.

2. (2015年真题)圆盘 $x^2+y^2\leqslant 2(x+y)$ 被直线 L 分成面积相等的两部分.

(1) L：$x+y=2$.

(2) L：$2x-y=1$.

3. 某班的学生人数不到 50，在一次测验中，共分“优”“良”“及格”“不及格”四个等级．则能确定不及格的人数．

(1)有$\frac{1}{7}$的学生得“优”，$\frac{1}{3}$的学生得“良”，$\frac{1}{2}$的学生得“及格”．

(2)有$\frac{1}{12}$的学生得“优”，$\frac{1}{3}$的学生得“良”，$\frac{1}{2}$的学生得“及格”．

4. 如图所示，AB 为半圆 O 的直径，C 为半圆上一点，设扇形 AOC，$\triangle COB$，弓形 BMC 的面积分别为 S_1，S_2，S_3．则 $S_3>S_1>S_2$．

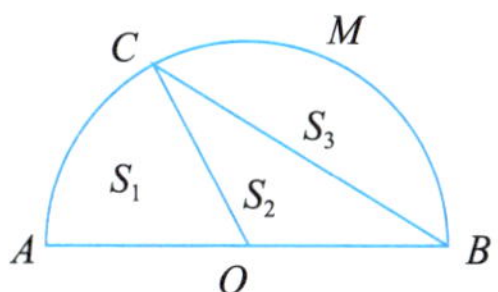

(1)$\overset{\frown}{AC}=\frac{1}{3}\overset{\frown}{AB}$.

(2)$\overset{\frown}{AC}=\frac{1}{4}\overset{\frown}{AB}$.

5. 圆$(x-1)^2+(y-1)^2=4$ 上到直线 $y=x+b$ 的距离等于 1 的点有 2 个．

(1)$b\in(-\sqrt{2},0)$．

(2)$b\in(\sqrt{2},3\sqrt{2})$．

6. 数列$\{a_n\}$是正项等比数列．则数列$\{b_n\}$也为等比数列．

(1)$b_n=a_n\cdot a_{n+1}$．

(2)$b_n=\ln a_n$．

• 习题详解 •

1.（D）

【条件关系】两个条件的内容表述相同，只是零点所在区间不同，故计算过程相同，属于相互独立关系，每个条件都有可能充分．

【解析】由两根式，设 $f(x)$的两个零点分别为 m，n，则 $f(x)=x^2+ax+b=(x-m)(x-n)$，故 $f(1)=(1-m)(1-n)$．

条件(1)：$0\leqslant m\leqslant 1$，$0\leqslant n\leqslant 1$，则有 $0\leqslant 1-m\leqslant 1$，$0\leqslant 1-n\leqslant 1$，故 $0\leqslant(1-m)(1-n)\leqslant 1$，即 $0\leqslant f(1)\leqslant 1$，条件(1)充分．

条件(2)：$1\leqslant m\leqslant 2$，$1\leqslant n\leqslant 2$，则有 $-1\leqslant 1-m\leqslant 0$，$-1\leqslant 1-n\leqslant 0$，故 $0\leqslant(1-m)(1-n)\leqslant 1$，条件(2)也充分．

2.（D）

【条件关系】两个条件各自给出一条直线 L 的解析式，单独都能计算，且计算过程相同，属于相互独立关系．

【解析】直线将圆分成面积相等的两部分，说明直线过圆心．

将圆的方程化为标准方程$(x-1)^2+(y-1)^2=2$，圆心为$(1,1)$．

条件(1)：将圆心(1，1)代入直线 L：$x+y=2$，等式成立，则直线 L 过圆心(1，1)，充分.

条件(2)：将圆心(1，1)代入直线 L：$2x-y=1$，等式成立，则直线 L 过圆心(1，1)，充分.

3.(A)

【条件关系】这两个条件显然单独均可直接计算，无需联合，属于相互独立关系.

【解析】条件(1)：总人数能被7，3，2整除，是7，3，2的公倍数，则可设总人数为 $42n$. 由总人数小于50可知，$n=1$，则总人数为42，故不及格的人数为 $42\times\left(1-\frac{1}{7}-\frac{1}{3}-\frac{1}{2}\right)=1$，充分.

条件(2)：总人数能被12，3，2整除，是12，3，2的公倍数，则可设总人数为 $12n$. 由总人数小于50可知，$n=1$，2，3，4，则总人数不确定，不及格的人数也不确定，不充分.

4.(D)

【条件关系】两个条件都是 $\overset{\frown}{AC}$ 和 $\overset{\frown}{AB}$ 的等量关系，只是数值不同，故两个条件是相互独立关系.

【解析】条件(1)：显然 S_1 占了半圆的三分之一，S_3 和 S_2 共占半圆的三分之二，即 $S_2+S_3=2S_1$. 连接 AC，由等面积模型可知 $S_{\triangle ACO}=S_2$，故有 $S_2<S_1$，则 $S_3>S_1$，因此，$S_3>S_1>S_2$，条件(1)充分.

条件(2)：$S_{\triangle ACO}=S_2$ 恒成立，故 $S_2<S_1$. 易知此时的 S_1 小于条件(1)中的 S_1，S_3 大于条件(1)中的 S_3，故仍然满足 $S_3>S_1>S_2$，条件(2)充分.

5.(B)

【条件关系】两个条件中 b 的范围没有交集，显然无法联合，故这两个条件属于相互独立关系.

【解析】由题可知，圆的半径为2，故圆心到直线的距离 $\in(1，3)$ 时，满足有2个点到直线的距离为1，即 $1<\frac{|1-1+b|}{\sqrt{2}}<3$，解得 $-3\sqrt{2}<b<-\sqrt{2}$ 或 $\sqrt{2}<b<3\sqrt{2}$，故条件(1)不充分，条件(2)充分.

6.(A)

【条件关系】两个条件都给出了数列 $\{b_n\}$ 的表达式，单独都能判断数列 $\{b_n\}$ 是否是等比数列，故两个条件是相互独立关系.

【解析】条件(1)：设数列 $\{a_n\}$ 的公比为 q. $\frac{b_{n+1}}{b_n}=\frac{a_{n+1}\cdot a_{n+2}}{a_n\cdot a_{n+1}}=q^2$，故数列 $\{b_n\}$ 是公比为 q^2 的等比数列，充分.

条件(2)：举反例，设 $a_n=1$，则 $b_n=0$，显然不是等比数列，不充分.

第 2 部分

5大命题陷阱

陷阱 1 单独充分陷阱

【陷阱说明】

当条件(1)或条件(2)中某个条件单独充分，两个条件联合起来也充分时，应该选(A)项或(B)项，而不能选(C)项．选(C)项的情况只能是：条件(1)不充分，条件(2)也不充分，条件(1)和条件(2)联合起来充分．

真题例析

例 1 (2018 年真题)设$\{a_n\}$为等差数列．则能确定$a_1+a_2+\cdots+a_9$的值．

(1)已知a_1的值．

(2)已知a_5的值．

【解析】条件(1)：只知首项，无法求出前 9 项之和，故条件(1)不充分．

条件(2)：由等差数列求和公式$S_{2n-1}=(2n-1)a_n$，可知$a_1+a_2+\cdots+a_9=S_9=9a_5$，故已知$a_5$的值，能求出$a_1+a_2+\cdots+a_9$的值，条件(2)充分．

【陷阱分析】有同学不熟悉$S_{2n-1}=(2n-1)a_n$这个公式，误以为单独的某一项不能求出S_9的值，需联合两个条件解出a_1和d，然后再用求和公式求解，误选(C)项．

【答案】(B)

例 2 (2017 年真题)圆$x^2+y^2-ax-by+c=0$与x轴相切．则能确定c的值．

(1)已知a的值．

(2)已知b的值．

【解析】圆$x^2+y^2-ax-by+c=0$的圆心为$\left(\frac{a}{2},\frac{b}{2}\right)$，半径为$r=\frac{\sqrt{a^2+b^2-4c}}{2}$.

已知圆与x轴相切，则有$\frac{\sqrt{a^2+b^2-4c}}{2}=\left|\frac{b}{2}\right|$，平方可得$\frac{a^2+b^2-4c}{4}=\frac{b^2}{4}$，解得$c=\frac{a^2}{4}$. 因此$c$的值只与$a$有关，与$b$无关，即条件(1)充分，条件(2)不充分．

【陷阱分析】题干含有a，b，c三个变量，有同学误以为要想确定c，则a和b都需要知道，两个条件是变量缺失型互补关系，误选(C)项．实际上题干中还有一个已知条件，计算可得c的值只与a有关．

【答案】(A)

例 3 (2016 年真题)已知某公司男员工的平均年龄和女员工的平均年龄．则能确定该公司员工的平均年龄．

(1)已知该公司员工人数．

(2)已知该公司男、女员工的人数之比．

【解析】方法一：十字交叉法＋赋值法．

设男、女员工的平均年龄分别为 30，27，总平均年龄为 $\overline{x}$，如图所示，则有

$$\begin{matrix} 30 & & \overline{x}-27 \\ & \overline{x} & \\ 27 & & 30-\overline{x} \end{matrix} \Rightarrow \frac{\overline{x}-27}{30-\overline{x}}=\frac{\text{男员工人数}}{\text{女员工人数}}$$

条件(1)：已知该公司员工人数(即男、女人数之和)，无法求出平均年龄，条件(1)不充分．

条件(2)：已知男、女员工的人数之比，设为 a，即 $\frac{\overline{x}-27}{30-\overline{x}}=a$，则可以求出 $\overline{x}$，条件(2)充分．

方法二：加权平均值．

根据加权平均值的定义，可知所有员工的平均年龄＝男员工平均年龄×男员工的比例＋女员工平均年龄×女员工的比例．故知道男、女员工的比例，即可求出平均年龄，条件(1)不充分，条件(2)充分．

【陷阱分析】有同学在求所有员工的平均年龄时，用算术平均值的公式

$$\frac{\text{员工总年龄}}{\text{员工总人数}}=\frac{\text{男员工平均年龄}\times\text{男员工人数}+\text{女员工平均年龄}\times\text{女员工人数}}{\text{员工总人数}}$$

来求平均年龄，误以为必须知道男、女员工的人数，而两个条件联合后，恰好可以求出男、女员工的人数，因此误选(C)项．

【答案】(B)

习题训练

1. (2018 年真题)设 x，y 为实数．则 $|x+y|\leqslant 2$.

(1)$x^2+y^2\leqslant 2$.

(2)$xy\leqslant 1$.

2. (2014 年真题)设 x 是非零实数．则 $\frac{1}{x^3}+x^3=18$.

(1)$\frac{1}{x}+x=3$.

(2)$\frac{1}{x^2}+x^2=7$.

3. 方程 $x^2-3mx+4=0$ 的两根为 a，b. 则 $\frac{4}{3}\leqslant m<\frac{5}{3}$.

(1)$1<a<4$.

(2)$1<b<4$.

4. 已知实数 m，n. 则 $mn\leqslant 1$.

(1)$m+n=2$.

(2)$m>0$，$n>0$.

5. 如图所示，已知平行四边形 $ABCD$ 的面积，P 为 BC 上一点，E，F 分别为 PA，PD 上的点，且 $EF/\!/AD$. 则能确定$\triangle EFP$ 的面积．

(1)已知$\triangle ADP$ 的面积．

(2)$DF=2FP$.

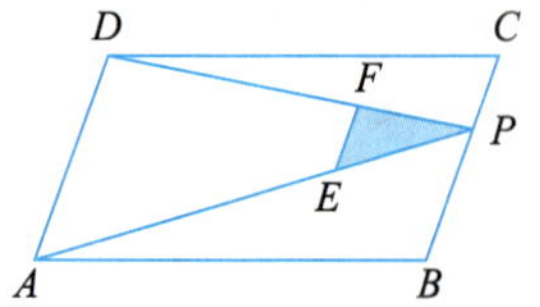

• 习题详解 •

1. (A)

【解析】条件(1)：根据柯西不等式可得$(x+y)^2\leqslant 2(x^2+y^2)\leqslant 4$，即$(x+y)^2\leqslant 4\Rightarrow |x+y|\leqslant 2$，条件(1)充分．

条件(2)：举反例，令 $x=2$，$y=\dfrac{1}{2}$，可知条件(2)不充分．

【陷阱分析】此题可能会有同学在不考虑条件(1)和条件(2)单独是否充分的情况下，直接选择联合凑出 $x^2+y^2+2xy\leqslant 4$ 的形式，从而得出$(x+y)^2\leqslant 4\Rightarrow |x+y|\leqslant 2$，误选(C)项．

2. (A)

【解析】条件(1)：$\dfrac{1}{x}+x=3$，$\dfrac{1}{x^2}+x^2=\left(\dfrac{1}{x}+x\right)^2-2=7$. 所以 $\dfrac{1}{x^3}+x^3=\left(\dfrac{1}{x}+x\right)\left(\dfrac{1}{x^2}+x^2-1\right)=3\times 6=18$，条件(1)充分．

条件(2)：$\dfrac{1}{x^2}+x^2=\left(\dfrac{1}{x}+x\right)^2-2=7$，得$\left(\dfrac{1}{x}+x\right)^2=9$，所以$\dfrac{1}{x}+x=\pm 3$，则$\dfrac{1}{x^3}+x^3=\left(\dfrac{1}{x}+x\right)\left(\dfrac{1}{x^2}+x^2-1\right)=(\pm 3)\times 6=\pm 18$，条件(2)不充分．

【陷阱分析】可能会有同学将结论 $x^3+\dfrac{1}{x^3}$分解为$\left(x+\dfrac{1}{x}\right)\left(x^2+\dfrac{1}{x^2}-1\right)$，发现条件(1)和条件(2)联合后可以得到答案，在没有验证单独充分与否时误选(C)项．

实际上，所有“$x+\dfrac{1}{x}=a$ 型”的题目，只要已知一个式子即可互相推导，两个条件属于相互独立关系，无需联合．

3. (D)

【解析】一元二次方程有两根，则 $\Delta=9m^2-4\times 4\geqslant 0$，解得 $m\geqslant\dfrac{4}{3}$或 $m\leqslant -\dfrac{4}{3}$. 由韦达定理，得 $ab=4$.

条件(1)：$1<a<4$，则 $1<b<4$，根据一元二次方程根的分布可得

$$\begin{cases}1<\dfrac{3m}{2}<4,\\ f(1)=1-3m+4>0,\\ f(4)=16-12m+4>0\end{cases}\Rightarrow\begin{cases}\dfrac{2}{3}<m<\dfrac{8}{3},\\ m<\dfrac{5}{3},\\ m<\dfrac{5}{3}\end{cases}\Rightarrow\dfrac{2}{3}<m<\dfrac{5}{3},$$

再结合式判别式，得$\dfrac{4}{3}\leqslant m<\dfrac{5}{3}$，故条件(1)充分．

条件(2)：$1<b<4$，则 $1<a<4$，和条件(1)等价，也充分．

【陷阱分析】有些同学看到条件(1)和条件(2)分别是两个根的范围，直接联合，从而误选(C)项．实际上由韦达定理，得 $ab=4$，两个条件可以互相推导，无需联合．

4. (A)

【解析】条件(1)：利用二次函数求最值．根据条件可得 $m=2-n$，则 $mn=(2-n)n=-n^2+2n=-(n-1)^2+1\leqslant 1$，充分．

条件(2)：举反例：令 $m=10$，$n=10$，不充分．

【陷阱分析】此题很多同学看到条件(1)会想到用均值不等式求 mn 的取值范围，正好条件(2)给了正数的限定条件，两个条件联合可得 $m+n=2\geqslant 2\sqrt{mn}\Rightarrow mn\leqslant 1$，联合充分，误选(C)项．须注意，做题时一定先单独验证两个条件，都不充分才可联合．

5. (B)

【解析】条件(1)：不知点 E 或点 F 的位置，显然不能确定$\triangle EFP$ 的面积，不充分．

条件(2)：$\triangle ADP$ 和平行四边形 $ABCD$ 的底相等，高相等，故 $S_{\triangle ADP}=\frac{1}{2}S_{\square ABCD}$.

由金字塔模型知$\frac{S_{\triangle EFP}}{S_{\triangle ADP}}=\left(\frac{PF}{PD}\right)^2=\left(\frac{1}{3}\right)^2=\frac{1}{9}$，则 $S_{\triangle EFP}=\frac{1}{9}S_{\triangle ADP}=\frac{1}{9}\times\frac{1}{2}S_{\square ABCD}=\frac{1}{18}S_{\square ABCD}$，充分．

【陷阱分析】有同学以为，想求$\triangle EFP$ 的面积，$\triangle ADP$ 的面积和相似比缺一不可，因此直接联合．实际上，$\triangle ADP$ 的面积是平行四边形 $ABCD$ 面积的一半，通过题干就可以求出，不需要条件(1)的补充．

陷阱 2 “指定对象取值”陷阱

【陷阱说明】

情况 1. 确定集合，即确定集合中的元素构成即可，不需要与每个元素一一对应(即集合元素的无序性).

情况 2. 求整体的最值或取值时，最值或取值不需要与每个元素一一对应．

情况 3. 求整体中每个元素的最值或取值时，最值或取值要与每个元素一一对应．

真题例析

例 4 (2023 年真题)八个班参加植树活动，共植树 195 棵．则能确定各班植树棵数的最小值．

(1)各班植树的棵数均不相同．

(2)各班植树棵数的最大值是 28.

【解析】设八个班植树的棵数分别为 a_1，a_2，…，a_8，由题可得 $a_1+a_2+\cdots+a_8=195$.

条件(1)：1个方程有8个未知数，显然有许多组解，不能确定植树棵数的最小值，不充分.

条件(2)：假设最大值为 a_8，则 $a_8=28$，故 $a_1+a_2+\cdots+a_7+a_8=195$，此时方程仍有多组解，如 $22+22+23+24+25+25+26+28=195$，$21+22+22+25+25+25+27+28=195$ 等，不能确定植树棵数的最小值，不充分.

联合两个条件，不妨令 $a_1<a_2<\cdots<a_8$. 已知 $a_8=28$，此时，穷举可得只有一组解，即 $20+22+23+24+25+26+27+28=195$. 因此各班植树棵数的最小值为20棵，联合充分.

【陷阱分析】题目问的是各班植树棵数的最小值，是整体的最小值，并不特指某一个班，因而不能认为各个班植树棵数的最小值是1，误选(D)项；或认为班级植树的数量关系不确定，无法与班级一一对应，误选(E)项.

【答案】(C)

例5 (2022年真题)两个人数不等的班数学测验的平均分不相等．则能确定人数多的班．

(1)已知两个班的平均分．

(2)已知两个班的总平均分．

【解析】条件(1)：知道两个班各自的平均分，但是没有两个班的其他关系，故无法判断，不充分．

条件(2)：知道总平均分但是没有其他的任何条件，所以也无法判断，故不充分．

联合两个条件．

方法一：设两个班的平均分分别为 $\overline{x}_{甲}$，$\overline{x}_{乙}$，总平均分为$\overline{x}$. 如图所示，利用十字交叉法，可得$\dfrac{甲班人数}{乙班人数}=\dfrac{|\overline{x}_{乙}-\overline{x}|}{|\overline{x}_{甲}-\overline{x}|}$，根据人数的比就能知道人数多的班，故两个条件联合充分．

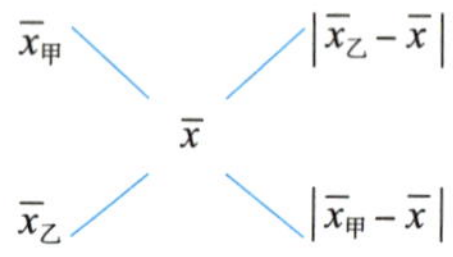

方法二：赋值法．

不妨设甲班平均分为60分，人数为 x；乙班平均分为90分，人数为 y. 两个班的总平均分为80分．则有$\dfrac{60x+90y}{x+y}=80$，解得$\dfrac{x}{y}=\dfrac{1}{2}$，故人数多的班为乙班．两个条件联合充分．

【陷阱分析】有些同学在做题的时候，可能会给这两个班取名，比如甲、乙两个班，赋值之后，计算发现可能甲班人多，也可能乙班人多，无法确定是甲班还是乙班，从而误选(E)项．实际上题目想表达的意思是能确定两个班人数的大小关系即可．

【答案】(C)

例6 (2020年真题)已知甲、乙、丙三人共捐款3 500元．则能确定每人的捐款金额．

(1)三人的捐款金额各不相同．

(2)三人的捐款金额都是500的倍数．

【解析】条件(1)：显然不充分．

条件(2)：设三人的捐款金额为 $500a$，$500b$，$500c$，则有 $500a+500b+500c=3\ 500$. 整理得 $a+b+c=7$，有多组解，不充分．

联合两个条件，得 $a+b+c=7=1+2+4$，但无法确定谁是 1，谁是 2，谁是 4，故两个条件联合也不充分．

【陷阱分析】可能会有同学在联合两个条件后，解得三人的捐款金额分别是 500 元、1 000 元和 2 000 元，从而错误地认为三人的捐款金额可以确定，误选(C)项．实际上题目表达的意思是要能计算出每个人确切的金额，三人的金额需要一一对应，但是三人捐款金额的大小关系不确定，所以无法对应．

【答案】(E)

例 7 (2014 年真题)已知 $M=\{a,b,c,d,e\}$是一个整数集合．则能确定集合 M.

(1)a，b，c，d，e 的平均值为 10.

(2)a，b，c，d，e 的方差为 2.

【解析】条件(1)：由平均值只能得到 $a+b+c+d+e=50$，不能确定集合 M. 不充分．

条件(2)：由方差为 2 只能得到 a，b，c，d，e 是连续的 5 个整数，不能确定集合 M. 也不充分．

联合两个条件，可知 a，b，c，d，e 是连续的 5 个整数，故平均值为中间数，因此联合可以直接确定这五个数为 8，9，10，11，12，两个条件联合充分．

【陷阱分析】有同学在联合两个条件后确定了这 5 个数，但认为$\{8,9,10,11,12\}$和$\{12,11,10,9,8\}$不是同一个数集，误选(E)项．要知道，集合的元素是“无序的”，只要能确定这 5 个数是多少即可，不要求与 a，b，c，d，e 一一对应．

【答案】(C)

习题训练

1. 已知 $A=\{a,b,c\}$是一个正整数集合．则能确定集合 A.

(1)$3a+5b+3c=24$.

(2)$a<c$.

2. 将 100 个苹果分给 10 个小朋友．则能确定各个小朋友分得的苹果个数的最大值．

(1)每个小朋友的苹果个数互不相同．

(2)分得苹果个数最少的小朋友分到了 5 个苹果．

3. 已知正整数 a，b，c. 则可以确定 $\max\{a,b,c\}$.

(1)已知 a，b，c 互不相同．

(2)$a+b+c=7$.

4. 某人购买了一些苹果、香蕉和梨，三种水果的单价不同且均为整数．则能确定每种水果的单价.

(1)每种水果各购买了 5 千克．

(2)总共花费 30 元．

• 习题详解 •

1. (A)

【解析】条件(1)：$3a$，$3c$，24都是3的倍数，故b也是3的倍数，穷举可得$b=3$，则$a+c=3$，解得$a=1$，$c=2$或$a=2$，$c=1$，则集合$A=\{1, 2, 3\}$，能确定集合A，充分．

条件(2)：显然不充分．

【陷阱分析】有同学认为条件(1)有$a=1$，$c=2$或$a=2$，$c=1$两组解，无法确定a和c的值，单独不充分，误选(C)项．但是条件(1)这两组解的数值是确定的，都是1和2，集合元素有无序性，因此单独条件(1)就已经充分了，不需要条件(2)补充．

2. (E)

【解析】设10个小朋友的苹果数分别为a_1，a_2，…，a_{10}，由题可得$a_1+a_2+\cdots+a_{10}=100$.

条件(1)：1个方程有10个未知数，显然有许多组解，不充分．

条件(2)：假设最小值为a_1，则$a_1=5$，此时方程仍有多组解，如$5+5+5+5+5+5+5+5+5+55=100$，$5+5+5+5+5+5+5+5+6+54=100$等，不充分．

联合两个条件，不妨令$a_1<a_2<\cdots<a_{10}$，此时方程仍有多组解，如$5+6+7+8+9+10+12+13+14+16=100$；$5+6+7+8+9+11+12+13+14+15=100$等，故联合也不充分．

【陷阱分析】有同学认为，条件(1)的解为$1+2+3+\cdots+9+55=100$，故苹果个数最多为55个，是充分的．条件(2)的解为$5+5+5\cdots+5+55=100$，故苹果个数最多为55个，也是充分的．然而两个条件都分别有多组解，除写出的一组外还有许多其他的情况，只有当解是唯一一组解的时候，才能确定最大值．

3. (C)

【解析】条件(1)：没有任何具体数值，显然不充分．

条件(2)：$a+b+c=7$有很多组解，例如$a=1$，$b=1$，$c=5$或$a=1$，$b=2$，$c=4$，无法确定三个数中的最大值，不充分．

联合两个条件，只能取$a=1$，$b=2$，$c=4$这一组解，因此$\max\{a, b, c\}=4$，联合充分．

【陷阱分析】可能有同学由条件(2)得出最大值是5，误选(B)项；也可能会有同学认为无法判断最大值4是a，b，c中的哪一个，误选(E)项．然而只有当解是唯一一组解的时候，才能确定最大值，且max函数不需要结果与a，b，c中的某个字母对应上．

4. (E)

【解析】条件(1)：只有重量没有总花费，无法确定每种水果的单价，不充分．

条件(2)：仅有总花费，没有重量，无法确定每种水果的单价，不充分．

联合两个条件，设苹果、香蕉和梨的单价分别为x元/千克，y元/千克，z元/千克，可列方程$5x+5y+5z=30$，化简得$x+y+z=6=1+2+3$，但没有大小关系，无法确定谁是1，谁是2，谁是3，故联合也不充分．

【陷阱分析】题目要求确定每种水果的单价，意味着苹果、香蕉和梨的单价都确定(能一一对应上)，但是三种水果单价的大小关系不知道，无法判断．可能会有同学认为能计算出结果，从而误选(C)项．

陷阱 3 “存在”陷阱

【陷阱说明】

当题干的结论为“存在…”或者含义是“存在”时，并不是指唯一确定，如果根据某条件求出来的结论有两种及更多的情况，条件依然充分．

真题例析

例 8 (2016 年真题)利用长度为 a 和 b 的两种管材能连接成长度为 37 的管道(单位：米)．

(1)$a=3$，$b=5$.

(2)$a=4$，$b=6$.

【解析】设需要长度为 a 的管道 x 根，长度为 b 的管道 y 根．

条件(1)：$3x+5y=37$，$5y$ 的尾数为 0 或 5，则 $3x$ 的尾数为 7 或 2，穷举得 $x=4$ 或 $x=9$，故有两组解 $\begin{cases}x=4,\\y=5\end{cases}$ 或 $\begin{cases}x=9,\\y=2,\end{cases}$ 条件(1)充分．

条件(2)：$4x+6y=37$，等号左边为偶数，右边为奇数，显然无整数解，故不充分．

【陷阱分析】有些同学会认为条件(1)有两组解，无法唯一确定，从而误选(E)项．然而，结论的表述是“能连接成”，即有解就行，不要求有唯一解．

【答案】(A)

习题训练

1. 存在 k 使得 $\sqrt{x-4}+\sqrt{8-x}>k$ 有解．

(1)$k>2$.

(2)$k>3$.

2. 存在实数 a 使得关于 x 的不等式 $|x-1|-|x-a|>-5$ 恒成立．

(1)$-4<a<6$.

(2)$5<a<7$.

3. 现有足量的正三角形、正方形、正六边形三种地砖，选择若干块在平面上一点 O 周围进行铺设，且任意一块地砖都有一顶点位于点 O. 则可以在点 O 周围实现无缝密铺．

(1)只用正三角形和正六边形地砖．

(2)3 种形状的地砖全都使用．

4. 存在正实数 a，b，c，使得 $ab+bc+ac\leqslant\frac{1}{2}$.

(1)$a+b+c=1$.

(2)$a^2+b^2+c^2=1$.

· 习题详解 ·

1. (A)

【解析】从结论入手，对比条件和结论的范围.

$\sqrt{x-4}+\sqrt{8-x}>k$ 有解，即 k 小于 $\sqrt{x-4}+\sqrt{8-x}$ 的最大值，利用柯西不等式可得

$$1\times\sqrt{x-4}+1\times\sqrt{8-x}\leqslant\sqrt{(1+1)(x-4+8-x)}=2\sqrt{2},$$

即 $k<2\sqrt{2}$. 本题考查存在与否，因此验证条件中的 k 在 $k<2\sqrt{2}$ 范围内是否有解即可.

条件(1)：在 $k>2$ 内可以找到 k 使得 $k<2\sqrt{2}$，充分.

条件(2)：在 $k>3$ 内没有 k 使得 $k<2\sqrt{2}$，不充分.

【陷阱分析】有些同学在计算出结论的范围之后，发现两个条件均不是 $k<2\sqrt{2}$ 的子集，因而误选(E)项. 本题只是考查存在与否，两个条件只需要与所求的解集有交集即可.

2. (D)

【解析】从结论入手，对比条件和结论的范围.

令 $f(x)=|x-1|-|x-a|$，根据绝对值两个线性差的结论，可知函数的最小值为 $-|a-1|$，解不等式 $-|a-1|>-5$ 可得 $-4<a<6$，两个条件只需要与该解集有交集即可.

条件(1)：显然充分.

条件(2)：在 $5<a<6$ 这个范围可以使不等式成立，充分.

【陷阱分析】有些同学在计算出结论的范围之后，发现条件(2)不是所求的结果，因而误选(A)项. 本题只是考查存在与否，并不要求条件范围内的所有 a 都满足结论的不等式.

3. (D)

【解析】在点 O 周围要形成密铺，则几块地砖中以 O 为顶点的内角总和应为 $360°$.

正三角形、正方形、正六边形的一个内角分别为 $60°$、$90°$、$120°$.

条件(1)：设用 a 个正三角形和 b 个正六边形进行密铺，则 $60a+120b=360$，解得 $a=2$，$b=2$ 或 $a=4$，$b=1$，故可以在点 O 周围实现密铺. 条件(1)充分.

条件(2)：设用 x 个正三角形、y 个正方形、z 个正六边形进行密铺，则 $60x+90y+120z=360$，解得 $x=1$，$y=2$，$z=1$，故可以在点 O 周围实现密铺，条件(2)充分.

【陷阱分析】有些同学会认为条件(1)有两组解，无法唯一确定，从而误选(B)项. 然而，结论的表述是“可以实现密铺”，即有解就行，不要求有唯一解.

4. (D)

【解析】条件(1)：举例，令 $a=b=c=\frac{1}{3}$，则 $ab+bc+ac=\frac{1}{3}<\frac{1}{2}$，充分.

条件(2)：举例，令 $a=\sqrt{\frac{98}{100}}$，$b=\sqrt{\frac{1}{100}}$，$c=\sqrt{\frac{1}{100}}$，此时 $ab+bc+ac=\frac{2\sqrt{98}+1}{100}<\frac{1}{2}$，充分.

【陷阱分析】有些同学会认为条件(2)由 $a^2+b^2+c^2\geqslant ab+bc+ac$ 解得 $ab+bc+ac\leqslant1$，并不能推出结论，所以条件(2)不充分，从而误选(A)项.

陷阱 4 “并且”与“或者”陷阱

【陷阱说明】

情况 1：结论为“A 或 B”.

若根据某条件推出 A，B，A 且 B，A 或 B，则均可视为该条件充分．

情况 2：结论为“A 且 B”.

若根据某条件推出 A，B，A 或 B，则该条件不充分．只有推出 A 且 B，才充分．

情况 3：结论为“A”.

若根据某条件推出 A 或 B，则该条件不充分．

真题例析

例 9 (2023 年真题)设 x，y 是实数．则 $\sqrt{x^2+y^2}$ 有最小值和最大值．

(1)$(x-1)^2+(y-1)^2=1$.

(2)$y=x+1$.

【解析】求 $\sqrt{x^2+y^2}$ 的最值，可转化为距离型最值问题，即动点(x, y)到原点$(0, 0)$距离的最值．

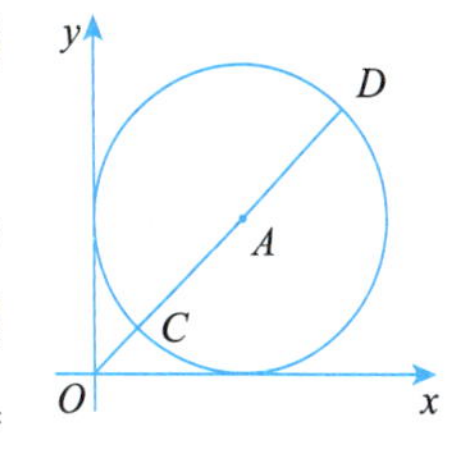

条件(1)：$(x-1)^2+(y-1)^2=1$ 表示以$(1, 1)$为圆心、1 为半径的圆，(x, y)表示圆上任意一点，如图所示．圆心到原点的距离为 $AO=\sqrt{2}$，故圆上的点到原点的最小距离为 $OC=AO-r=\sqrt{2}-1$，最大距离为 $OD=AO+r=\sqrt{2}+1$，故条件(1)充分．

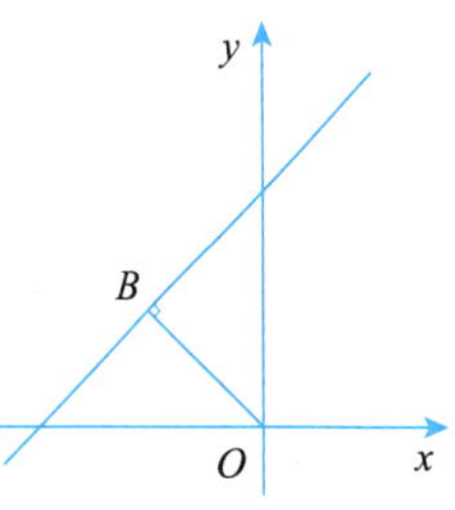

条件(2)：如图所示，(x, y)表示直线 $y=x+1$ 上的任意一点，原点到直线只有最小距离 OB，没有最大距离，即 $\sqrt{x^2+y^2}$ 有最小值，没有最大值，故条件(2)不充分．

【陷阱分析】结论是“最大值和最小值”，两者是“且”的关系，都有才成立．条件(2)只有最小值没有最大值，但是可能会有同学误以为其充分，从而误选(D)项．

【答案】(A)

例 10 (2013 年真题)$\triangle ABC$ 的边长分别为 a，b，c．则$\triangle ABC$ 为直角三角形．

(1)$(c^2-a^2-b^2)(a^2-b^2)=0$.

(2)$\triangle ABC$ 的面积为$\frac{1}{2}ab$.

【解析】条件(1)：$(c^2-a^2-b^2)(a^2-b^2)=0\Rightarrow c^2=a^2+b^2$ 或 $a=b$. 故三角形为直角三角形或等腰三角形，条件(1)不充分．

条件(2)：$S_{\triangle ABC}=\frac{1}{2}ab\cdot\sin C=\frac{1}{2}ab$，则 $\sin C=1$，且 $0°<\angle C<180°$，故 $\angle C=90°$，即 $\triangle ABC$ 为直角三角形，条件(2)充分．

【陷阱分析】条件(1)推出 $c^2=a^2+b^2$ 或 $a=b$，可能有同学看到有 $c^2=a^2+b^2$，误以为其充分．实际上"或"表示两个式子任意一个成立即可，当只有 $a=b$ 成立时，$\triangle ABC$ 是等腰三角形，而非直角三角形．

【答案】(B)

例 11 (2011年真题)已知$\triangle ABC$的三条边分别为a，b，c．则$\triangle ABC$是等腰直角三角形．

(1)$(a-b)(c^2-a^2-b^2)=0$.

(2)$c=\sqrt{2}b$.

【解析】条件(1)：由$(a-b)(c^2-a^2-b^2)=0$可得$a=b$或$c^2=a^2+b^2$，$\triangle ABC$为等腰三角形或直角三角形，不充分．

条件(2)：显然不充分．

联合两个条件，有如下两种情况：

①$a=b$，$c=\sqrt{2}b$，得$c^2=a^2+b^2$，则$\triangle ABC$是等腰直角三角形；

②$c^2=a^2+b^2$，$c=\sqrt{2}b$，得$a=b$，则$\triangle ABC$是等腰直角三角形．

所以两个条件联合充分．

【陷阱分析】条件(1)是直角三角形或等腰三角形，而结论的等腰直角三角形是直角且等腰，可能会有同学误以为条件(1)已经充分，从而误选(A)项．

【答案】(C)

习题训练

1. 分式方程$\frac{m}{x-1}+\frac{2}{x+1}=\frac{1}{x^2-1}$有解．

(1)$m\neq-2$.　　　　(2)$m\neq\frac{1}{2}$.

2. 设x为实数．则可以确定$2^x>1$.

(1)x满足方程$x^2-x-2=0$.

(2)x满足方程$x^2+2x-8=0$.

3. 已知有36个礼品分给男生和女生．则总人数为6或8.

(1)男生每人5个，女生每人7个．

(2)男生每人4个，女生每人5个．

4. 已知直线l：$x+y+2=0$，直线上有一点P．则L有最小值或最大值．

(1)过P点作直线与圆$(x-2)^2+(y-2)^2=4$相切，切线长为L.

(2)已知$P_1(-1,2)$，$P_2(0,-3)$，$L=|PP_1-PP_2|$.

• 习题详解 •

1. (C)

【解析】本题可以通过结论推导 m 的范围，对比条件的范围做判断．

去分母得整式方程 $m(x+1)+2(x-1)=1$，整理可得 $(m+2)x+m-3=0$.

当 $m+2=0$，即 $m=-2$ 时，方程无解；

当 $x=\pm1$ 时，分母为 0，分式方程也无解，将 $x=\pm1$ 代入整式方程，解得 $m=\frac{1}{2}$.

因此当 $m=-2$ 或 $\frac{1}{2}$ 时，分式方程无解．由此可得，分式方程若有解，则 $m\neq-2$ 且 $m\neq\frac{1}{2}$，故两个条件单独都不充分，联合充分．

【陷阱分析】结论等价于 $m\neq-2$ 且 $m\neq\frac{1}{2}$，两个都要满足，有些同学在计算出结果之后，会误认为 $m\neq-2$ 或 $m\neq\frac{1}{2}$，从而误选(D)项．须注意，取等号的情况不能联合，但是不等关系可以联合，所以同学们不要忽略联合的情况．

2. (C)

【解析】条件(1)：解得 $x=-1$ 或 $x=2$，当 $x=-1$ 时结论不成立，不充分．

条件(2)：解得 $x=-4$ 或 $x=2$，当 $x=-4$ 时结论不成立，不充分．

联合两个条件可得 $x=2$，故 $2^x=2^2=4>1$，联合充分．

【陷阱分析】条件(1)和条件(2)都有两个根，只有当两个根都满足结论时，条件才充分．

3. (D)

【解析】设男生人数为 x，女生人数为 y.

条件(1)：可列等式 $5x+7y=36$，$7y$ 的尾数一定是 1 或 6，穷举可得 $y=3$，$x=3$，总人数为 6，充分．

条件(2)：可列等式 $4x+5y=36$，$4x$ 和 36 都是 4 的倍数，故 y 也是 4 的倍数，穷举可得 $y=4$，$x=4$，总人数为 8，充分．

【陷阱分析】结论是总人数为 6 或 8，因此无论解出总人数是 6 还是 8，都是充分的，不需要两个解都有，不要误选(C)项．

4. (D)

【解析】条件(1)：设圆心为点 C，则 $L=\sqrt{CP^2-r^2}$，当 $CP\perp l$ 时，CP 最短，此时 L 有最小值，条件(1)充分．

条件(2)：点 $P_1(-1,2)$，$P_2(0,-3)$ 在直线 l：$x+y+2=0$ 的异侧，如图所示，作点 P_2 关于直线的对称点 P_2'，连接 P_1P_2'，且交直线于点 P，则此时有最大值，最大值为 P_1P_2'，条件(2)充分．

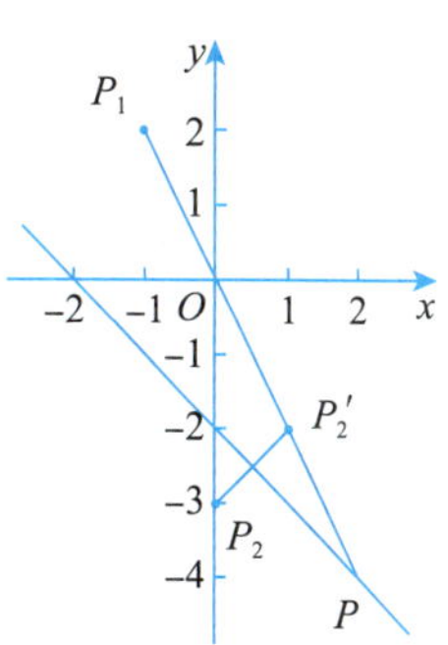

【陷阱分析】“有最小值或最大值”，最小值、最大值有一个即可，不要求最小值、最大值都有．

陷阱 5 范围或定义域陷阱

【陷阱说明】

情况 1：少考虑或考虑错取值范围，例如题干或条件中设置了隐藏定义域，做题时没有考虑．

情况 2：定值也可以认为是最值．

情况 3：题目要求的结果是一个范围，但是做题时误以为求定值．

真题例析

例 12 (2023 年真题)甲有两张牌 a，b，乙有两张牌 x，y，甲、乙各任意取出一张牌．则甲取出的牌不小于乙取出的牌的概率不小于$\frac{1}{2}$.

(1)$a>x$.

(2)$a+b>x+y$.

【解析】条件(1)：举反例，令 $a=3$，$b=1$，$x=2$，$y=10$，显然“甲不小于乙”只有一种情况，即甲取 a，乙取 x；总情况有 $C_2^1C_2^1=4$(种)．故甲不小于乙的概率为$\frac{1}{4}$，小于$\frac{1}{2}$，条件(1)不充分.

条件(2)：不妨设 $a\geqslant b$，$x\geqslant y$，则有 $2a\geqslant a+b>x+y\geqslant 2y$，可知 $a>y$.

若 $a\geqslant x$，结合 $a>y$，显然甲取出的牌大于等于乙取出的牌的概率不小于$\frac{1}{2}$；

若 $a<x$，则 $b>y$(否则 $a+b>x+y$ 不成立)，结合 $a>y$，显然甲取出的牌大于等于乙取出的牌的概率不小于$\frac{1}{2}$.

综上可知，条件(2)充分．

【陷阱分析】有些同学在分析条件(2)的时候，认为只知道总和的大小关系，但单独一张牌的大小关系不确定，因此会误选(C)项．

【答案】(B)

例 13 (2021 年真题)已知数列$\{a_n\}$．则数列$\{a_n\}$为等比数列．

(1)$a_na_{n+1}>0$.

(2)$a_{n+1}^2-2a_n^2-a_na_{n+1}=0$.

【解析】条件(1)：只能确定 a_n 与 a_{n+1}同号，显然不充分．

条件(2)：a_{n+1}，a_n 可以等于 0，不满足等比数列的条件，条件(2)也不充分．

联合两个条件，由条件(2)可得$(a_{n+1}-2a_n)(a_{n+1}+a_n)=0$，解得 $a_{n+1}=2a_n$ 或 $a_{n+1}=-a_n$．由

条件(1)可知，a_n 与 a_{n+1} 同号且不能为 0，可舍去第 2 种情况，故 $a_{n+1}=2a_n$，是等比数列，两个条件联合充分．

【陷阱分析】很多同学会先分析条件(2)，把式子化为 $(a_{n+1}+a_n)(a_{n+1}-2a_n)=0$，解得 $a_{n+1}=-a_n$ 或 $a_{n+1}=2a_n$，认为无论是哪一种情况，都是等比数列，因而误选(B)项．这是因为在做题的时候忽略了一种特殊情况，即 $a_{n+1}=a_n=0$，等比数列每一项均不能为 0，因此条件(2)单独并不充分．

【答案】(C)

例 14 (2018 年真题)甲、乙、丙三人的年收入成等比数列．则能确定乙的年收入的最大值．

(1)已知甲、丙两人的年收入之和．

(2)已知甲、丙两人的年收入之积．

【解析】设甲、乙、丙三人的年收入分别为 a，b，c，则 $ac=b^2$，$b=\sqrt{ac}$．

条件(1)：已知 $a+c$，根据均值不等式，可得 $a+c\geqslant 2\sqrt{ac}=2b$，当且仅当 $a=c$ 时取等号，故 b 的最大值为 $\frac{a+c}{2}$，充分．

条件(2)：已知 ac，$b=\sqrt{ac}$，b 为定值，该定值即最大值，充分．

【陷阱分析】有同学纠结于条件(2)，认为定值不是最值，因此误选(A)项．但实际上，对于常值函数，也就是 $f(x)=c$ 而言，数学上规定 $f(x)_{\max}=f(x)_{\min}=c$．

【答案】(D)

例 15 (2013 年真题)档案馆在一个库房中安装了 n 个烟火感应报警器，每个报警器遇到烟火成功报警的概率为 p．则该库房遇烟火发出警报的概率达到 0.999．

(1)$n=3$，$p=0.9$．

(2)$n=2$，$p=0.97$．

【解析】条件(1)：均未报警的概率为 $(1-0.9)^3=0.001$，故报警的概率为 $1-0.001=0.999$，条件(1)充分．

条件(2)：均未报警的概率为 $(1-0.97)^2=0.000\,9$，故报警的概率为 $1-0.000\,9=0.999\,1$，条件(2)充分．

【陷阱分析】“达到 0.999”即为“$\geqslant 0.999$”，有些同学没有注意到题目中“达到”这两个字，认为结论要求的是一个定值而不是一个范围，从而误选(A)项．

【答案】(D)

习题训练

1. (2014 年真题)不等式 $|x^2+2x+a|\leqslant 1$ 的解集为空集．

(1)$a<0$．

(2)$a>2$．

2. 已知实数 a，b，c．则能确定 b 的值．

(1)已知 1，a，b，c，4 成等差数列．

(2)已知 1，a，b，c，4 成等比数列．

3. 已知数列 $\{a_n\}$．则 $\{a_n\}$ 是等比数列．

(1)$a_n>0$．

(2)$3a_n^2-(a_n+3)a_{n+1}+9a_n=0$．

4. 两个非空集合$A=\{x\mid -3\leqslant x\leqslant 5\}$，$B=\{x\mid a+1\leqslant x\leqslant 4a+1\}$．则$B\subset A$.

(1)$-4\leqslant a\leqslant 1$.

(2)$0\leqslant a\leqslant 1$.

• 习题详解 •

1. (B)

【解析】$|x^2+2x+a|\leqslant 1$的解集为空集，等价于$|x^2+2x+a|>1$恒成立，即$x^2+2x+a>1$或$x^2+2x+a<-1$恒成立．

$y=x^2+2x+a$的图像开口向上，不可能恒小于-1，所以只能恒大于1，即结论等价于$x^2+2x+(a-1)>0$恒成立，需要满足$\Delta=4-4(a-1)<0$，解得$a>2$.

故条件(1)不充分，条件(2)充分．

【陷阱分析】有些同学将不等式化为$|(x+1)^2+a-1|>1$之后，会误认为$|(x+1)^2+a-1|$的最小值就是$|a-1|$，解不等式$|a-1|>1$，解得$a>2$或$a<0$，从而误选(D)项．实际上，$(x+1)^2+a-1$的最小值是$a-1$，不代表$|(x+1)^2+a-1|$的最小值是$|a-1|$．

2. (D)

【解析】条件(1)：根据等差中项，可知$1+4=2b$，解得$b=\frac{5}{2}$，条件(1)充分．

条件(2)：根据等比中项，可知$1\times 4=b^2$，解得$b=\pm 2$，但是$b=1\cdot q^2$，显然$b>0$，因此$b=2$，条件(2)充分．

【陷阱分析】有些同学解出$b=\pm 2$，没有进一步确定b的正负，认为条件(2)不充分，从而误选(A)项．需注意，等比数列中，奇数项的正负性一致，偶数项的正负性一致．

3. (C)

【解析】条件(1)：只能确定a_n是正数，显然不充分．

条件(2)：a_{n+1}，a_n可以都等于0，不满足等比数列的条件，也不充分．

联合两个条件，由条件(2)可得$(3a_n-a_{n+1})(a_n+3)=0$，解得$a_{n+1}=3a_n$或$a_n=-3$.

由条件(1)可知，a_n是正数，可舍去第2种情况，且各项均不为0，故$a_{n+1}=3a_n$，$\{a_n\}$是等比数列，两个条件联合充分．

【陷阱分析】条件(2)容易忽略$a_{n+1}=a_n=0$的情况，因此条件(2)单独并不充分，需要条件(1)补充.

4. (B)

【解析】本题可以通过结论推导a的范围，再对比条件的范围．

集合A，B是非空集合，对于集合B，首先要满足$4a+1\geqslant a+1$，可得$a\geqslant 0$.

$B\subset A$等价于$\begin{cases}a+1\geqslant -3,\\4a+1\leqslant 5,\end{cases}$解得$-4\leqslant a\leqslant 1$.

综上可得，$0\leqslant a\leqslant 1$，验证可知，边界点$a=0$，1满足$B\subset A$. 故条件(1)不充分，条件(2)充分.

【注意】子集问题在列不等式组时，区间端点先取等，最后单独验证端点值即可．

【陷阱分析】有些同学会忽略集合B是非空集合这一条件，误选(D)项．也有同学不验证集合的端点，由“真子集”直接解$\begin{cases}a+1>-3,\\4a+1<5\end{cases}\Rightarrow -4<a<1$，认为两个条件都不充分，联合也不充分，从而误选(E)项．

第 3 部分

7大专项冲刺

专项冲刺1 算术

1. 已知 a，b 为实数．则 $|a-b|>|a+b|$．

(1) $ab>0$.

(2) $ab<0$.

2. 已知 m，n 是实数．则 $|m|(m-2n)>m|m-2n|$．

(1) $\frac{m}{2}>n$.

(2) $m<0$.

3. 若 x，y 是质数．则能确定 x，y 的值．

(1) $3x+4y$ 是偶数．

(2) $3x+4y$ 是6的倍数．

4. 已知 $x, y\in \mathbf{N}_+$．则 x^2+y^2 除以4的余数是1.

(1) x，y 是质数．

(2) x 是偶数，y 是奇数．

5. 已知 a，b，c 为实数．则 $a>c$.

(1) $\frac{1}{a+b}:\frac{1}{a+c}=3:4$.

(2) $\frac{1}{a+c}:\frac{1}{b+c}=4:5$.

6. 已知 a，b，c 是三个不同的质数．则 $a+b+c=24$.

(1) $ab+bc=119$.

(2) $a^2+b^2+c^2=227$.

7. 已知 $abc\neq 0$. 则 $\frac{(a+b)(b+c)(a+c)}{abc}=8$.

(1) $\frac{a+b-c}{c}=\frac{a-b+c}{b}=\frac{-a+b+c}{a}$.

(2) $a=b=c$.

8. $\left|\frac{a+b}{1+ab}\right|<1$.

(1) $|a|<1$，$|b|<1$.

(2) $|a|>1$，$|b|>1$.

9. $x^6+y^6=400$.

(1)$x=\sqrt{5+\sqrt{5}}$，$y=\sqrt{5-\sqrt{5}}$.

(2)x，y 是有理数，且$(1-\sqrt{3})x+(1+2\sqrt{3})y-2+5\sqrt{3}=0$.

10. 已知 a，b，c 是实数．则能确定 a，b，c 的值．

(1)$\frac{1}{2}|a-b|+\sqrt{2b+c}+c^2-c+\frac{1}{4}=0$.

(2)$a+b-2\sqrt{a-1}-4\sqrt{b-2}=3\sqrt{c-3}-\frac{1}{2}c-5$.

11. $|x+3|-|2x-1|<\frac{x}{2}+1$.

(1)$x<-1$.

(2)$x>2$.

12. 已知 a，b，c 是非零实数．则可以确定$\frac{b+c}{|a|}-\frac{a+c}{|b|}-\frac{a+b}{|c|}$的值．

(1)$a+b+c=0$.

(2)$abc<0$.

13. 几名老师带着男、女同学去搬 100 本教科书，已知老师和学生共 14 人，每个老师能搬 12 本，恰好一次搬完．则能确定男、女生的人数．

(1)每个男生能搬 8 本．

(2)每个女生能搬 5 本．

14. 甲、乙、丙三个互相咬合的齿轮，甲齿轮有 a 个卡齿，乙齿轮有 b 个卡齿，丙齿轮有 c 个卡齿．则 $a+b+c\geqslant 59$.

(1)甲转 3 圈时，乙转 5 圈，丙转 4 圈．

(2)甲转 5 圈时，乙转 7 圈，丙转 2 圈．

15. 已知 a，b，c 皆为质数，且 a，b，c 成等差数列．则可以确定 a 的值．

(1)$a+b+c=33$.

(2)$a<b<c$.

16. 已知 a，b 是正整数，且$\frac{b}{a}$是最简分数$(a\neq 1)$．则这样的最简分数有 7 个．

(1)a，b 的最小公倍数是 126.

(2)a，b 的最小公倍数是 156.

17. 设 a 为实数，$f(x)=|2x+a|+|x+1|$．则 $f(x)\geqslant 3$.

(1)$a\geqslant 8$.

(2)$a\leqslant -4$.

18. 方程$|x+4|-|x+1|=2x+5$有实数解．

(1)$x>-3$.

(2)$x<-2$.

19. 已知x，y都是整数．则可以确定$|x-y|$的值．

(1)$xy+2=2(x+y)$.

(2)$xy+1=2(x+y)$.

20. 已知a，b，c，d是互异的整数．则$a+b+c+d=0$.

(1)$abcd=9$.

(2)$abcd=12$.

21. 已知函数$f(x)=|3x+1|-2|x-1|$．则$f(x)\geqslant 4$.

(1)$x>4$.

(2)$x<-4$.

22. 已知x，y是实数．则$|x-2y+1|\leqslant 6$.

(1)$|x-1|\leqslant 2$.

(2)$|y-2|\leqslant 1$.

23. 已知x，y都是正整数．则可以确定$x+y$的值．

(1)$\sqrt{x}+\sqrt{y}=\sqrt{412}$.

(2)$\sqrt{x}+\sqrt{y}=\sqrt{2\,016}$.

24. 某年级学生人数不少于 90，不多于 110，这些学生排成 3 列，且每列人数相等．则能确定该年级的学生人数．

(1)排成 5 列则少 2 人．

(2)排成 7 列则少 4 人．

25. 现有 5 只杯子杯口全都朝上，至少经过n次翻转后，能使杯口全部朝下．则能确定n的值．

(1)每次翻转 2 只杯子．

(2)每次翻转 3 只杯子．

26. 已知a，b为实数，$f(x)=|x-3a^2|+|x+b^2|$．则$f(x)\geqslant 3$.

(1)$a-b=2$.

(2)$a+b=2$.

27. 已知x，y为实数．则$|x-y|<\frac{2}{9}$.

(1)$|x+y|<\frac{1}{3}$.

(2)$|2x-y|<\frac{1}{6}$.

28. 已知 m 为实数．则方程 $|1-x|=mx$ 仅有一个根．

(1) $-1\leqslant m<0$.

(2) $m<-1$.

29. 某人订了甲、乙、丙三种盒饭，共花费 116 元．则能确定三种盒饭各自的份数．

(1)甲、乙、丙三种盒饭的单价分别为 10 元、15 元、13 元．

(2)三种盒饭购买的份数各不相同．

30. 现有 7 袋米，它们的重量分别是 12，15，17，20，22，24，26 千克．甲先取走一袋，剩下的由乙、丙、丁取走．则能确定甲先取走的那一袋的重量．

(1)乙和丙取走的重量恰好一样多，而且都是丁取走重量的 2 倍．

(2)乙和丙取走的重量之和等于丁取走重量的 2 倍．

专项冲刺1 答案详解

答案速查

1~5 (B)(C)(B)(B)(E)	6~10 (A)(B)(D)(A)(D)	11~15 (D)(E)(C)(B)(E)
16~20 (D)(D)(D)(D)(A)	21~25 (A)(C)(A)(B)(B)	26~30 (D)(C)(B)(C)(D)

1.(B)

【解析】矛盾关系(条件(1)可以举反例排除，令 $a=b=1$，符合条件但结论不成立，不充分).

从结论出发．将 $|a-b|>|a+b|$ 两边平方，得

$$a^2-2ab+b^2>a^2+2ab+b^2\Rightarrow 4ab<0\Rightarrow ab<0,$$

故条件(1)不充分，条件(2)充分．

2.(C)

【解析】从结论出发．结论不等式两边绝对值相等，若存在不等关系，则必须满足左式为正右式为负，即 $\begin{cases}m-2n>0,\\ m<0\end{cases}\Rightarrow\begin{cases}\frac{m}{2}>n,\\ m<0,\end{cases}$ 两个条件缺一不可，故联合充分．

3.(B)

【解析】包含关系．偶数包含6的倍数，如果所有偶数的情况都成立，那6的倍数也一定成立，故先判断条件(1)的充分性，若条件(1)充分，则条件(2)一定充分．

条件(1)：$3x+4y$ 是偶数，则 $3x$ 是偶数，故 $x=2$. 但是 y 的值无法确定，条件(1)不充分．

条件(2)：$3x+4y$ 是6的倍数，6的倍数都是偶数，则 $3x+4y$ 一定是偶数，故 $x=2$. 因此 $3x=6$，那么 $4y$ 也是6的倍数，故 y 是3的倍数，即 $y=3$. 条件(2)充分．

4.(B)

【解析】条件(1)：举反例，令 $x=3$，$y=5$，$x^2+y^2=34$，34除以4余2，不充分．

条件(2)：设 $x=2m$，$y=2n-1(m,n\in\mathbf{N}_+)$，则

$$x^2+y^2=4m^2+4n^2-4n+1=4(m^2+n^2-n)+1,$$

故 x^2+y^2 除以4的余数是1，充分．

5.(E)

【解析】条件(1)：$(a+b):(a+c)=\frac{1}{3}:\frac{1}{4}=4:3$. 举反例，令 $a=0$，$b=4$，$c=3$，则 $a<c$，不充分．

条件(2)：$(a+c):(b+c)=\frac{1}{4}:\frac{1}{5}=5:4$. 举反例，令 $c=0$，$a=-5$，$b=-4$，则 $a<c$，不充分．

联合两个条件，可得 $(a+b):(a+c):(b+c)=20:15:12$. 举反例，令 $a+b=-20$①，$a+c=-15$，$b+c=-12$②，式①－式②可得 $a-c=-8<0$，则 $a<c$，故联合也不充分．

【易错警示】举反例时不要忽略负数的情况．

6. (A)

【解析】条件(1)：$ab+bc=b(a+c)=119=7\times17$，故 $a+c=7$ 或 17，则 a，c 其中必有一个是 2. 不妨令 $a=2$，则 $c=5$ 或 15(舍去)，因此 $a+c=7$，$b=17$，$a+b+c=24$，故条件(1)充分.

条件(2)：因为 a 和 a^2 的奇偶性相同，故 $a+b+c$ 和 $a^2+b^2+c^2$ 的奇偶性也相同. $a^2+b^2+c^2$ 是奇数，那么 $a+b+c$ 也应该是奇数，显然不可能等于 24，故条件(2)不充分.

7. (B)

【解析】条件(1)：当 $a+b+c=0$ 时，符合条件，但此时 $\frac{(a+b)(b+c)(a+c)}{abc}=-1$，不充分.

条件(2)：$a=b=c$，则 $\frac{(a+b)(b+c)(a+c)}{abc}=\frac{2a\cdot 2a\cdot 2a}{a\cdot a\cdot a}=8$，充分.

8. (D)

【解析】从结论出发. $\left|\frac{a+b}{1+ab}\right|^2=\frac{a^2+2ab+b^2}{1+2ab+a^2b^2}$，故结论等价于 $a^2+2ab+b^2<1+2ab+a^2b^2$，即 $1+a^2b^2-a^2-b^2>0\Rightarrow(a^2-1)(b^2-1)>0$，则两个因式同号，可解得 $\begin{cases}|a|>1,\\|b|>1\end{cases}$ 或 $\begin{cases}|a|<1,\\|b|<1.\end{cases}$ 故两个条件单独皆充分.

9. (A)

【解析】条件(1)：令 $m=x^2=5+\sqrt{5}$，$n=y^2=5-\sqrt{5}$，则有 $m+n=10$，$mn=(5+\sqrt{5})\times(5-\sqrt{5})=20$，又

$$x^6+y^6=m^3+n^3=(m+n)(m^2-mn+n^2)=(m+n)[(m+n)^2-3mn],$$

代入数值，得 $x^6+y^6=10\times(100-60)=400$，故条件(1)充分.

条件(2)：原式整理得 $\sqrt{3}(-x+2y+5)+(x+y-2)=0$，故有 $\begin{cases}-x+2y+5=0,\\x+y-2=0,\end{cases}$ 解得 $\begin{cases}x=3,\\y=-1,\end{cases}$ $x^6+y^6=730$，故条件(2)不充分.

10. (D)

【解析】条件(1)：方程整理得 $\frac{1}{2}|a-b|+\sqrt{2b+c}+\left(c-\frac{1}{2}\right)^2=0$，由非负性可得

$$\begin{cases}a-b=0,\\2b+c=0,\\c-\frac{1}{2}=0,\end{cases}\Rightarrow\begin{cases}a=-\frac{1}{4},\\b=-\frac{1}{4},\\c=\frac{1}{2}.\end{cases}$$

故条件(1)充分.

条件(2)：方程整理得 $a-2\sqrt{a-1}+b-4\sqrt{b-2}+\frac{1}{2}c-3\sqrt{c-3}+5=0$，配方得

$$(\sqrt{a-1}-1)^2+(\sqrt{b-2}-2)^2+\frac{1}{2}(\sqrt{c-3}-3)^2=0,$$

由非负性可得$\begin{cases}\sqrt{a-1}-1=0,\\ \sqrt{b-2}-2=0,\\ \sqrt{c-3}-3=0,\end{cases}$解得$\begin{cases}a=2,\\ b=6,\\ c=12,\end{cases}$故条件(2)充分．

11.(D)

【解析】从结论出发，求出 x 的取值范围，通过与条件对比，来判断条件充分与否．

分类讨论法去绝对值符号，可得

①当 $x<-3$ 时，原不等式化为 $-(x+3)-(1-2x)<\frac{x}{2}+1$，解得 $x<10$，故 $x<-3$；

②当 $-3\leqslant x<\frac{1}{2}$ 时，原不等式化为 $(x+3)-(1-2x)<\frac{x}{2}+1$，解得 $x<-\frac{2}{5}$，故 $-3\leqslant x<-\frac{2}{5}$；

③当 $x\geqslant\frac{1}{2}$ 时，原不等式化为 $(x+3)-(2x-1)<\frac{x}{2}+1$，解得 $x>2$，故 $x>2$.

综上所述，结论不等式的解集为 $x<-\frac{2}{5}$ 或 $x>2$.

对比条件(1)和条件(2)，显然都在结论的解集内，因此两个条件单独都充分．

12.(E)

【解析】条件(1)：由条件得 $b+c=-a$，$a+c=-b$，$a+b=-c$，故所求式 $=\frac{-a}{|a|}+\frac{b}{|b|}+\frac{c}{|c|}$.

由 $a+b+c=0$ 只能得出 a，b，c 两正一负或两负一正，但是 a，b，c 各自的正负性并不清楚，故无法确定 $\frac{-a}{|a|}+\frac{b}{|b|}+\frac{c}{|c|}$ 的值，不充分．

条件(2)：只能得出 a，b，c 三负或两正一负，显然不充分．

联合两个条件，可得 a，b，c 两正一负．若 a 为负，则 $\frac{-a}{|a|}+\frac{b}{|b|}+\frac{c}{|c|}=3$；若 b 或 c 为负，则 $\frac{-a}{|a|}+\frac{b}{|b|}+\frac{c}{|c|}=-1$. 值不唯一，也不充分．

13.(C)

【解析】变量缺失型互补关系．男生、女生的效率缺一不可，故两个条件单独皆不充分，需要联合．

设老师、男生、女生的人数分别为 x，y，z，根据题意可得$\begin{cases}12x+8y+5z=100①,\\ x+y+z=14②,\end{cases}$式①－5×式②得 $7x+3y=30$，显然 x 是 3 的倍数且 $x>0$，穷举可知 $x=3$，$y=3$，则 $z=8$，因此，男生 3 人，女生 8 人，两个条件联合充分．

14.(B)

【解析】条件(1)：由题可得 $3a=5b=4c\Rightarrow a:b:c=\frac{1}{3}:\frac{1}{5}:\frac{1}{4}=20:12:15$. 当 $a=20$，$b=12$，$c=15$ 时，$a+b+c=47<59$，条件(1)不充分．

条件(2)：由题可得 $5a=7b=2c\Rightarrow a:b:c=\frac{1}{5}:\frac{1}{7}:\frac{1}{2}=14:10:35$. 当 $a=14$，$b=10$，$c=35$ 时，$a+b+c$ 有最小值 59，条件(2)充分．

15.（E）

【解析】条件(1)：由 a，b，c 成等差数列可知，$a+c=2b$，则 $a+b+c=3b=33\Rightarrow b=11$. 此时有多种情况，如 3，11，19 或 5，11，17，无法确定 a 的值，不充分．

条件(2)：显然不充分．

联合两个条件，$a=3$ 或 5，无法确定 a 的值，联合也不充分．

16.（D）

【解析】因为$\frac{b}{a}$的是最简分数，则 a，b 互质，故 a，b 的最小公倍数为 ab.

条件(1)：$ab=126=2\times3\times3\times7=1\times126=2\times63=7\times18=9\times14$. 故 a，b 的取值共有 8 种情况，其中$\frac{126}{1}$不符合题意，故$\frac{b}{a}$的取值有 7 个，条件(1)充分．

条件(2)：$ab=156=2\times2\times3\times13=1\times156=3\times52=4\times39=12\times13$. 故 a，b 的取值共有 8 种情况，其中$\frac{156}{1}$不符合题意，故$\frac{b}{a}$的取值有 7 个，条件(2)也充分．

17.（D）

【解析】从结论出发．若想 $f(x)\geqslant3$，则 $f(x)_{\min}\geqslant3$. $f(x)=\left|x+\frac{a}{2}\right|+\left|x+\frac{a}{2}\right|+|x+1|$，由三个线性和的结论可知，$f(x)$的最小值为$\left|\frac{a}{2}-1\right|$，则$\left|\frac{a}{2}-1\right|\geqslant3$，解得 $a\geqslant8$ 或 $a\leqslant-4$. 故两个条件单独都充分．

18.（D）

【解析】条件(1)：举例，令 $x=-1$，$|x+4|-|x+1|=3=2x+5$，充分．

条件(2)：举例，令 $x=-4$，$|x+4|-|x+1|=-3=2x+5$，充分．

【易错警示】题干的表述是“有解”，故只要有一个解就充分，有些同学以为需要“恒成立”，从而误选(C)项．

19.（D）

【解析】条件(1)：因式分解得$(x-2)(y-2)=2$，因为 $x-2$，$y-2$ 都是整数，所以有

$$\begin{cases}x-2=2,\\y-2=1\end{cases}\text{或}\begin{cases}x-2=1,\\y-2=2\end{cases}\text{或}\begin{cases}x-2=-2,\\y-2=-1\end{cases}\text{或}\begin{cases}x-2=-1,\\y-2=-2,\end{cases}$$

上述情况两式相减，得 $x-y=\pm1$，故$|x-y|=1$，条件(1)充分．

条件(2)：因式分解得$(x-2)(y-2)=3$，因为 $x-2$，$y-2$ 都是整数，所以有

$$\begin{cases}x-2=3,\\y-2=1\end{cases}\text{或}\begin{cases}x-2=1,\\y-2=3\end{cases}\text{或}\begin{cases}x-2=-3,\\y-2=-1\end{cases}\text{或}\begin{cases}x-2=-1,\\y-2=-3,\end{cases}$$

上述情况两式相减，得 $x-y=\pm2$，故$|x-y|=2$，条件(2)充分．

20.（A）

【解析】条件(1)：9 只有三个约数，1，3，9，因此不可能分解成 4 个互异的正整数相乘，必

然是2正2负，$-1\times1\times(-3)\times3=9$，故 $a+b+c+d=-1+1-3+3=0$，条件(1)充分.

条件(2)：12有6个约数，1，2，3，4，6，12，但也不能分解成4个互异的正整数相乘，必然也是2正2负，但是情况比较多，如 $12=-1\times1\times(-2)\times6=-1\times1\times(-3)\times4$，显然这些数相加并不等于0，条件(2)不充分.

21.(A)

【解析】条件(1)：当 $x>4$ 时，$f(x)=|3x+1|-2|x-1|=3x+1-2x+2=x+3$，显然为增函数，则 $f(x)>f(4)=7$，结论成立，充分.

条件(2)：举反例，令 $x=-5$，则 $f(x)=14-12=2<4$，不充分.

22.(C)

【解析】变量缺失型互补关系. 两个条件各自缺失变量，故需要联合.

方法一：由 $|x-1|\leqslant2$ 得 $-1\leqslant x\leqslant3$；由 $|y-2|\leqslant1$ 得 $1\leqslant y\leqslant3$，则 $-6\leqslant-2y\leqslant-2$，故 $-6\leqslant x-2y+1\leqslant2$，则 $|x-2y+1|\leqslant6$，联合充分.

方法二：先将 $|x-2y+1|$ 转化为含有 $x-1$ 和 $y-2$ 的形式，再用三角不等式，得

$$|x-2y+1|=|(x-1)-2(y-2)-2|\leqslant|x-1|+2|y-2|+2\leqslant2+2\times1+2=6,$$

故联合充分.

23.(A)

【解析】条件(1)：$\sqrt{x}+\sqrt{y}=2\sqrt{103}$，103是质数，无法继续分解，又因为 x，y 都是正整数，若使等号成立，只有 $x=y=103$ 一组解，故 $x+y=206$，条件(1)充分.

条件(2)：$2\ 016=2^5\times3^2\times7$，则 $\sqrt{x}+\sqrt{y}=\sqrt{2\ 016}=12\sqrt{14}=\sqrt{14}+11\sqrt{14}=2\sqrt{14}+10\sqrt{14}=\cdots$，无法确定 x，y 的值，条件(2)不充分.

24.(B)

【解析】设该年级有 x 名学生. 根据题意，$90\leqslant x\leqslant110$ 且 x 是3的倍数.

条件(1)：根据题意，可知 $x+2$ 是5的倍数，即 $x+2=5k_1(k_1\in\mathbf{N}_+)$，故

$$90\leqslant5k_1-2\leqslant110\Rightarrow92\leqslant5k_1\leqslant112,$$

因为 $5k_1$ 的末位一定是0或5，故 $5k_1=95$ 或100或105或110，其中减去2之后是3的倍数的，有95和110，即 $x=93$ 或108，故条件(1)不充分.

条件(2)：根据题意，可知 $x+4$ 是7的倍数，即 $x+4=7k_2(k_2\in\mathbf{N}_+)$，故

$$90\leqslant7k_2-4\leqslant110\Rightarrow94\leqslant7k_2\leqslant114\Rightarrow7k_2=98\text{ 或 }105\text{ 或 }112,$$

其中减去4之后是3的倍数的，只有112，即 $x=108$，故该年级有学生108人，条件(2)充分.

【秒杀方法】穷举法. $90\leqslant x\leqslant110$ 且 x 是3的倍数，穷举得 $x=90$，93，96，99，102，105，108. 其中满足 $x+2$ 是5的倍数有93和108，故条件(1)不充分. 满足 $x+4$ 是7的倍数的只有108，故条件(2)充分.

25.(B)

【解析】每只杯子翻转奇数次，可以将杯口朝下，5只杯子要想杯口全部朝下，总翻转次数一定为不小于5的奇数.

条件(1)：每次翻转2只杯子，无论翻转多少次，总翻转次数一定是偶数，偶数不可能等于奇数，故条件(1)不充分.

条件(2)：方法一：设经过 n 次翻转后，能将杯口全部朝下．由于每次翻转 3 只杯子，所以总翻转次数为 $3n$. 故有

$$\begin{cases}3n\text{ 是个奇数},\\3n\geqslant 5\end{cases}\Rightarrow n\text{ 最小为 }3.$$

故条件(2)充分．

方法二：将 5 只杯子编号，号码为 1，2，3，4，5，第一次翻转 1，2，3 号，第二次翻转 2，3，4 号，第三次翻转 2，3，5 号杯子，此时杯口全部朝下，条件(2)充分．

26. (D)

【解析】等价关系．条件(1)中的 $b=a-2$，条件(2)中的 $b=2-a$. 对于题干中的 b^2 而言，$a-2$ 和 $2-a$ 是等价的．

若结论成立，则应满足 $f(x)_{\min}\geqslant 3$. 由两个绝对值线性和的结论可知，$f(x)$ 的最小值为 $|3a^2-(-b^2)|=3a^2+b^2$. 将 $b=a-2$ 代入，得

$$3a^2+b^2=3a^2+(a-2)^2=4a^2-4a+4=(2a-1)^2+3\geqslant 3,$$

故两个条件单独皆充分．

27. (C)

【解析】条件(1)：举反例，令 $x=1$，$y=-1$，$|x-y|=2>\frac{2}{9}$，不充分．

条件(2)：举反例，令 $x=1$，$y=2$，$|x-y|=1>\frac{2}{9}$，不充分．

联合两个条件．构造三角不等式，令 $m(x+y)+n(2x-y)=x-y$，可列关系式 $\begin{cases}m+2n=1,\\m-n=-1,\end{cases}$ 解得 $\begin{cases}m=-\frac{1}{3},\\n=\frac{2}{3}.\end{cases}$ 由三角不等式，可得

$$\left|\frac{2}{3}(2x-y)-\frac{1}{3}(x+y)\right|\leqslant\left|\frac{2}{3}(2x-y)\right|+\left|\frac{1}{3}(x+y)\right|<\frac{2}{3}\times\frac{1}{6}+\frac{1}{3}\times\frac{1}{3}=\frac{2}{9},$$

故两个条件联合充分．

28. (B)

【解析】方法一：观察两个条件发现，$m<0$. 因为 $mx=|1-x|\geqslant 0$，故有 $x<0$，去绝对值得 $1-x=mx$，解得 $x=\frac{1}{m+1}$，故 $x=\frac{1}{m+1}<0\Rightarrow m<-1$，条件(1)不充分，条件(2)充分．

方法二：作图法．

结论可看作函数 $y=|1-x|$ 与 $y=mx$ 的图像只有一个交点．如图所示，当 $-1\leqslant m<0$ 时，两个图像没有交点；当 $m<-1$ 时，将直线顺时针旋转至无限接近 y 轴，两个图像有一个交点．故条件(1)不充分，条件(2)充分．

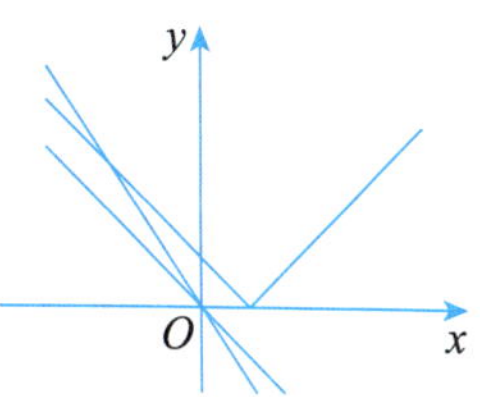

29. (C)

【解析】定性定量型互补关系．条件(2)是定性条件，显然不充分．

条件(1)：设甲、乙、丙各买了 x，y，z 份，则有 $10x+15y+13z=116$，其中 $10x+15y$ 的

尾数只有两种情况：

①当 $10x+15y$ 尾数为5时，$13z$ 的尾数为1，则 $z=7$，$10x+15y=25$，解得 $x=y=1$；

②当 $10x+15y$ 尾数为0时，$13z$ 的尾数为6，则 $z=2$，$10x+15y=90\Rightarrow 2x+3y=18$. 因为 $3y$ 和18都是3的倍数，故 $2x$ 也是3的倍数，即 x 是3的倍数，穷举可得 $x=3$，$y=4$ 或 $x=6$，$y=2$.

故条件(1)不充分.

条件(2)：显然不充分.

联合两个条件，可得 $z=2$，$x=3$，$y=4$，联合充分.

30.(D)

【解析】条件(1)：由于乙和丙取走的重量恰好相等，都是丁的2倍，则乙、丙、丁三人取走的重量比为2∶2∶1，所以，甲取走一袋后剩下的重量应是5的倍数.

总重量为 $12+15+17+20+22+24+26=136$(千克)，136减去一个数后能被5整除，则这个数的个位数字一定是1或者6，这7袋大米的重量中只有26符合，故甲取走的那一袋大米的重量是26千克，此时剩余的110千克中，丁取走了22千克的大米，乙和丙分别取走了 $12+15+17=44$(千克)、$20+24=44$(千克)的大米，条件(1)充分.

条件(2)：根据题意可知，乙、丙、丁三人取走的重量之和是3的倍数. 总重量为 $12+15+17+20+22+24+26=136$(千克)，$136\div 3=45\cdots\cdots 1$，故甲取走的那一袋大米的重量除以3的余数一定是1，这7袋大米的重量中只有22符合，故甲取走的那一袋大米的重量是22千克，剩余的114千克中，丁取走了 $12+26=38$(千克)，剩余的4袋大米，乙和丙任意分配，条件(2)充分.

专项冲刺 2　整式与分式

1. $\frac{2x-3xy-2y}{x-2xy-y}=3$.

(1)$\frac{1}{x}-\frac{1}{y}=3$.

(2)$\frac{1}{y}-\frac{1}{x}=3$.

2. 已知 $abc\neq 0$. 则$\frac{1}{a}+\frac{1}{b}+\frac{1}{c}=0$.

(1)$ab+ac+bc=0$.

(2)$(a+b+c)^2=a^2+b^2+c^2$.

3. 已知 m，n 均为实数，且 $m^2+n^2=4mn$. 则$\frac{m+n}{m-n}=\sqrt{3}$.

(1)$m^2>n^2$.

(2)$\frac{2n}{m-n}>-1$.

4. 已知 a，b，c 是$\triangle ABC$ 的三边长．则$\triangle ABC$ 是等边三角形．

(1)$2a^2+3b^2+5c^2-4ac-6bc=0$.

(2)$(a+b+c)^2=3(a^2+b^2+c^2)$.

5. 已知 x，y，z 是正实数．则 $xy+yz+xz\leqslant 12$.

(1)$x^2+y^2+z^2\leqslant 12$.

(2)$x+y+z=6$.

6. 已知 $a\neq b$. 则$\frac{a^2+ab-2b^2}{a^2-3ab+2b^2}=5$.

(1)$\frac{a}{b}=\frac{3b}{4b-a}$.

(2)$\frac{1}{a}:\frac{1}{b}=1:3$.

7. $x^{12}+\frac{1}{x^{12}}=2$.

(1)$x+\frac{1}{x}=-2$.

(2)$x+\frac{1}{x}=2$.

8. 可以确定代数式 $a^4+2a^3-3a^2-4a+3$ 的值．

(1)已知 a 是方程 $x^2+x-1=0$ 的一个根．

(2)已知 a 是方程 $x^2-x-1=0$ 的一个根．

9. 已知 $x>1$. 则能确定 $x-\frac{1}{x}$ 的值．

(1)已知 $x^2+\frac{1}{x^2}$ 的值．

(2)已知 $x+\frac{1}{x}$ 的值．

10. 已知 a，b 为实数．则 $ab=2$.

(1) x^2-x-1 是 ax^3+bx^2+1 的一个因式．

(2) $f(x)$ 除以 $x-1$ 的余式是 2，除以 $(x-2)^2$ 的余式是 $x+2$，$f(x)$ 除以 $(x-1)(x-2)^2$ 的余式是 ax^2+cx+b.

11. 已知正实数 x，y 满足 $y\neq 2x$. 则 $\frac{x^2-2xy+y^2}{xy-2x^2}>4$.

(1) $y>2x$.

(2) $y\neq 3x$.

12. 已知 a，b，c 是实数，$M=a^2b+b^2c+c^2a$，$N=ab^2+bc^2+ca^2$. 则 $M>N$.

(1) $a<b<c$.

(2) $a>b>c$.

专项冲刺 2 答案详解

答案速查

1～5 (B)(D)(D)(D)(D)	6～10 (D)(D)(D)(D)(B)	11～12 (C)(B)

1. (B)

【解析】两个条件均可得，$xy\neq0$. 若结论成立，将分子、分母同时除以 xy，得

$$\frac{2x-3xy-2y}{x-2xy-y}=\frac{\frac{2}{y}-3-\frac{2}{x}}{\frac{1}{y}-2-\frac{1}{x}}=\frac{2\left(\frac{1}{y}-\frac{1}{x}\right)-3}{\left(\frac{1}{y}-\frac{1}{x}\right)-2}=3,$$

解得$\frac{1}{y}-\frac{1}{x}=3$. 故条件(1)不充分，条件(2)充分.

2. (D)

【解析】由$(a+b+c)^2=a^2+b^2+c^2+2(ab+bc+ac)=a^2+b^2+c^2$ 可知 $ab+bc+ac=0$，故两个条件是等价关系.

条件(1)：若 $ab+ac+bc=0$，则$\frac{1}{a}+\frac{1}{b}+\frac{1}{c}=\frac{ab+ac+bc}{abc}=0$，条件(1)充分. 条件(2)等价于条件(1)，故条件(2)也充分.

3. (D)

【解析】由 $m^2+n^2=4mn$，可得$(m+n)^2=6mn$，$(m-n)^2=2mn$，则$\frac{(m+n)^2}{(m-n)^2}=\frac{6mn}{2mn}=3$.

条件(1)：$m^2>n^2$，则 $m^2-n^2>0\Rightarrow(m+n)(m-n)>0\Rightarrow\frac{m+n}{m-n}>0$，故$\frac{m+n}{m-n}=\sqrt{3}$，条件(1)充分.

条件(2)：$\frac{2n}{m-n}+1>0\Rightarrow\frac{2n+m-n}{m-n}>0\Rightarrow\frac{m+n}{m-n}>0$，与条件(1)等价，故条件(2)也充分.

4. (D)

【解析】条件(1)：配方得

$$2(a^2-2ac+c^2)+3(b^2-2bc+c^2)=0\Rightarrow2(a-c)^2+3(b-c)^2=0,$$

由非负性，得 $a=c$ 且 $b=c$，即 $a=b=c$，故条件(1)充分.

条件(2)：原式整理可得

$$\begin{aligned}&a^2+b^2+c^2+2(ab+bc+ac)=3(a^2+b^2+c^2)\\&\Rightarrow ab+bc+ac=a^2+b^2+c^2\\&\Rightarrow a=b=c,\end{aligned}$$

故条件(2)充分.

5. (D)

【解析】条件(1)：由 $x^2+y^2+z^2\geqslant xy+yz+xz$ 得 $12\geqslant x^2+y^2+z^2\geqslant xy+yz+xz$，条件(1)充分.

条件(2)：平方，得 $x^2+y^2+z^2+2(xy+yz+xz)=36$，则 $x^2+y^2+z^2=36-2(xy+yz+xz)\geqslant xy+yz+xz$，即

$$3(xy+yz+xz)\leqslant 36\Rightarrow xy+yz+xz\leqslant 12,$$

条件(2)充分.

6. (D)

【解析】$\dfrac{a^2+ab-2b^2}{a^2-3ab+2b^2}=\dfrac{(a+2b)(a-b)}{(a-2b)(a-b)}=\dfrac{a+2b}{a-2b}$.

条件(1)：$\dfrac{a}{b}=\dfrac{3b}{4b-a}$，整理可得 $a^2-4ab+3b^2=0$，$(a-3b)(a-b)=0$，故 $a=3b$ 或 $a=b$(舍).

当 $a=3b$ 时，$\dfrac{a+2b}{a-2b}=\dfrac{5b}{b}=5$. 条件(1)充分.

条件(2)：$\dfrac{1}{a}:\dfrac{1}{b}=1:3$，即 $a:b=3:1\Rightarrow a=3b$，和条件(1)等价，故条件(2)也充分.

7. (D)

【解析】方法一：条件(1)：$x+\dfrac{1}{x}=-2$，可得 $\left(x+\dfrac{1}{x}\right)^2=x^2+\dfrac{1}{x^2}+2=4$，即 $x^2+\dfrac{1}{x^2}=2$.

$\left(x^2+\dfrac{1}{x^2}\right)^2=x^4+\dfrac{1}{x^4}+2=4$，即 $x^4+\dfrac{1}{x^4}=2$.

$\left(x^4+\dfrac{1}{x^4}\right)^3=x^{12}+3x^4+\dfrac{3}{x^4}+\dfrac{1}{x^{12}}=8$，解得 $x^{12}+\dfrac{1}{x^{12}}=2$，故条件(1)充分.

同理，条件(2)也充分.

方法二：对勾函数的性质.

条件(1)：$x+\dfrac{1}{x}=-2$，由对勾函数的性质，可知 $x=-1$，代入题干可得 $x^{12}+\dfrac{1}{x^{12}}=2$，充分.

条件(2)：$x+\dfrac{1}{x}=2$，同理可得 $x=1$，代入题干可得 $x^{12}+\dfrac{1}{x^{12}}=2$，充分.

8. (D)

【解析】条件(1)：实数 a 满足 $a^2+a-1=0$，则 $a^2+a=1$，故

$$\begin{aligned}\text{原式}&=a^4+a^3+a^3+a^2-4a^2-4a+3\\&=a^2(a^2+a)+a(a^2+a)-4(a^2+a)+3\\&=a^2+a-4+3\\&=a^2+a-1\\&=0,\end{aligned}$$

条件(1)充分.

条件(2)：实数 a 满足 $a^2-a-1=0$，则 $a^2-a=1$，故

$$\begin{aligned}\text{原式}&=a^4-a^3+3a^3-3a^2-4a+3\\&=a^2(a^2-a)+3a(a^2-a)-4a+3\\&=a^2+3a-4a+3\\&=a^2-a+3\\&=4,\end{aligned}$$

条件(2)也充分.

9.（D）

【解析】因为 $x^2+\frac{1}{x^2}=\left(x+\frac{1}{x}\right)^2-2$，$x+\frac{1}{x}>0$，故只要已知 $x^2+\frac{1}{x^2}$ 和 $x+\frac{1}{x}$ 中的任意一个，另外一个必然已知，所以两个条件是等价关系．

条件(1)：令 $x^2+\frac{1}{x^2}=a(a\geqslant 2)$，则有 $\left(x-\frac{1}{x}\right)^2=x^2+\frac{1}{x^2}-2=a-2$. 因为 $x>1$，则 $x>\frac{1}{x}\Rightarrow x-\frac{1}{x}>0$，$x-\frac{1}{x}=\sqrt{a-2}$，条件(1)充分．两个条件等价，故条件(2)也充分．

10.（B）

【解析】条件(1)：由待定系数法可得

$$ax^3+bx^2+1=(x^2-x-1)(ax-1)=ax^3-(a+1)x^2-(a-1)x+1,$$

对应项相等，则有 $\begin{cases}b=-(a+1),\\ a-1=0,\end{cases}$ 解得 $\begin{cases}a=1,\\ b=-2,\end{cases}$ 故 $ab=-2$，条件(1)不充分．

条件(2)：设 $f(x)=(x-1)(x-2)^2g(x)+a(x-2)^2+x+2$，又 $f(x)$ 除以 $x-1$ 的余式是 2，即 $f(1)=2$，代入 $f(x)$ 中可得 $a=-1$，则 $f(x)$ 除以 $(x-1)(x-2)^2$ 的余式为 $-x^2+5x-2$，

由对应项相等可得 $\begin{cases}a=-1,\\ c=5,\\ b=-2,\end{cases}$ 故 $ab=2$，条件(2)充分．

11.（C）

【解析】若结论成立，因为左式分子 $x^2-2xy+y^2=(x-y)^2\geqslant 0$，故分母 $xy-2x^2>0$，整理得 $x(y-2x)>0$，又 x 为正实数，则 $y-2x>0$，$y>2x$.

不等式去分母可得 $x^2-2xy+y^2>4(xy-2x^2)$，整理得 $(3x-y)^2>0$，故 $3x\neq y$.

综上，两个条件单独皆不充分，联合充分．

12.（B）

【解析】

$$\begin{aligned}M-N&=a^2b+b^2c+c^2a-ab^2-bc^2-ca^2\\&=a^2(b-c)+bc(b-c)-a(b^2-c^2)\\&=a^2(b-c)+bc(b-c)-a(b+c)(b-c)\\&=(b-c)(a^2+bc-ab-ac)\\&=(b-c)(a-b)(a-c).\end{aligned}$$

条件(1)：$a<b<c$，则 $b-c<0$，$a-b<0$，$a-c<0$，故 $M-N<0$，$M<N$，条件(1)不充分．

条件(2)：$a>b>c$，则 $b-c>0$，$a-b>0$，$a-c>0$，故 $M-N>0$，$M>N$，条件(2)充分．

专项冲刺 3 函数、方程、不等式

1. 已知集合 A，B，若 $A\cap B=A$. 则 $a>2$.

(1)$A=\{x\mid x-2<0\}$.

(2)$B=\{x\mid x<a\}$.

2. 已知 a，b，c 是实数，且 $ac>0$. 则 $ab(a-c)>0$.

(1)$a>b>c$.

(2)$c(b-a)>0$.

3. 已知 x，y 皆为正数. 则能确定 xy 的最大值.

(1)$x+2y+xy=30$.

(2)$\frac{1}{x}+\frac{9}{y}=1$.

4. 设 a，b 为正实数. 则 $a-b<1$.

(1)$a^2-b^2=1$.

(2)$\frac{1}{b}-\frac{1}{a}=1$.

5. 已知 x，y 是实数. 则 $1\leqslant y\leqslant 13$.

(1)$-4\leqslant x-y\leqslant -1$.

(2)$-1\leqslant 2x-y\leqslant 5$.

6. 已知二次函数 $f(x)=x^2+ax+b$. 则 $f(1)>0$.

(1)$a>0$ 且 $f(-1)>0$.

(2)$a^2+b^2\leqslant 1$.

7. 设二次函数 $f(x)=ax^2+bx+c$. 则方程 $f(x)=0$ 有两个不同的实根.

(1)$a>b>c$.

(2)$f(1)=0$.

8. 设函数 $f(x)=2x^2-(2+a)x+2a$. 则函数在 $x\in[0,2]$上是单调函数.

(1)$a\leqslant -2$.

(2)$a\leqslant 0$.

9. 已知两个非空集合 $A=\{x\mid 10+3x-x^2\geqslant 0\}$，$B=\{x\mid m+1\leqslant x\leqslant 2m-1\}$. 则 $A\cap B=\varnothing$.

(1)$m>4$.

(2)$m<-\frac{1}{2}$.

10. 函数 $f(x)=x^2+(m-2)x+5-m$ 与 x 轴有两个交点且位于点(2，0)的两侧．

(1)$m<-5$.

(2)$m<-4$.

11. 设函数 $f(x)=\begin{cases}2^{-x}-1, & x\leqslant 0,\\ \sqrt{x}, & x>0.\end{cases}$ 则 $f(x)>1$.

(1)$x<-1$.

(2)$x>1$.

12. 已知 x 是实数．则 $\frac{x+8}{x^2+2x-3}<2$.

(1)$x>2$.

(2)$x<-3$.

13. 关于 x 的方程 $x^2+kx+4k^2-3=0$ 的两个实根分别是 x_1，x_2. 则可以确定 k 的值．

(1)$x_1+x_2=x_1x_2$.

(2)$4(x_1+x_2)=x_1x_2$.

14. 已知二次函数 $f(x)=ax^2+bx+c$. 则可以确定 a，b，c 的值．

(1)二次函数 $f(x)$ 过点(1，0)和(−5，0).

(2)二次函数 $f(x)$ 与直线 $y=\frac{9}{2}$ 相切．

15. 已知实数 $c>0$. 则 $\frac{a}{b}<\frac{a+\lg c}{b+\lg c}$.

(1)$0<a<b$.

(2)$c>1$.

16. 已知 a 是实数．则方程 $x^2-(2-a)x+5-a=0$ 的两根都大于 2.

(1)$a<-4$.

(2)$a>-5$.

17. 已知 x 是正实数．则 $x-\sqrt{x}<2$.

(1)$x^2-5x+7<|2x-5|$.

(2) $\sqrt{x-1}+2x<5$.

18. 设 a，b 为非零实数．则 $\frac{a^2-b^2}{a^2+b^2}>\frac{a-b}{a+b}$.

(1)$a>b>0$.

(2)$a<b<0$.

19. 已知 a 是实数．则不等式 $x^2-ax+1>0$ 对于 $x\in(0,1)$ 恒成立．

(1)$a\leqslant 2$.

(2)$a>2$.

20. 已知函数 $f(x)=|2^x-1|$. 则 $f(x)$在区间$(k-1, k+1)$内不单调.

(1)$-1<k<0$.

(2)$0<k<1$.

21. $\log_{2x-1}(x^2-2x+1)<0$.

(1)$x\in\left(\frac{1}{2}, 1\right)$.

(2)$x\in(1, 2)$.

22. 关于 x 的方程 $x^2+mx+2m-1=0(m\in\mathbf{Z})$有两个实根 a, b. 则能确定 m 的值.

(1)$-2<a<1$.

(2)$1<b<3$.

23. 设 a, b, x, y 均为正实数. 则能确定 ab 的值.

(1)$\frac{a}{x}+\frac{b}{y}=1$, $x+y$ 的最小值为 18.

(2)$a+b=10$.

24. 已知 a 为实数, 函数 $f(x)=ax^2+2ax+1$. 则 $|a|\leqslant\frac{1}{2}$.

(1)$f(x)\geqslant a$ 恒成立.

(2)$f(x)\geqslant a$ 在 $x\in[0, 1]$恒成立.

25. 已知 a, b 为正数. 则可以确定 ab^2 的最大值.

(1)$a^2+2b^2=1$.

(2)$a+b^2=1$.

26. 若 a 是实数, 函数 $y=(x-a+1)(x-a-1)$, 当 $x=1, 2, 3$ 时, 对应的函数值分别为 r, s, t. 则$-1<\frac{r-s}{s-t}<0$.

(1)$\frac{3}{2}<a<2$.

(2)$2<a<\frac{5}{2}$.

27. 已知关于 x 的方程 $x^2-(2k-3)x+k^2+1=0$ 的两根是 x_1, x_2. 则可以确定 k 的值.

(1)$|x_1|+|x_2|=3$.

(2) $x_1x_2+|x_1|+|x_2|=7$.

28. 能确定 $m+n$ 的值.

(1)m, n 是方程 $x^2+\frac{4}{x^2}-3\left(x+\frac{2}{x}\right)=0$ 的两个根.

(2)方程$(m+n-2)x^2+(m+n)x+2=0$ 有两个相等的实根.

29. 已知 a 是实数．则方程 $x^2-2|x|-3=a$ 有 2 个不同的实数根．

(1)$-3\leqslant a<0$.

(2)$0<a<2$.

30. 已知 a，b 为正数．则 $a+2b$ 的最小值为 4.

(1)$2ab=4$.

(2)$(a+5b)(2a+b)=36$.

31. 某单位周一、周二、周三开车上班的职工人数分别是 14，10，8. 则这三天都开车上班的职工最多有 6 人．

(1)这三天中至少有一天开车上班的职工有 20 人．

(2)这三天中只有一天开车上班的职工有 14 人．

32. 已知 $m>n>0$. 则 $a^m+\frac{1}{a^m}>a^n+\frac{1}{a^n}$.

(1)$a>1$.

(2)$0<a<1$.

33. 已知抛物线 $f(x)=x^2+bx+c$ 过$(1, m)$，$(-1, 3m)$两点，若 $f(x)$的最小值为-6. 则能确定 m 的值．

(1)$-4\leqslant m\leqslant 2$.

(2)$-2\leqslant x\leqslant 1$.

34. 甲、乙、丙三人解一些题目，只有一人能解出的题为难题，三人都能解出的题为简单题．则可以确定难题比简单题多出的数量．

(1)三人共解出了 100 道题．

(2)每个人都解出了其中的 60 道题．

35. 已知 a，b 均为正实数．则 $a+b\leqslant 2$.

(1)$a^2+b^2=2$.

(2)$a^3+b^3=2$.

专项冲刺 3 答案详解

答案速查

1～5 (E)(A)(A)(A)(C)	6～10 (A)(C)(A)(A)(A)	11～15 (D)(A)(D)(C)(C)
16～20 (C)(D)(D)(A)(D)	21～25 (B)(C)(C)(A)(D)	26～30 (A)(D)(D)(B)(D)
31～35 (D)(D)(D)(C)(D)		

1.(E)

【解析】变量缺失型互补关系，单独均不充分，考虑联合.

由条件(1)可得 $A=\{x \mid x<2\}$，由 $A\cap B=A$ 可知 A 是 B 的子集，因此 $a\geqslant 2$. 当 $a=2$ 时，有 $A=B$，满足 $A\cap B=A$，即 a 可以为 2，故联合不充分.

2.(A)

【解析】条件(1)：因为 $ac>0$ 且 $a>b>c$，故 a，b，c 同号，则 $ab>0$，$a-c>0$，故 $ab(a-c)>0$，充分.

条件(2)：举反例，令 $a=c=1$，$b=2$，则 $ab(a-c)=0$，不充分.

3.(A)

【解析】条件(1)：因为 $x>0$，$y>0$，故由均值不等式得 $x+2y+xy\geqslant 2\sqrt{2xy}+xy$，即 $30\geqslant 2\sqrt{2xy}+xy$，令 $\sqrt{xy}=t(t>0)$，则 $30\geqslant 2\sqrt{2}t+t^2$，即

$$t^2+2\sqrt{2}t-30\leqslant 0\Rightarrow(t+5\sqrt{2})(t-3\sqrt{2})\leqslant 0\Rightarrow -5\sqrt{2}\leqslant t\leqslant 3\sqrt{2},$$

又因 $t>0$，则 $0<t\leqslant 3\sqrt{2}$，即 $0<\sqrt{xy}\leqslant 3\sqrt{2}$，所以 $xy\leqslant 18$，最大值为 18. 故条件(1)充分.

条件(2)：举反例，x 无限接近于 1 但大于 1 时，y 无限接近于 $+\infty$，因此 xy 不存在最大值. 故条件(2)不充分.

4.(A)

【解析】条件(1)：$(a+b)(a-b)=1$，因为 a，b 为正实数，则 $a+b>a-b$，即 $a+b>1>a-b$，故条件(1)充分.

条件(2)：举反例，若 $a=2$，则 $b=\frac{2}{3}$，所以 $a-b>1$，故条件(2)不充分.

5.(C)

【解析】两个条件都有 x，不确定 x 的范围，也就无法确定 y 的范围，故单独都不充分，需要联合.

联合两个条件，有 $\begin{cases}-4\leqslant x-y\leqslant -1①,\\-1\leqslant 2x-y\leqslant 5②,\end{cases}$ 则式①×(−2)+式②得 $1\leqslant y\leqslant 13$，故联合充分.

6.（A）

【解析】根据题意得 $f(1)=1+a+b$.

条件(1)：$f(-1)=1-a+b>0$，$a>0$，则 $f(1)=1-a+b+2a>0$，故条件(1)充分.

条件(2)：举反例，令 $a=0$，$b=-1$，此时 $f(1)=0$，结论不成立，故条件(2)不充分.

7.（C）

【解析】若结论成立，则需满足 $\Delta=b^2-4ac>0$.

条件(1)：举反例，令 $a=3$，$b=2$，$c=1$，此时 $b^2-4ac<0$，不充分.

条件(2)：根据题意，得 $a+b+c=0\Rightarrow b=-a-c$，此时 $\Delta=b^2-4ac=(-a-c)^2-4ac=(a-c)^2\geqslant0$，不充分.

联合两个条件，因为 $a>c$，则 $\Delta=(a-c)^2>0$，故联合充分.

8.（A）

【解析】函数对称轴为 $x=\frac{2+a}{4}$. 若结论成立，则 $\frac{2+a}{4}\leqslant0$ 或 $\frac{2+a}{4}\geqslant2$，解得 $a\leqslant-2$ 或 $a\geqslant6$. 故条件(1)充分，条件(2)不充分.

9.（A）

【解析】$A=\{x\mid-2\leqslant x\leqslant5\}$. 若 $A\cap B=\varnothing$，则 $2m-1<-2$ 或 $m+1>5$，解得 $m<-\frac{1}{2}$ 或 $m>4$. 已知集合 B 是非空集合，故 $2m-1\geqslant m+1$，解得 $m\geqslant2$.

综上，若结论成立，则 m 的取值范围为 $m>4$. 故条件(1)充分，条件(2)不充分.

【易错警示】不要漏掉"B 是非空集合"，否则容易误选(D)项.

10.（A）

【解析】从结论出发，已知函数 $f(x)$ 的图像开口向上，若函数 $f(x)$ 与 x 轴有两个交点且位于 $(2,0)$ 点的两侧，则必有 $f(2)<0\Rightarrow m<-5$. 故条件(1)充分，条件(2)不充分.

【注意】函数开口向上，当 $f(2)<0$ 时，函数图像与 x 轴一定有两个交点，无需再验证判别式.

11.（D）

【解析】条件(1)：当 $x<-1$ 时，$f(x)=2^{-x}-1$，根据指数函数性质可知，函数 $f(x)$ 单调递减，故 $f(x)>f(-1)=1$，充分.

条件(2)：当 $x>1$ 时，$f(x)=\sqrt{x}$，为增函数，故 $f(x)>f(1)=1$，充分.

12.（A）

【解析】从结论出发.

$$\frac{x+8}{x^2+2x-3}<2\Rightarrow\frac{x+8}{x^2+2x-3}-2<0\Rightarrow\frac{(2x+7)(x-2)}{(x+3)(x-1)}>0,$$

即 $(2x+7)(x-2)(x+3)(x-1)>0$，用穿线法求解，从右上方开始，依次去穿每个零点，如图所示. 故该不等式的解集为 $\left(-\infty,-\frac{7}{2}\right)\cup(-3,1)\cup(2,+\infty)$，条件(1)充分，条件(2)不充分.

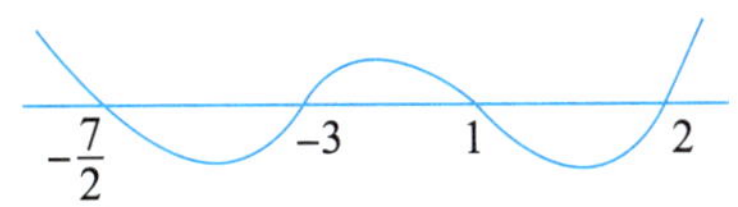

13.（D）

【解析】方程有两个实根，则 $\Delta=k^2-4(4k^2-3)\geqslant 0$，解得 $-\frac{2\sqrt{5}}{5}\leqslant k\leqslant\frac{2\sqrt{5}}{5}$.

条件(1)：根据韦达定理可得 $-k=4k^2-3$，解得 $k=\frac{3}{4}$ 或 $k=-1$，其中 $-1<-\frac{2\sqrt{5}}{5}$，舍去．故 k 的值可以唯一确定，条件(1)充分．

条件(2)：根据韦达定理可得 $-4k=4k^2-3$，解得 $k=-\frac{3}{2}$ 或 $k=\frac{1}{2}$，其中 $-\frac{3}{2}<-\frac{2\sqrt{5}}{5}$，舍去．故 k 的值可以唯一确定，条件(2)充分．

14.（C）

【解析】条件(1)：已知 $f(x)$ 过点(1，0)和(−5，0)，则对称轴为 $x=-2$，则有

$$\begin{cases}a+b+c=0,\\25a-5b+c=0,\\-\frac{b}{2a}=-2\end{cases}\Rightarrow\begin{cases}5a+c=0,\\b=4a,\end{cases}$$

无法解出3个未知数，故不充分．

条件(2)：与直线 $y=\frac{9}{2}$ 相切的抛物线有很多条，故无法确定 a，b，c 的值，也不充分．

联合两个条件，二次函数与一条平行于 x 轴的直线相切，则切点即为二次函数顶点，故 $\frac{4ac-b^2}{4a}=\frac{9}{2}$，联合条件(1)中的方程组，可解得 $a=-\frac{1}{2}$，$b=-2$，$c=\frac{5}{2}$，联合充分．

15.（C）

【解析】条件(1)：举反例，令 $c=1$，$\frac{a+\lg c}{b+\lg c}=\frac{a}{b}$，不充分．

条件(2)：举反例，令 $a=2$，$b=1$，$c=10$，则 $\frac{a}{b}=2$，$\frac{a+\lg c}{b+\lg c}=\frac{3}{2}$，不充分．

联合两个条件，由 $c>1$ 得 $\lg c>0$，且 $a<b$，由糖水不等式得 $\frac{a}{b}<\frac{a+\lg c}{b+\lg c}$，联合充分．

16.（C）

【解析】从结论出发．令 $f(x)=x^2-(2-a)x+5-a$．若结论成立，则有

$$\begin{cases}\Delta\geqslant 0,\\f(2)>0,\\\frac{2-a}{2}>2\end{cases}\Rightarrow -5<a\leqslant -4.$$

故两个条件单独都不充分，联合充分．

17.（D）

【解析】$x-\sqrt{x}<2$，则 $x-\sqrt{x}-2<0$，因此 $(\sqrt{x}+1)(\sqrt{x}-2)<0\Rightarrow 0<\sqrt{x}<2$，故 $x\in(0,4)$.

条件(1)：当 $0<x\leqslant\frac{5}{2}$ 时，不等式为 $x^2-5x+7<5-2x$，解得 $1<x<2$.

当 $x>\frac{5}{2}$ 时，不等式为 $x^2-5x+7<2x-5$，解得 $3<x<4$.

故 $x\in(1,2)\cup(3,4)$，在 $x\in(0,4)$ 范围内，条件(1)充分.

条件(2)：不等式化为 $\sqrt{x-1}<5-2x$，可得 $\begin{cases}5-2x\geqslant 0,\\x-1\geqslant 0,\\x-1<(5-2x)^2,\end{cases}$ 解得 $x\in[1,2)$，在 $x\in(0,4)$ 范围内，条件(2)充分.

18.（D）

【解析】条件(1)：由条件可知，不等式两边的分子、分母均大于 0. 用作商法，可得 $\dfrac{\frac{a^2-b^2}{a^2+b^2}}{\frac{a-b}{a+b}}=\dfrac{(a+b)^2}{a^2+b^2}=1+\dfrac{2ab}{a^2+b^2}>1$，故 $\dfrac{a^2-b^2}{a^2+b^2}>\dfrac{a-b}{a+b}$，条件(1)充分.

条件(2)：$a<b<0\Rightarrow a+b<0$，$a-b<0$，$ab>0$，故 $\dfrac{a^2-b^2}{a^2+b^2}=\dfrac{(a+b)(a-b)}{a^2+b^2}>0$，$\dfrac{a-b}{a+b}>0$，$\dfrac{\frac{a^2-b^2}{a^2+b^2}}{\frac{a-b}{a+b}}=1+\dfrac{2ab}{a^2+b^2}>1$，条件(2)也充分.

19.（A）

【解析】由结论出发. $x^2-ax+1>0$ 分离参数可得 $a<x+\frac{1}{x}$，若不等式在 $x\in(0,1)$ 时恒成立，则 a 小于 $x+\frac{1}{x}$ 在 $(0,1)$ 内的最小值. 当 $x\in(0,1)$ 时，$x+\frac{1}{x}>2$ 恒成立，因此 $a\leqslant 2$，条件(1)充分，条件(2)不充分.

20.（D）

【解析】画出函数 $y=|2^x-1|$ 的图像，如图所示.

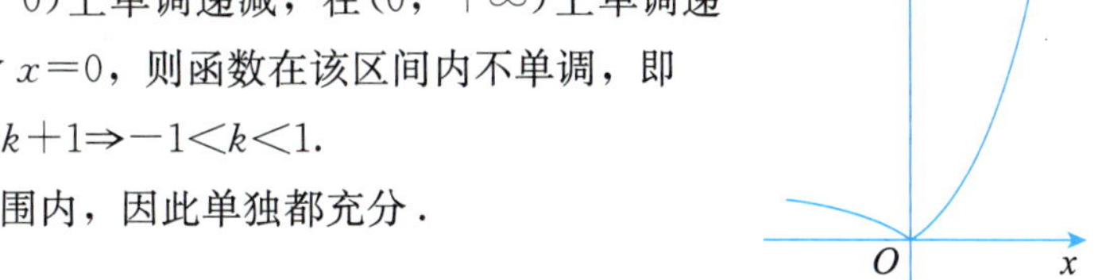

由函数图像易知，函数在 $(-\infty,0)$ 上单调递减，在 $(0,+\infty)$ 上单调递增. 若区间 $(k-1,k+1)$ 内包含 $x=0$，则函数在该区间内不单调，即

$$k-1<0<k+1\Rightarrow -1<k<1.$$

观察可知，两个条件都在这个范围内，因此单独都充分.

21.（B）

【解析】从结论出发，根据对数函数的定义域及单调性可知，若结论成立，则有

① $\begin{cases}0<2x-1<1,\\x^2-2x+1>1,\end{cases}$ 解集为 $\varnothing$；

② $\begin{cases}2x-1>1,\\0<x^2-2x+1<1,\end{cases}$ 解得 $1<x<2$.

综上可知，条件(1)不充分，条件(2)充分.

22. (C)

【解析】变量缺失型互补关系．m 的值与 a，b 皆有关系，两个条件单独皆不充分，需要联合．联合两个条件，设 $f(x)=x^2+mx+2m-1$，则有

$$\begin{cases}f(-2)=4-2m+2m-1>0,\\ f(1)=1+m+2m-1<0,\\ f(3)=9+3m+2m-1>0,\end{cases}$$

解得 $-\frac{8}{5}<m<0$. 因为 m 是整数，故 $m=-1$，联合充分．

23. (C)

【解析】条件(1)：两式相乘，可得

$$x+y=(x+y)\left(\frac{a}{x}+\frac{b}{y}\right)=a+b+\frac{ay}{x}+\frac{bx}{y}\geqslant a+b+2\sqrt{\frac{ay}{x}\cdot\frac{bx}{y}}=a+b+2\sqrt{ab},$$

或由对勾化公式可得 $x+y$ 的最小值为 $(\sqrt{a}+\sqrt{b})^2=a+b+2\sqrt{ab}$. 当且仅当 $\frac{ay}{x}=\frac{bx}{y}$ 时取到最小值．故有 $a+b+2\sqrt{ab}=18$，仅由此式无法确定 ab 的值，条件(1)不充分．

条件(2)：显然不充分．

联合可知，$a+b=10$，则 $2\sqrt{ab}=8$，$ab=16$，故联合充分．

【秒杀方法】均值不等式的对勾化公式：已知 $\frac{m}{x}+\frac{n}{y}=c$，则 $ax+by$ 的最小值为 $\frac{1}{c}(\sqrt{ma}+\sqrt{nb})^2$. 本题中 $\frac{a}{x}+\frac{b}{y}=1$，则 $x+y$ 的最小值为 $\frac{1}{1}\times(\sqrt{a\times1}+\sqrt{b\times1})^2=(\sqrt{a}+\sqrt{b})^2$.

24. (A)

【解析】条件(1)：当 $a=0$ 时，$f(x)=1>a$ 成立；

当 $a\neq0$ 时，要使 $ax^2+2ax+1-a\geqslant0$ 恒成立，则 $\begin{cases}a>0,\\ \Delta=4a^2-4a(1-a)\leqslant0\end{cases}\Rightarrow0<a\leqslant\frac{1}{2}$.

综上，$0\leqslant a\leqslant\frac{1}{2}$，$|a|\leqslant\frac{1}{2}$，故条件(1)充分．

条件(2)：当 $a=0$ 时，$f(x)=1>a$ 成立；

当 $a\neq0$ 时，函数的对称轴为 $x=-1$，则在区间 $[0,1]$ 上，有

$$\begin{cases}a>0,\\ f(x)_{\min}=f(0)=1\geqslant a\end{cases}\Rightarrow0<a\leqslant1\text{ 或 }\begin{cases}a<0,\\ f(x)_{\min}=f(1)=3a+1\geqslant a\end{cases}\Rightarrow-\frac{1}{2}\leqslant a<0.$$

综上所述，$-\frac{1}{2}\leqslant a\leqslant1$，$|a|\leqslant1$，条件(2)不充分．

25. (D)

【解析】条件(1)：$a^2+2b^2=a^2+b^2+b^2\geqslant3\sqrt[3]{a^2\cdot b^2\cdot b^2}=3\sqrt[3]{(ab^2)^2}$，即 $3\sqrt[3]{(ab^2)^2}\leqslant1$，解得 $ab^2\leqslant\sqrt{\frac{1}{27}}$，当且仅当 $a^2=b^2=\frac{1}{3}$ 时等号成立，故 ab^2 的最大值为 $\sqrt{\frac{1}{27}}$，条件(1)充分．

条件(2)：方法一：$ab^2\leqslant\left(\frac{a+b^2}{2}\right)^2=\frac{1}{4}$，当且仅当 $a=b^2=\frac{1}{2}$ 时等号成立，则 ab^2 的最大值为

$\frac{1}{4}$，故条件(2)充分．

方法二：$b^2=1-a$ 代入 ab^2，得 $ab^2=a(1-a)=-\left(a-\frac{1}{2}\right)^2+\frac{1}{4}$，是关于 a 的一元二次函数，当 $a=\frac{1}{2}$时，ab^2 取得最大值$\frac{1}{4}$，故条件(2)充分．

26. (A)

【解析】当 $x=1$ 时，$r=a^2-2a$；当 $x=2$ 时，$s=a^2-4a+3$；当 $x=3$ 时，$t=a^2-6a+8$. 故 $r-s=2a-3$，$s-t=2a-5$，$\frac{r-s}{s-t}=\frac{2a-3}{2a-5}=1+\frac{2}{2a-5}$.

若结论成立，则$-1<1+\frac{2}{2a-5}<0$，解得$\frac{3}{2}<a<2$，故条件(1)充分，条件(2)不充分．

27. (D)

【解析】方程有两个实根，则 $\Delta=[-(2k-3)]^2-4(k^2+1)\geqslant 0$，解得 $k\leqslant\frac{5}{12}$.

由韦达定理可得$\begin{cases}x_1+x_2=2k-3\leqslant 2\times\frac{5}{12}-3<0,\\ x_1x_2=k^2+1>0,\end{cases}$故有 $x_1<0$，$x_2<0$.

条件(1)：$|x_1|+|x_2|=-(x_1+x_2)=3\Rightarrow -(2k-3)=3\Rightarrow k=0$，在 $k\leqslant\frac{5}{12}$范围内，故条件(1)充分．

条件(2)：$x_1x_2+|x_1|+|x_2|=x_1x_2-(x_1+x_2)=7$，即 $k^2+1-(2k-3)=7$，解得 $k=-1$ 或 $k=3$(舍去)，即 $k=-1$，故条件(2)充分．

28. (D)

【解析】条件(1)：令 $x+\frac{2}{x}=t$，由对勾函数的性质可知，$t\geqslant 2\sqrt{2}$ 或 $t\leqslant -2\sqrt{2}$.

$x^2+\frac{4}{x^2}=t^2-4$. 方程转化为 $t^2-3t-4=0$，$(t-4)(t+1)=0$，解得 $t=4$ 或 $t=-1$(舍去)，即 $x+\frac{2}{x}=4$，整理可得 $x^2-4x+2=0$，方程判别式 $\Delta>0$，由韦达定理得 $m+n=4$，故条件(1)充分．

条件(2)：方程有两个相等的实根，则

$$\begin{aligned}&\Delta=(m+n)^2-4(m+n-2)\times 2=0\\ \Rightarrow&(m+n)^2-8(m+n)+16=0\\ \Rightarrow&(m+n-4)^2=0\Rightarrow m+n=4.\end{aligned}$$

故条件(2)充分．

29. (B)

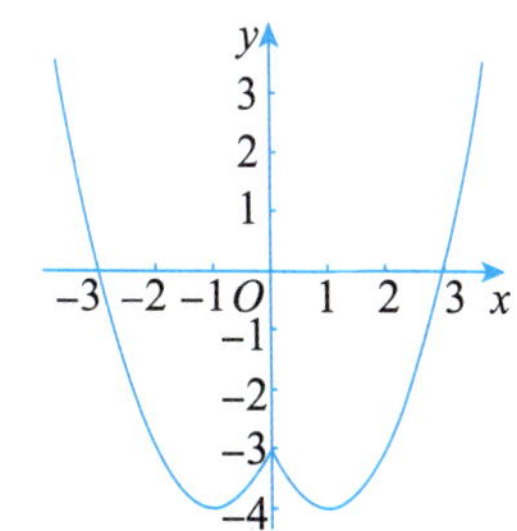

【解析】从结论出发．令 $f(x)=x^2-2|x|-3$，图像关于 y 轴对称，如图所示，结论可看作函数 $f(x)$ 与直线 $y=a$ 有 2 个不同的交点．由图可知 $a=-4$ 或 $a>-3$，故条件(1)不充分，条件(2)充分．

30. (D)

【解析】条件(1)：$a+2b\geqslant 2\sqrt{2ab}=4$，当且仅当 $a=2b=2$ 时等号成立，则 $a+2b$ 的最小值为 4，条件(1)充分.

条件(2)：$a+2b=\frac{1}{3}[(a+5b)+(2a+b)]\geqslant\frac{1}{3}\times 2\sqrt{(a+5b)(2a+b)}=4$，当且仅当 $a+5b=2a+b=6$ 时等号成立，则 $a+2b$ 的最小值为 4，条件(2)充分.

31. (D)

【解析】如图所示，设周一、周二、周三开车上班的职工人数分别 A，B，C，即 $A=14$，$B=10$，$C=8$.

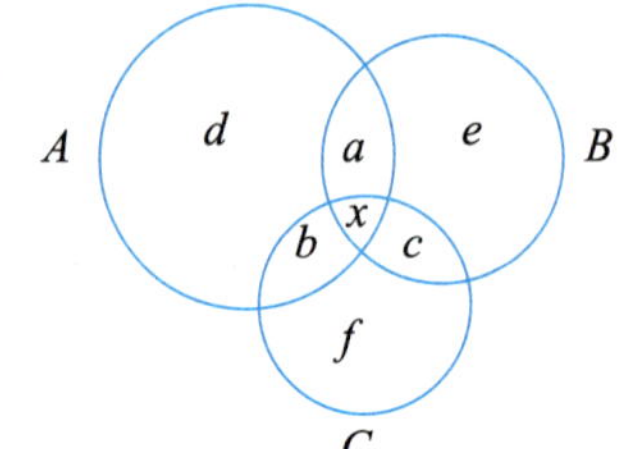

条件(1)：根据条件，有 $A\cup B\cup C=20$.

由非标准型公式，可得 $14+10+8-a-b-c-2x=20$，整理得 $2x=12-(a+b+c)$，当 $a+b+c=0$ 时，x 最大，最大值为 6，条件(1)充分.

条件(2)：根据条件，有 $d+e+f=14$. 由分块公式，可得

$$14+10+8=14+2(a+b+c)+3x\Rightarrow 3x=18-2(a+b+c),$$

当 $a+b+c=0$ 时，x 最大，最大值为 6，条件(2)也充分.

32. (D)

【解析】利用作差法结合指数函数的性质比较大小.

$$a^m+\frac{1}{a^m}-\left(a^n+\frac{1}{a^n}\right)=a^m-a^n+\frac{1}{a^m}-\frac{1}{a^n}=a^m-a^n+\frac{a^n-a^m}{a^ma^n}=\frac{(a^m-a^n)(a^{m+n}-1)}{a^{m+n}}.$$

条件(1)：$a>1$，因此以 a 为底的指数函数为增函数. 因为 $m>n>0$，所以 $a^m>a^n$，$a^{m+n}>a^0=1$，则分子 $(a^m-a^n)(a^{m+n}-1)>0$，分母 $a^{m+n}>0$，因此 $a^m+\frac{1}{a^m}-\left(a^n+\frac{1}{a^n}\right)>0$，故 $a^m+\frac{1}{a^m}>a^n+\frac{1}{a^n}$，条件(1)充分.

条件(2)：令 $t=\frac{1}{a}$，则 $t>1$，结论不等式可转化为 $\frac{1}{t^m}+t^m>\frac{1}{t^n}+t^n$，显然等价于条件(1)，故条件(2)也充分.

33. (D)

【解析】将点(1，m)，(−1，$3m$)代入抛物线，得 $\begin{cases}1+b+c=m,\\1-b+c=3m\end{cases}\Rightarrow\begin{cases}b=-m,\\c=2m-1,\end{cases}$ 则 $f(x)=x^2-mx+2m-1$.

条件(1)：$f(x)_{\min}=\frac{4(2m-1)-m^2}{4}=-6$，解得 $m=-2$ 或 10(舍去)，故 $m=-2$，条件(1)充分.

条件(2)：函数对称轴为 $x=\frac{m}{2}$，不确定其在不在定义域 $-2\leqslant x\leqslant 1$ 内，故需要讨论.

当 $\frac{m}{2}<-2$，即 $m<-4$ 时，$f(x)_{\min}=f(-2)=4+2m+2m-1=-6$，解得 $m=-\frac{9}{4}$(舍去)；

当$\frac{m}{2}>1$，即$m>2$时，$f(x)_{\min}=f(1)=1-m+2m-1=-6$，解得$m=-6$(舍去)；

当$-2\leqslant\frac{m}{2}\leqslant1$，即$-4\leqslant m\leqslant2$时，在对称轴处取得最小值，和条件(1)等价，$m=-2$.

综上所述，$m=-2$，条件(2)也充分.

34. (C)

【解析】条件(1)：已知三人共解出的题数量，但每个人解出多少道题未知，简单题、难题的数量都未知，无法确定，不充分.

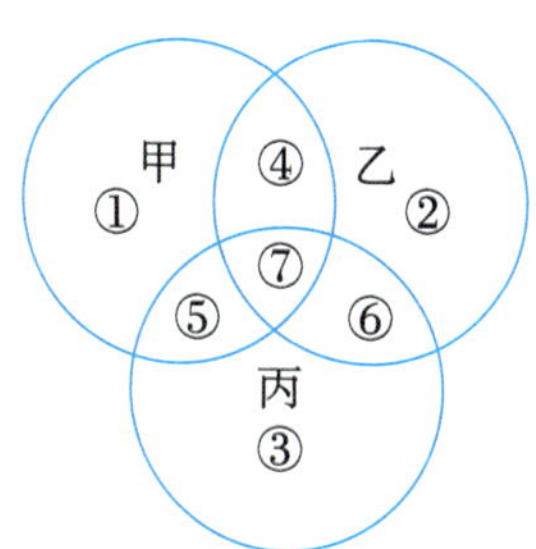

条件(2)：只知道甲、乙、丙各自解出了 60 道题，但是三人解出的题有多少重合未知，即简单题、难题的数量都未知，也不充分.

联合两个条件，三人解出的题目如图所示，其中①②③表示只有一人解出的题，即为难题；④⑤⑥表示只有两人解出的题，即为中等题；⑦为三人全解出的题，即为简单题.

根据三饼图非标准型公式，可得$\begin{cases}60+60+60-④-⑤-⑥-2\times⑦=100,\\①+②+③+④+⑤+⑥+⑦=100,\end{cases}$两式相加，可得①+②+③−⑦=20，即难题比简单题多 20 道．两个条件联合充分.

35. (D)

【解析】条件(1)：利用柯西不等式可得$(a+b)^2\leqslant2(a^2+b^2)=4$，即$a+b\leqslant2$，条件(1)充分.

条件(2)：$a^3+b^3=(a+b)(a^2-ab+b^2)=(a+b)[(a+b)^2-3ab]=(a+b)^3-3ab(a+b)=2$.

由均值不等式得$ab\leqslant\frac{(a+b)^2}{4}$，则有

$$3ab(a+b)\leqslant\frac{3}{4}(a+b)^3$$

$$\Rightarrow-3ab(a+b)\geqslant-\frac{3}{4}(a+b)^3$$

$$\Rightarrow2=(a+b)^3-3ab(a+b)\geqslant(a+b)^3-\frac{3}{4}(a+b)^3$$

$$\Rightarrow\frac{1}{4}(a+b)^3\leqslant2$$

$$\Rightarrow(a+b)^3\leqslant8,$$

即$a+b\leqslant2$，故条件(2)充分.

专项冲刺4 数列

1. 已知$\{a_n\}$为等差数列．则$S_{100}=250$.

(1)$a_2+a_3+a_{98}+a_{99}=10$.

(2)$a_2+a_5+a_{97}+a_{98}=10$.

2. 已知$\{a_n\}$为等比数列，$\{b_n\}$为等差数列．则可以确定a_6+b_6的值．

(1)$a_2=b_2=2$.

(2)$a_{10}=b_{10}=8$.

3. 设三个不相等的自然数a，b，c成等比数列，且a，b，$c\in(2,36)$．则能确定abc的值．

(1)a，b，c中最大的数为12.

(2)a，b，c中最小的数为3.

4. 已知a，b为非零实数．则能确定$\frac{a}{b}$的值．

(1)a，x，b，$2x$成等差数列．

(2)a，x，b，x^2成等比数列．

5. 已知实数a，b，c成等差数列．则能确定a的值．

(1)$a+b+c=12$.

(2)a，b，$c+2$成等比数列．

6. 已知$\{a_n\}$是公差为d的等差数列，前n项和是S_n．则$d>0$.

(1)$S_9<S_8$.

(2)$S_8<S_{10}$.

7. 已知等比数列$\{a_n\}$的前n项和为S_n．则能确定公比q.

(1)$S_3:S_2=3:2$.

(2)$2a_{n+2}=3a_{n+1}+2a_n$.

8. 已知S_n是数列$\{a_n\}$的前n项和．则$\{a_n\}$是等比数列．

(1)$a_{n+1}=2S_n(n\in\mathbf{N}_+)$.

(2)$a_1=1$.

9. 已知数列$\{a_n\}$，$\{b_n\}$．则$a_{n+1}a_n<b_{n+1}b_n(n\in\mathbf{N}_+)$.

(1)数列$\{a_n\}$的前n项和$S_n=\frac{n^2-n}{2}(n\in\mathbf{N}_+)$.

(2)数列$\{b_n\}$的前n项和$T_n=\frac{n^2+3n}{2}(n\in\mathbf{N}_+)$.

10. 已知数列$\{a_n\}$的各项均为正数，对于任意正整数 p，q，总有 $a_{p+q}=a_pa_q$. 则能确定 a_{10} 的值．

(1)已知 a_8 的值．

(2)已知 a_1 的值．

11. 已知等比数列$\{a_n\}$. 则可以确定其前 3 项的和 S_3 的最小值．

(1)$a_1=1$.

(2)$a_2=1$.

12. 已知数列$\{a_n\}$共有 $2n(n\in\mathbf{N}_+)$项，$a_1=1$. 则 $n=10$.

(1)$\{a_n\}$是等比数列，其奇数项和为 85，偶数项和为 170.

(2)$\{a_n\}$是等差数列，其奇数项和为 190. 偶数项和为 210.

13. 数列$\{a_n\}$是等比数列．

(1)数列$\{a_n\}$的前 n 项和为 $S_n=3^{\frac{n+1}{2}}-\sqrt{3}(n\in\mathbf{N}_+)$.

(2)数列$\{\log_2 a_n\}$的前 n 和为 $T_n=\frac{1}{2}n^2+\frac{1}{2}n(n\in\mathbf{N}_+)$.

14. 已知等差数列$\{a_n\}$首项为正，S_n 为数列的前 n 项和．则可以确定 S_n 取最大值时 n 的值．

(1)$S_{10}=S_{11}$.

(2)$5a_6=3a_3$.

15. 已知等比数列$\{a_n\}$的前 n 项和为 S_n. 则$\{a_n\}$的公比为$\frac{1}{3}$.

(1)S_2，S_4-S_2，S_6-S_4 是公比为$\frac{1}{3}$的等比数列．

(2)S_1，$2S_2$，$3S_3$ 成等差数列．

16. 已知$\{a_n\}$是公差为 d 的等差数列，$\{b_n\}$是公比为 q 的等比数列．则 $d+q=4$.

(1)已知数列$\{a_n+b_n\}$的前 n 项和为 $S_n=n^2-n+2^n-1$.

(2)已知数列$\{a_n+b_n\}$的前 n 项和为 $S_n=n^2-2n+2^n-1$.

17. 已知数列$\{a_n\}$. 则$\{a_n\}$是等比数列．

(1)数列$\{a_na_{n+1}\}$是等比数列．

(2)数列$\left\{\frac{1}{a_n}\right\}$是等比数列．

18. 已知等比数列$\{a_n\}$的各项均为正数，$a_1>1$. 则 $a_1a_2a_3\cdots a_{11}<1$.

(1)$a_5+a_6>a_5a_6+1$.

(2)$a_5a_6>1$.

19. 已知等比数列$\{a_n\}$的公比 $q\neq1$. 则 $a_5+a_7>a_4+a_8$.

(1)$q>0$.

(2)$a_6<0$.

20. 已知数列$\{a_n\}$的前n项和为S_n. 则$\{a_n\}$为等差数列.

(1)数列$\left\{\dfrac{S_n}{n}\right\}$为等差数列($n\in\mathbf{N}_+$).

(2)$2S_n+n^2=2na_n+n$($n\in\mathbf{N}_+$).

21. 已知数列$\{b_n\}$中, $b_n=a_{n+1}-2a_n$. 则$\{b_n\}$是等比数列.

(1)$a_1=1$.

(2)数列$\{a_n\}$的前n项和为S_n且$S_{n+1}=4a_n+2$.

22. 已知等差数列$\{a_n\}$的前n项和S_n有最小值. 则当$S_n<0$时, n的最大值为13.

(1)$|a_7|=|a_8|$.

(2)$\dfrac{a_8}{a_7}<-1$.

23. 已知数列$\{a_n\}$是公差不为零的等差数列, 前n项和为S_n. 则可以确定$\dfrac{a_1}{a_2}$的值.

(1)$S_3=S_{10}$.

(2)$S_4=S_{11}$.

24. 已知等差数列$\{a_n\}$的前n项和为S_n. 则可以确定$\dfrac{S_1}{a_1}$, $\dfrac{S_2}{a_2}$, …, $\dfrac{S_{15}}{a_{15}}$中的最大值.

(1)$S_{15}>0$.

(2)$S_{16}<0$.

25. 已知数列$\{a_n\}$的通项公式为$a_n=|n-c|$($n\in\mathbf{N}_+$). 则$\{a_n\}$为递增数列.

(1)$c<1$.

(2)$c>1$.

专项冲刺4　答案详解

答案速查

1～5　(D)(C)(A)(A)(E)	6～10　(C)(C)(E)(C)(D)	11～15　(A)(B)(D)(B)(B)
16～20　(D)(B)(A)(B)(D)	21～25　(C)(D)(D)(C)(A)	

1. (D)

【解析】两个条件左式的项数相等、下标和相等，则是等价关系.

条件(1)：四项的下标和为202，由下标和定理可得 $a_2+a_3+a_{98}+a_{99}=2(a_1+a_{100})=10$，则 $a_1+a_{100}=5$，故 $S_{100}=50(a_1+a_{100})=250$，条件(1)充分. 两个条件等价，故条件(2)也充分.

2. (C)

【解析】两个条件都只知道 $\{a_n\}$ 和 $\{b_n\}$ 中的一项，显然求不出 a_6 和 b_6 的值，故两个条件单独皆不充分，考虑联合.

由等比数列中项公式可得 $a_6^2=a_2\cdot a_{10}=16$，由于等比数列奇数项、偶数项的正负性相同，故 $a_6=4$；由等差数列中项公式可得 $2b_6=b_2+b_{10}=10$，则 $b_6=5$.

故 $a_6+b_6=9$，联合充分.

3. (A)

【解析】条件(1)：a，b，c 中最大的数为12，故符合条件的三个数只能为3，6，12. 所以，$abc=216$，条件(1)充分.

条件(2)：a，b，c 中最小的数为3，故符合条件的三个数可以为3，6，12或3，9，27，有两种情况，故不能确定 abc 的值，条件(2)不充分.

4. (A)

【解析】条件(1)：因为 a，x，b，$2x$ 成等差数列，故 $\begin{cases}a+b=2x,\\x+2x=2b,\end{cases}$ 解得 $\frac{a}{b}=\frac{1}{3}$，条件(1)充分.

条件(2)：$\frac{a}{b}=\frac{x}{x^2}=\frac{1}{x}$，因为 x 的值不确定，故不能确定 $\frac{a}{b}$ 的值，条件(2)不充分.

5. (E)

【解析】条件(1)：由题可得 $\begin{cases}a+c=2b,\\a+b+c=12\end{cases}\Rightarrow b=4$，只能确定 b 的值，无法确定 a 的值，不充分.

条件(2)：由题可得 $\begin{cases}a+c=2b,\\b^2=a(c+2),\end{cases}$ 求不出 a 的值，不充分.

联合两个条件，可得 $\begin{cases}a+c=8,\\a(c+2)=16,\end{cases}$ 整理得 $a^2-10a+16=0$，解得 $a=2$ 或8，故联合也不充分.

6. (C)

【解析】条件(1)：$S_9<S_8$，则 $a_9<0$，不能确定公差的正负，不充分．

条件(2)：$S_8<S_{10}$，则 $a_9+a_{10}>0$，不能确定公差的正负，不充分．

联合两个条件，$a_9<0$，则 $a_{10}>0$，由此可得 $d>0$，故两个条件联合充分．

7. (C)

【解析】条件(1)：依题意得$\frac{a_1+a_2+a_3}{a_1+a_2}=\frac{3}{2}$，即$\frac{a_1+a_1q+a_1q^2}{a_1+a_1q}=\frac{1+q+q^2}{1+q}=\frac{3}{2}$，整理得 $2q^2-q-1=0$，解得 $q=1$ 或 $q=-\frac{1}{2}$，公比不唯一，条件(1)不充分．

条件(2)：依题意得 $2a_nq^2=3a_nq+2a_n$，即 $2q^2=3q+2$，解得 $q=2$ 或 $q=-\frac{1}{2}$，公比不唯一，条件(2)不充分．

联合两个条件，得 $q=-\frac{1}{2}$，联合充分．

8. (E)

【解析】条件(1)：当 $n=1$ 时，$a_2=2S_1=2a_1$；

当 $n\geqslant2$ 时，由 $a_{n+1}=2S_n$，可得 $a_n=2S_{n-1}$．两式相减得 $a_{n+1}-a_n=2a_n$，即 $a_{n+1}=3a_n$，则 $\frac{a_{n+1}}{a_n}=3\neq\frac{a_2}{a_1}$. 故条件(1)不充分．

条件(2)：显然不充分．

联合两个条件，数列$\{a_n\}$仍然是从第二项开始成等比数列，故联合也不充分．

【易错警示】当下标出现“$n-1$”时，一定是在“$n\geqslant2$”这个前提条件下才成立的．有同学忘记讨论当 $n=1$ 时的情况，导致错选(A)项．

9. (C)

【解析】两个条件缺一不可，属于变量缺失型互补关系，需要联合．

联合两个条件，$S_n=\frac{1}{2}n^2-\frac{1}{2}n$，形如无常数项的二次函数，符合等差数列求和公式的特征 $S_n=\frac{d}{2}n^2+\left(a_1-\frac{d}{2}\right)n$，故$\{a_n\}$是等差数列，且$\begin{cases}\frac{d}{2}=\frac{1}{2},\\ a_1-\frac{d}{2}=-\frac{1}{2}\end{cases}$，解得$\begin{cases}a_1=0,\\ d=1,\end{cases}$故 $a_n=n-1$，$a_{n+1}a_n=n(n-1)$.

$T_n=\frac{1}{2}n^2+\frac{3}{2}n$，同理$\{b_n\}$也是等差数列，首项为 2，公差为 1，故

$$b_n=n+1,\ b_{n+1}b_n=(n+1)(n+2).$$

则有 $a_{n+1}a_n-b_{n+1}b_n=n(n-1)-(n+1)(n+2)=-4n-2<0$，故 $a_{n+1}a_n<b_{n+1}b_n$，联合充分．

10. (D)

【解析】由 $a_{p+q}=a_pa_q$，可知 $a_p=a_1a_{p-1}=a_1^2a_{p-2}=\cdots=a_1^p$，同理 $a_q=a_1^q$，故 $a_{p+q}=a_1^{p+q}$.

条件(1)：已知 a_8，则 $a_8=a_1^8$，可以求出 a_1，则 $a_{10}=a_1^{10}$ 可以确定，充分．

条件(2)：已知 a_1，则 $a_{10}=a_1^{10}$，显然可以确定，充分．

11. (A)

【解析】条件(1)：$S_3=1+q+q^2$，是关于公比 q 的二次函数，开口向上，故 S_3 有最小值，由

顶点坐标公式可得，当 $q=-\frac{1}{2}$时，S_3 取得最小值$\frac{4-1}{4}=\frac{3}{4}$，充分．

条件(2)：$S_3=\frac{1}{q}+1+q$，是关于公比 q 的对勾函数，当 $q<0$ 时，S_3 没有最小值，不充分．

12.（B）

【解析】条件(1)：等比数列有偶数项，则 $q=\frac{S_{偶}}{S_{奇}}=\frac{170}{85}=2$，故所有项之和为 $S_{2n}=\frac{a_1(1-q^{2n})}{1-q}=\frac{1-4^n}{1-2}=85+170$，解得 $n=4$，条件(1)不充分．

条件(2)：等差数列有偶数项，则 $S_{偶}-S_{奇}=nd=210-190=20$，故所有项之和为 $S_{2n}=2na_1+\frac{2n(2n-1)d}{2}=2n+nd(2n-1)=2n+20(2n-1)=190+210$，解得 $n=10$，条件(2)充分．

13.（D）

【解析】条件(1)：$S_n=(\sqrt{3})^{n+1}-\sqrt{3}=\sqrt{3}(\sqrt{3})^n-\sqrt{3}$，符合等比数列前 n 项和的形式 $S_n=kq^n-k$，故数列$\{a_n\}$为等比数列，条件(1)充分．

条件(2)：$T_n=\frac{1}{2}n^2+\frac{1}{2}n$ 符合等差数列前 n 项和的形式 $T_n=An^2+Bn$，故数列$\{\log_2 a_n\}$是等差数列，且首项为 1，公差为 1，即$\log_2 a_n=1+(n-1)\times 1=n$，整理得 $a_n=2^n$，故$\{a_n\}$是以 2 为首项、2 为公比的等比数列，条件(2)充分．

14.（B）

【解析】条件(1)：因首项为正，且 $S_{10}=S_{11}$，故 $d<0$，S_n 有最大值．

方法一：由 $S_{10}=S_{11}$可得对称轴为 $n=\frac{21}{2}$，最值取在最靠近对称轴的整数处，因此最大值为 $S_{10}=S_{11}$，则 n 的值有两个，无法确定，条件(1)不充分．

方法二：$a_{11}=S_{11}-S_{10}=0$，最值在 a_n 变号时取得，故当 $n=10$ 或 11 时，S_n 取最大值，n 的值不唯一，条件(1)不充分．

条件(2)：$5a_6-3a_3=5a_1+25d-(3a_1+6d)=2a_1+19d=a_{10}+a_{11}=0$，因此 a_{10}，a_{11}异号，又首项为正，则 $a_{10}>0$，$a_{11}<0$，$d<0$，故有最大值，最大值为 S_{10}，条件(2)充分．

【易错警示】本题容易忽视条件(1)中 S_{10}的情况，有同学认为当 $n=11$ 时，a_n 变号，取到最大值．但由 $a_{11}=0$，可得 $S_{10}=S_{11}$，均为 S_n 的最大值，符合题意的 n 有 2 个，无法唯一确定．

15.（B）

【解析】条件(1)：S_2，S_4-S_2，S_6-S_4 是等比数列连续等长片段和，公比为 q^2，即 $q^2=\frac{1}{3}$，故$\{a_n\}$的公比为$q=\pm\frac{\sqrt{3}}{3}$，不充分．

条件(2)：由题可得 $S_1+3S_3=4S_2$，即 $a_1+3(a_1+a_2+a_3)=4(a_1+a_2)$，整理得 $3a_3=a_2$，则 $q=\frac{a_3}{a_2}=\frac{1}{3}$，充分．

16.（D）

【解析】已知$\{a_n\}$是等差数列，则其前 n 项和为 $T_n=\frac{d}{2}n^2+\left(a_1-\frac{d}{2}\right)n$；

已知$\{b_n\}$是等比数列，则其前 n 项和为 $Q_n=kq^n-k$．

故数列 $\{a_n+b_n\}$ 的前 n 项和为 $S_n=\frac{d}{2}n^2+\left(a_1-\frac{d}{2}\right)n+kq^n-k$.

两个条件中 n^2 的系数一致，n 次方项的底数一致，故两个条件的 d 和 q 都相等，属于等价关系.

条件(1)：由 $S_n=n^2-n+2^n-1$，可得 $\begin{cases}\frac{d}{2}=1,\\ q=2,\end{cases}$ 则 $d+q=4$，充分. 故条件(2)也充分.

17. (B)

【解析】条件(1)：举反例，若数列 $\{a_n\}$ 为 1，2，1，2，1，2，…，此时 $\{a_na_{n+1}\}$ 是等比数列，但 $\{a_n\}$ 不是等比数列，条件(1)不充分.

条件(2)：设 $\left\{\frac{1}{a_n}\right\}=\{b_n\}$，且数列 $\{b_n\}$ 的公比为 q，则 $\frac{b_n}{b_{n-1}}=\frac{\frac{1}{a_n}}{\frac{1}{a_{n-1}}}=q\Rightarrow\frac{a_n}{a_{n-1}}=\frac{1}{q}$，故数列 $\{a_n\}$ 是公比为 $\frac{1}{q}$ 的等比数列，条件(2)充分.

18. (A)

【解析】条件(1)：由 $a_5+a_6>a_5a_6+1$，得 $(a_5-1)(a_6-1)<0$. 因为 $a_1>1$，若 $a_5<1$，则一定有 $a_6<1$，不符合不等式，故 $a_5>1$，$a_6<1$，$a_1a_2a_3\cdots a_{11}=a_6^{11}<1$，条件(1)充分.

条件(2)：$a_5a_6>1$，只能得出 $a_5>1$，但是 a_6 和 1 的大小关系并不确定，故 $a_1a_2a_3\cdots a_{11}=a_6^{11}$ 和 1 的大小关系也不能确定，条件(2)不充分.

19. (B)

【解析】从结论出发. 因为数列 $\{a_n\}$ 是等比数列，所以 $a_5+a_7=\frac{a_6}{q}+a_6q=a_6\left(\frac{1}{q}+q\right)$，$a_4+a_8=\frac{a_6}{q^2}+a_6q^2=a_6\left(\frac{1}{q^2}+q^2\right)$，两式作差可得

$$\begin{aligned}a_5+a_7-a_4-a_8&=a_6\left(\frac{1}{q}+q-\frac{1}{q^2}-q^2\right)=a_6\left[\left(\frac{1}{q}-\frac{1}{q^2}\right)+(q-q^2)\right]\\&=a_6(q-1)\left(\frac{1}{q^2}-q\right)=a_6(q-1)\frac{1-q^3}{q^2}\\&=-a_6(q-1)^2\frac{1+q+q^2}{q^2}.\end{aligned}$$

因为 $q\neq1$，故 $(q-1)^2\frac{1+q+q^2}{q^2}>0$ 恒成立，若结论成立，需满足 $a_6<0$，故条件(1)不充分，条件(2)充分.

20. (D)

【解析】条件(1)：数列 $\left\{\frac{S_n}{n}\right\}$ 为等差数列，则有 $\frac{S_n}{n}=An+B$（A，B 为常数），故 $S_n=An^2+Bn$，形如无常数项的二次函数，满足等差数列前 n 项和公式的特征，故 $\{a_n\}$ 为等差数列，条件(1)充分.

条件(2)：当 $n=1$ 时，$2a_1+1=2a_1+1$，恒成立；

当 $n\geqslant 2$ 时，$\begin{cases}2S_n+n^2=2na_n+n,\\2S_{n-1}+(n-1)^2=2(n-1)a_{n-1}+n-1,\end{cases}$ 两式相减得 $(2n-2)a_n-2(n-1)a_{n-1}-2(n-1)=0$，整理得 $a_n-a_{n-1}=1$，故 $\{a_n\}$ 是公差为 1 的等差数列，条件(2)充分．

21. (C)

【解析】条件(1)：显然不充分．

条件(2)：当 $n=1$ 时，$S_2=a_1+a_2=4a_1+2\Rightarrow a_2=3a_1+2\Rightarrow b_1=a_2-2a_1=a_1+2$；

当 $n\geqslant 2$ 时，$a_{n+1}=S_{n+1}-S_n=(4a_n+2)-(4a_{n-1}+2)=4a_n-4a_{n-1}$，则

$$a_{n+1}-2a_n=2(a_n-2a_{n-1})\Rightarrow b_n=2b_{n-1}.$$

但当 $a_1=-2$ 时，$b_1=0$ 不符合等比数列的性质，条件(2)不充分．

两个条件联合，$a_1=1$，则 $b_1=a_1+2=3$，即 $\{b_n\}$ 是首项为 3、公比为 2 的等比数列，联合充分.

22. (D)

【解析】已知等差数列 $\{a_n\}$ 的前 n 项和 S_n 有最小值，说明 $a_1<0$，$d>0$，则 $a_8=a_7+d>a_7$.

条件(1)：因为 $a_8>a_7$，由 $|a_7|=|a_8|$ 可得 $a_7<0$，$a_8>0$，$a_7+a_8=0$. $S_{13}=13a_7<0$，$S_{14}=7(a_7+a_8)=0$，所以当 $S_n<0$ 时，n 的最大值为 13，故条件(1)充分．

条件(2)：因为 $a_8>a_7$，由 $\dfrac{a_8}{a_7}<-1$ 可得 $a_7<0$，$a_8>0$，且 $a_8>-a_7$，则 $a_7+a_8>0$.

$S_{13}=13a_7<0$，$S_{14}=7(a_7+a_8)>0$，所以当 $S_n<0$ 时，n 的最大值为 13，故条件(2)充分．

23. (D)

【解析】条件(1)：由 $S_3=S_{10}$，可得 $S_{13}=0$，则 $S_{13}=13a_7=0\Rightarrow a_7=0$.

故 $\begin{cases}a_1+6d=0,\\a_2+5d=0\end{cases}\Rightarrow\begin{cases}a_1=-6d,\\a_2=-5d,\end{cases}$ 则 $\dfrac{a_1}{a_2}=\dfrac{6}{5}$，充分．

条件(2)：同理可得 $a_8=0$，故 $\begin{cases}a_1+7d=0,\\a_2+6d=0\end{cases}\Rightarrow\begin{cases}a_1=-7d,\\a_2=-6d,\end{cases}$ 则 $\dfrac{a_1}{a_2}=\dfrac{7}{6}$，充分．

24. (C)

【解析】条件(1)：$S_{15}=15a_8>0$，则 $a_8>0$，不知道其他条件，不充分．

条件(2)：$S_{16}=8(a_8+a_9)<0$，则 $a_8+a_9<0$，不知道其他条件，不充分．

联合两个条件，知 $a_8>0$，$a_9<0$，故有 $a_1>0$，$d<0$.

因此，分母的 a_1，a_2，…，a_8 均为正，而 a_9，a_{10}，…，a_{15} 均为负；分子的 S_1，S_2，…，S_{15} 均为正．故 $\dfrac{S_1}{a_1}$，$\dfrac{S_2}{a_2}$，…，$\dfrac{S_8}{a_8}$ 为正，$\dfrac{S_9}{a_9}$，$\dfrac{S_{10}}{a_{10}}$，…，$\dfrac{S_{15}}{a_{15}}$ 为负，最大值在 $\dfrac{S_1}{a_1}$，$\dfrac{S_2}{a_2}$，…，$\dfrac{S_8}{a_8}$ 中取到.

在 $\dfrac{S_1}{a_1}$，$\dfrac{S_2}{a_2}$，…，$\dfrac{S_8}{a_8}$ 中，分母 a_1，a_2，…，a_8 单调递减，而分子 S_1，S_2，…，S_8 单调递增，显然最大值为 $\dfrac{S_8}{a_8}$，联合充分．

25. (A)

【解析】条件(1)：当 $c<1$ 时，$a_n=n-c$，显然 $\{a_n\}$ 为递增数列，充分．

条件(2)：举反例，当 $c=2$ 时，$a_1=1$，$a_2=0$，显然不充分．

专项冲刺 5 几何

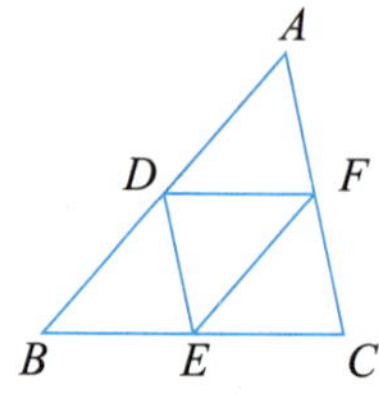

1. 如图所示，在$\triangle ABC$中，D，E，F分别是边AB，BC，CA的中点．则能确定$\triangle DEF$的周长．
(1)已知$\triangle ABC$的周长．
(2)已知$\triangle ADF$的周长．

2. 两个圆柱的侧面积相等．则能确定它们的体积之比．
(1)已知两个圆柱底面半径之比．
(2)已知两个圆柱高之比．

3. 已知a是实数．则能确定a的值．
(1)直线l_1：$(2+a)x+y=3$与直线l_2：$ax+(a-4)y=3$相互垂直．
(2)直线l_1：$(a-2)x-3y-1=0$与直线l_2：$ax+(a+2)y+1=0$相互平行．

4. 从一根高为 20 厘米的圆柱形木块的顶端截下 5 厘米．则能确定原来圆柱形木块的表面积．
(1)表面积减小了40π平方厘米．
(2)体积减小了80π立方厘米．

5. 设集合$A=\{(x,\ y)\mid y-x\geqslant 0\}$，$B=\{(x,\ y)\mid (x-a)^2+(y-b)^2\leqslant 1\}$．则$A\cap B$所表示的平面图形的面积为$\frac{\pi}{2}$.
(1)$a+b=0$.
(2)$a-b=0$.

6. 如图所示，圆心角为$90°$的扇形内有两个相切的半圆O_1和O_2．则可以计算阴影部分的面积．
(1)已知OA的长度．
(2)已知BC的长度．

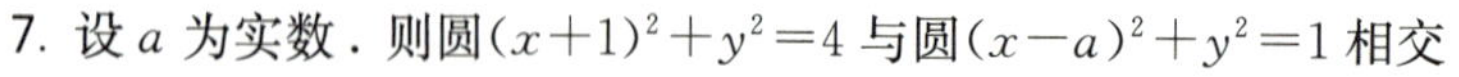

7. 设a为实数．则圆$(x+1)^2+y^2=4$与圆$(x-a)^2+y^2=1$相交．
(1)$0<a<2$.
(2)$-4<a<-2$.

8. 已知长方体的八个顶点都在同一个球面上．则可以确定球的体积．
(1)已知长方体共顶点的三条棱长．
(2)已知长方体共顶点的三个面的面积．

9. 已知x，y为实数．则能确定$x+y$的最大值．
(1)$x^2-y-2\leqslant 0$.
(2)$x^2+y^2+1\leqslant 2x+2y$.

10. 如图所示，在菱形 $ABCD$ 中，点 E，F，G，H 分别是各边的中点．则 $EH=\sqrt{3}EF$.

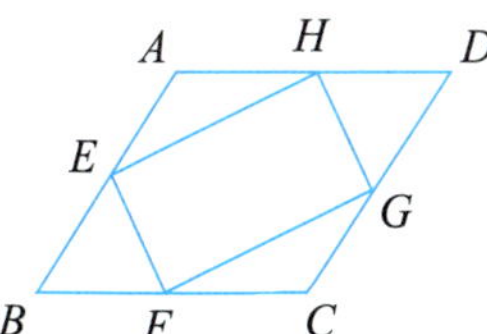

(1) $AB=2EF$.

(2) $\angle ABC=60^\circ$.

11. 有一个长方体，已知长和宽之比，宽和高之比．则可以确定长方体的体积．

(1)已知长方体的表面积．

(2)已知长方体的棱长之和．

12. 已知圆柱的上、下两底面的中心分别为 O_1，O_2. 则能确定其外接球的表面积．

(1)已知圆柱底面的直径．

(2)已知过直线 O_1O_2 的平面截得该圆柱所得的截面为正方形．

13. 已知 $\angle POQ=30^\circ$，$\odot A$，$\odot B$ 的圆心 A，B 在射线 OQ 上，半径分别为 2 和 3，$\odot A$ 与射线 OP 相切．则 $\odot B$ 与 $\odot A$ 相交．

(1) $5<OB<9$.

(2) $0<OB<9$.

14. 设 a 是实数．则直线 $ax+y-4=0$ 与直线 $x-y-2=0$ 的交点位于第一象限．

(1) $a<-1$ 或 $a>2$.

(2) $-1<a<2$.

15. 设有一个扇形．则可以确定扇形面积的最大值．

(1)已知扇形的周长．

(2)已知扇形的弧长和圆心角．

16. 设 k 是实数，直线 l：$y=k(x-2)+1$，坐标原点为 O. 则 l 上存在一点 P，满足 $|OP|=1$.

(1) $k\geqslant 0$.

(2) $k\leqslant \frac{4}{3}$.

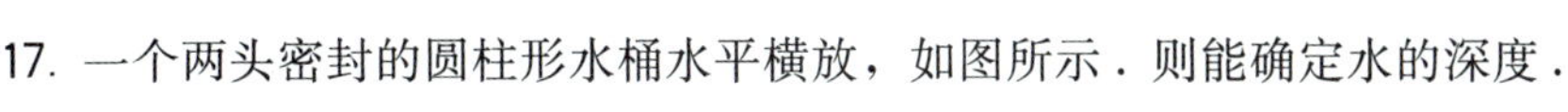

17. 一个两头密封的圆柱形水桶水平横放，如图所示．则能确定水的深度．

(1)已知水桶底面直径．

(2)已知水面的宽度和水面与水桶最高点的距离．

18. 如图所示，在 Rt$\triangle ABC$ 中，CD 是斜边 AB 上的高．则能确定 BC 的长.

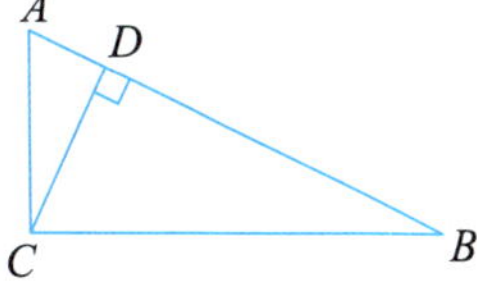

(1)已知 AD 和 BD 的长．

(2)已知 AD 和 CD 的长．

19. 如图所示，矩形 $ABCD$ 中，E 为 CD 的中点，连接 AE，BD 交于点 P，过点 P 作 $PQ\perp BC$ 于点 Q. 则能确定 PQ 的值．

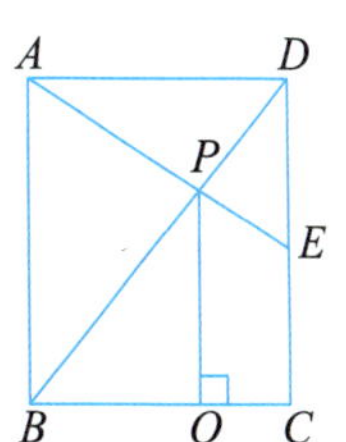

(1)已知 AD.

(2)已知 AB.

20. 设 a，b 是实数．则 $a^2+(b+2)^2$ 有最大值和最小值．

(1) $a^2+b^2-4a+3=0$.

(2) $a^2+b-4a+3=0$.

21. 如图所示，在$\triangle ABC$ 中，点 D，E，F 分别是圆 O 与 BC，AC，AB 的切点，圆 O 的半径为 3. 则能确定$\triangle ABC$ 的面积．

(1)已知 AE 和 BC.

(2)已知 CE.

22. 设 a，b 为实数．则圆 $x^2+y^2-ax-by+1=0$ 与坐标轴有 4 个交点．

(1) $a^2>4$.

(2) $b^2>4$.

23. 已知$\triangle ABC$ 的三个顶点坐标分别为 $A(2, 3)$，$B(4, 2)$，$C(m, 6)$，若 $P(x, y)$是$\triangle ABC$ 上的一点．则$\dfrac{y}{x}$的最大值为$\dfrac{3}{2}$，最小值为$\dfrac{1}{2}$.

(1) $m\leqslant 12$.

(2) $m\geqslant 6$.

24. 如图所示，平行四边形 $KLMN$ 是由一张长方形纸片和一张正方形纸片分别沿着对角线剪开后拼接而成，且中间空白部分四边形 $OPQR$ 恰好是正方形．则能确定正方形纸片的面积．

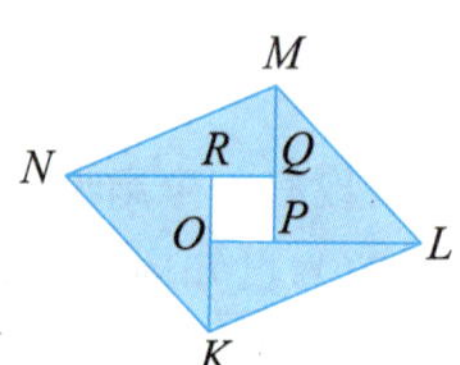

(1)已知平行四边形 $KLMN$ 的面积．

(2)已知长方形纸片的面积．

25. 已知 x，y 为实数．则 $x^2+(y-2)^2\geqslant 1$.

(1) $x^2+y=1$.

(2) $|x|+|y-2|=1$.

26. 直线 l：$ax+y-2=0(a\in\mathbf{R})$与圆 C：$(x-1)^2+(y-1)^2=4$ 相交于 A，B 两点．则能确定 a 的值．

(1) AB 的长为 $2\sqrt{2}$.

(2) $\triangle ABC$ 为等腰直角三角形．

27. 已知等腰梯形 $ABCD$，如图所示，$AB\parallel CD$，对角线 AC，BD 相交于点 O. 则能确定$\triangle AOB$ 和$\triangle COD$ 的面积比．

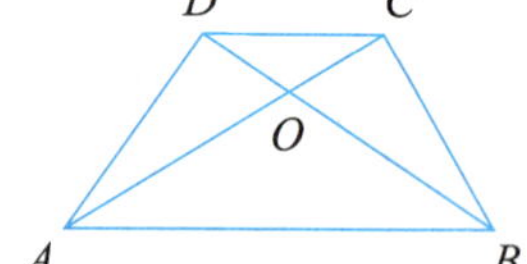

(1) $\angle ABD=30°$，$AC\perp BC$.

(2) $\angle ABD=45°$.

28. 如图所示，四边形 $ABCD$ 是平行四边形，E 是 CD 的延长线上一点，BE 与 AD 交于点 F，若 $S_{\triangle DEF}=2$. 则能确定平行四边形 $ABCD$ 的面积.

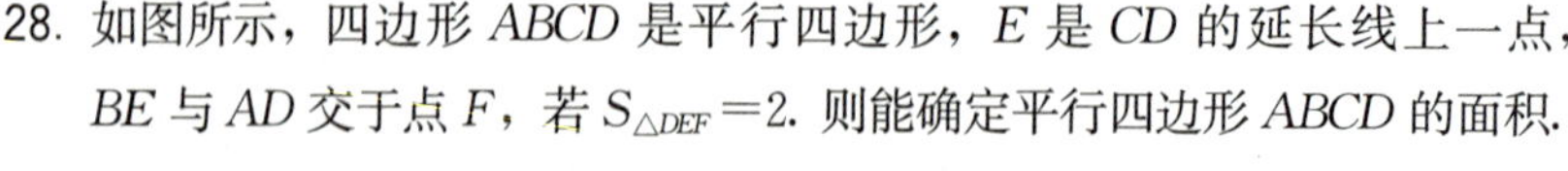

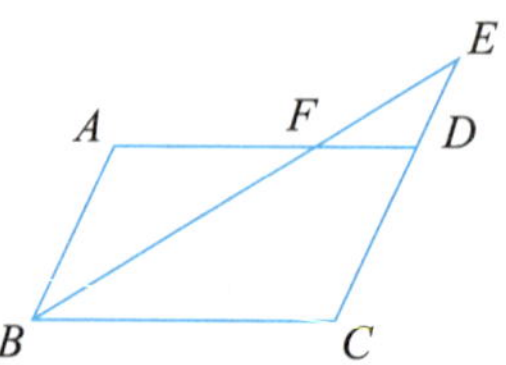

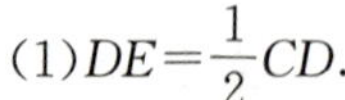

(1) $DE=\dfrac{1}{2}CD$.

(2) $AB=AF$.

29. 如图所示，已知正方形 $ABCD$ 中有两个小正方形，其面积分别是 S_1 和 S_2. 则可以确定 S_1+S_2 的值.

(1)已知 AG 的长度.

(2)已知 DG 的长度.

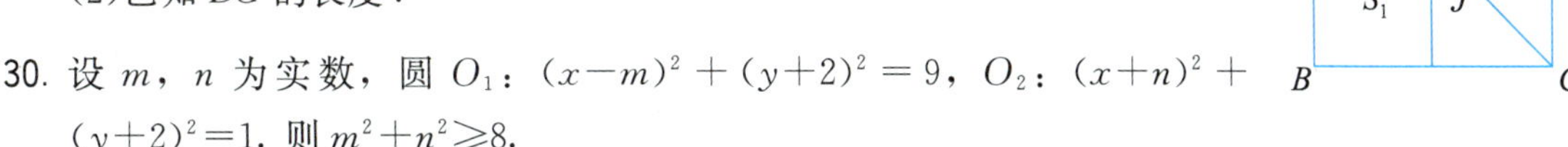

30. 设 m，n 为实数，圆 O_1：$(x-m)^2+(y+2)^2=9$，O_2：$(x+n)^2+(y+2)^2=1$. 则 $m^2+n^2\geqslant 8$.

(1)圆 O_1 与圆 O_2 内切.

(2)圆 O_1 与圆 O_2 外切.

31. 如图所示，在长方体 $ABCD-A_1B_1C_1D_1$ 中，E 为 CC_1 的中点，连接 AE. 则能确定 AE 的最小值.

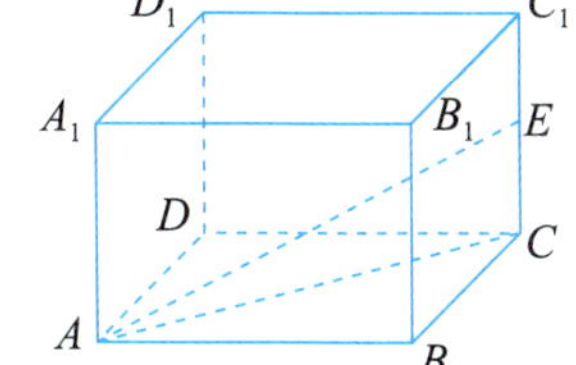

(1)已知长方体的体积.

(2)已知 AC 的长.

32. 用两个平行的平面去截一个球. 则能确定该球的表面积.

(1)已知两个截面的面积和两个截面的距离.

(2)两个截面的面积相等.

33. 已知直线 l 与圆 C 相交于 A，B 两点. 则可以确定 AB 的最小值.

(1)l：$kx-y-2k+2=0$.

(2)C：$(x-2)^2+(y-3)^2=9$.

34. 已知圆 C：$x^2+y^2-4x-2y+3=0$，直线 l 经过点$(1, 0)$. 则 l 在 y 轴上的截距为 1.

(1)直线 l 被圆 C 截得的弦长为 $2\sqrt{2}$.

(2)直线 l 与圆 C 相切.

35. 一束光线 l 射到 x 轴上，经 x 轴反射后，反射光线所在直线恰好与圆 $x^2+y^2-4x-4y+7=0$ 相切.

(1)光线 l 所在直线方程为 $3x+4y-3=0$.

(2)光线 l 所在直线方程为 $4x+3y+3=0$.

36. 如图所示，在$\triangle ABC$ 中，$DE /\!/ BC$，连接 BE，$\triangle ADE$，$\triangle BCE$ 的面积分别记为 S_1，S_2. 则 $3S_1<2S_2$.

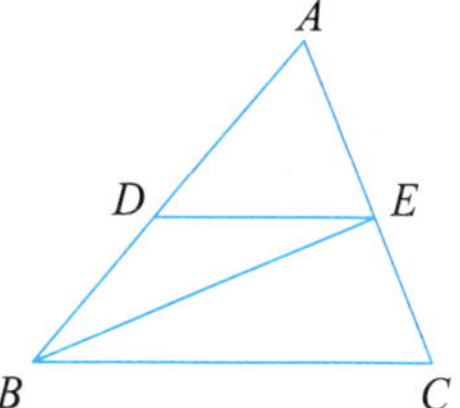

(1)$2AD>AB$.

(2)$2AD<AB$.

37. 已知圆 C 上至少有三个点到直线 $y=kx$ 的距离为 1. 则可以确定 k 的取值范围.

(1)C：$x^2+y^2-2x-2y-2=0$.

(2)C：$x^2+y^2+2x+2y-2=0$.

38. 已知 $A(-3, 4)$，$B(-3, 1)$，$P(x, y)$是一个动点. 则$(x-1)^2+(y-t)^2\geqslant 4(t\in\mathbf{R})$.

(1)$|PA|=2|PB|$.

(2)$|PB|=2|PA|$.

39. 如图所示，CD 是 $\odot O$ 的直径，弦 $AB \perp CD$，垂足为点 M，分别以 DM，CM 为直径作两个圆 $\odot O_1$ 和 $\odot O_2$. 则可以确定阴影部分的面积.

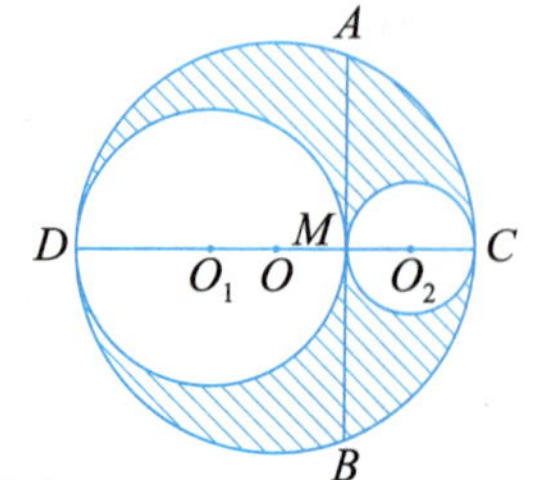

(1)已知 CD 的值.

(2)已知 AB 的值.

40. 如图所示，AE 和 CF 的交点为 D. 则可以确定 $\triangle ACF$ 和 $\triangle CFB$ 的面积比.

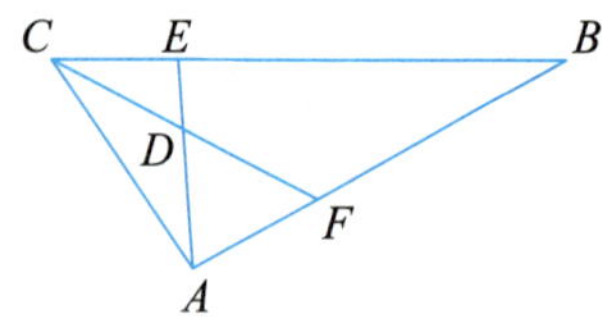

(1)$DF=DC$.

(2)$AD=2DE$.

41. 如图所示，矩形 $EFGH$ 的四个顶点分别在矩形 $ABCD$ 的各条边上，$FG=2$，$GC=3$. 则矩形 $EFGH$ 的面积是 $4\sqrt{3}$.

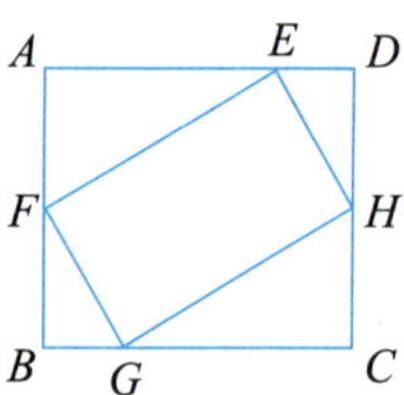

(1)$BG:BF=1:2$.

(2)$AB=EF$.

专项冲刺 5　答案详解

答案速查

1～5　(D)(D)(B)(D)(B)	6～10　(D)(D)(D)(B)(D)	11～15　(D)(C)(A)(B)(D)
16～20　(C)(B)(D)(B)(A)	21～25　(A)(C)(C)(A)(A)	26～30　(D)(A)(A)(D)(B)
31～35　(A)(C)(C)(B)(D)	36～40　(B)(D)(D)(B)(C)	41　(B)

1. (D)

【解析】易知 DE，DF，EF 都是$\triangle ABC$ 的中位线．

条件(1)：$\triangle ABC$ 的周长$=AB+AC+BC=2EF+2DE+2DF=2\times\triangle DEF$ 的周长，充分．

条件(2)：$\triangle ADF$ 的周长$=AD+AF+DF=EF+DE+DF=\triangle DEF$ 的周长，充分．

2. (D)

【解析】设两个圆柱的底面半径分别为 r_1，r_2，高分别为 h_1，h_2，体积分别为 V_1，V_2.

两个圆柱的侧面积相等，则 $2\pi r_1h_1=2\pi r_2h_2\Rightarrow r_1h_1=r_2h_2\Rightarrow\frac{r_1}{r_2}=\frac{h_2}{h_1}$，它们的体积之比为

$$\frac{V_1}{V_2}=\frac{\pi r_1^2h_1}{\pi r_2^2h_2}=\left(\frac{r_1}{r_2}\right)^2\cdot\frac{h_1}{h_2}=\frac{r_1}{r_2}=\frac{h_2}{h_1}.$$

故两个条件单独均充分．

3. (B)

【解析】条件(1)：由两直线垂直，可得$(2+a)a+a-4=0$，解得 $a=1$ 或 $a=-4$，故条件(1)不充分．

条件(2)：由两直线平行，可得$\frac{a-2}{a}=\frac{-3}{a+2}\neq\frac{-1}{1}$，解得 $a=-4$，故条件(2)充分．

4. (D)

【解析】设圆柱底面半径为 r.

条件(1)：表面积减小 $2\pi r\times5=40\pi$，解得 $r=4$，可以计算出原来圆柱形木块的表面积 $2\pi r^2+2\pi rh$ 的值，充分．

条件(2)：体积减小 $\pi r^2\times5=80\pi$，解得 $r=4$，等价于条件(1)，充分．

5. (B)

【解析】从结论出发．集合 A 所表示的区域是直线 $y-x=0$ 及其上方区域．集合 B 所表示的区域是圆心为(a,b)、半径为 1 的圆及其内部，其面积为 π.

若 $A\cap B$ 所表示的平面图形的面积为$\frac{\pi}{2}$，恰好是圆面积的一半，则直线 $y-x=0$ 应该经过圆心(a,b)，可得 $b-a=0$.

故条件(1)不充分，条件(2)充分．

6. (D)

【解析】连接 O_1O_2，则有 $OO_1^2+OO_2^2=O_1O_2^2$，即 $\left(\frac{OA}{2}\right)^2+\left(OA-\frac{BC}{2}\right)^2=\left(\frac{OA}{2}+\frac{BC}{2}\right)^2$，整理得 $OA=\frac{3}{2}BC$，所以只要 OA 和 BC 知道一个即可解出另一个，两个条件为等价关系.

阴影部分的面积 $S_{阴影}=\frac{1}{4}\pi OA^2-\frac{1}{2}\pi\left(\frac{OA}{2}\right)^2-\frac{1}{2}\pi\left(\frac{BC}{2}\right)^2$. 故两个条件单独都充分.

7. (D)

【解析】从结论出发. 若圆 $(x+1)^2+y^2=4$ 与圆 $(x-a)^2+y^2=1$ 相交，则有 $|r_1-r_2|<O_1O_2<r_1+r_2$，即 $2-1<\sqrt{(a+1)^2+0}<2+1$，整理得 $1<|a+1|<3$，解得 $0<a<2$ 或 $-4<a<-2$. 故两个条件都充分.

8. (D)

【解析】设长方体过一个顶点的三条棱长分别为 a，b，c. 已知长方体内接于球，故长方体的体对角线=球的直径.

条件(1)：已知 a，b，c，则长方体的体对角线为 $\sqrt{a^2+b^2+c^2}$，球的半径为 $\frac{\sqrt{a^2+b^2+c^2}}{2}$，半径能确定，故能确定球的体积，充分.

条件(2)：已知 ab，bc，ac，则能求出 a，b，c 的值，等价于条件(1)，充分.

9. (B)

【解析】条件(1)：整理得 $y\geqslant x^2-2$，x，y 都可以取无穷大，故 $x+y$ 没有最大值，条件(1)不充分.

条件(2)：整理得 $(x-1)^2+(y-1)^2\leqslant 1$，表示点在以(1，1)为圆心、1 为半径的圆上或圆内. 令 $x+y=c$，则 $y=-x+c$，$x+y$ 的最大值可转化为直线 $y=-x+c$ 在 y 轴上截距的最大值. 当直线与圆相切时，截距取得最值，即圆心到直线的距离 $d=\frac{|1+1-c|}{\sqrt{2}}=1$，解得 $c=2\pm\sqrt{2}$，则 c 的最大值为 $2+\sqrt{2}$，即 $x+y$ 的最大值为 $2+\sqrt{2}$，条件(2)充分.

10. (D)

【解析】在菱形 $ABCD$ 中，$AB=BC$，又 E，F 分别是其中点，则有 $BE=BF=\frac{1}{2}AB$，故 $AB=2EF\Leftrightarrow BE=BF=EF\Leftrightarrow\triangle BEF$ 是等边三角形 $\Leftrightarrow\angle ABC=60°$，即两个条件为等价关系.

条件(1)：如图所示，连接 AC 和 BD，交于点 O. 由中位线的性质和菱形的性质，可知 $EH=\frac{1}{2}BD=BO$，$EF=\frac{1}{2}AC=AO$. 在等边三角形 ABC 中，$BO=\sqrt{3}AO\Rightarrow EH=\sqrt{3}EF$，条件(1)充分.

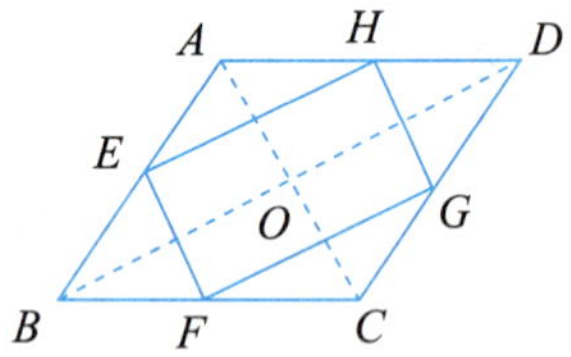

两个条件等价，故条件(2)也充分.

11. (D)

【解析】已知长和宽之比、宽和高之比，就可以知道三者之比，设长：宽：高 $=a:b:c$，长为 ak，宽为 bk，高为 $ck(k>0)$，则体积为 $abck^3$.

条件(1)：长方体的表面积为 $2(abk^2+bck^2+ack^2)=2k^2(ab+bc+ac)$，该式结果已知，且 a，b，c 已知，则能求出 k 的值，故能求出体积 $abck^3$ 的值，充分．

条件(2)：长方体的棱长之和为 $4(ak+bk+ck)=4k(a+b+c)$，该式结果已知，且 a，b，c 已知，则能求出 k 的值，故能求出体积 $abck^3$ 的值，充分．

12.（C）

【解析】圆柱外接球的直径＝圆柱的体对角线．

条件(1)：只知底面直径，不知圆柱的高，求不出圆柱的体对角线，不充分．

条件(2)：没有具体的数据，不充分．

联合两个条件，设底面直径为 $2r$，则高为 $2r$，圆柱的体对角线长为 $2\sqrt{2}r$，则圆柱外接球半径为$\sqrt{2}r$，表面积为 $4\pi(\sqrt{2}r)^2=8\pi r^2$，联合充分．

13.（A）

【解析】设⊙A 与射线 OP 的切点为 D，连接 AD. 因为$\angle POQ=30°$，故 $OA=2AD=4$.

若两圆相交，则 $3-2<AB<3+2$，又 $AB=|OA-OB|$，可解得 $0<OB<3$ 或 $5<OB<9$.

故条件(1)充分，条件(2)不充分．

14.（B）

【解析】从结论出发．

方法一：联立两直线方程 $\begin{cases}ax+y-4=0,\\x-y-2=0,\end{cases}$ 解得交点坐标为 $\begin{cases}x=\dfrac{6}{a+1},\\y=\dfrac{4-2a}{a+1},\end{cases}$ 若结论成立，则 $\begin{cases}\dfrac{6}{a+1}>0,\\\dfrac{4-2a}{a+1}>0,\end{cases}$ 解得 $-1<a<2$. 故条件(1)不充分，条件(2)充分．

方法二：图像法．

直线 $ax+y-4=0$ 的斜率为 $-a$，恒过定点 $A(0,4)$.

如图所示，直线 $ax+y-4=0$ 的临界位置为与直线 $x-y-2=0$ 平行，即斜率为 1. 顺时针旋转至过点 $B(2,0)$的过程中均符合题意，此时斜率为 -2.

故当 $-2<-a<1$，即 $-1<a<2$ 时，直线 $ax+y-4=0$ 与直线 $x-y-2=0$ 的交点位于第一象限．故条件(1)不充分，条件(2)充分．

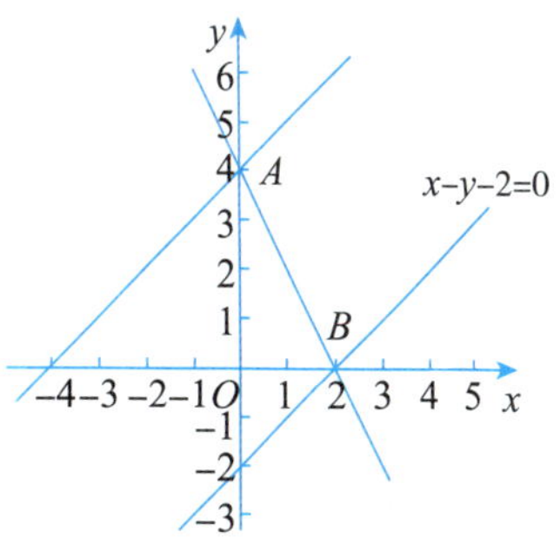

15.（D）

【解析】设扇形的半径为 r，弧长为 l，圆心角为 α.

条件(1)：已知扇形周长为 $c=2r+l$，则扇形面积为

$$S=\frac{1}{2}rl=\frac{1}{4}\times 2rl\leqslant\frac{1}{4}\times\left(\frac{2r+l}{2}\right)^2=\frac{1}{4}\times\left(\frac{c}{2}\right)^2=\frac{c^2}{16},$$

故面积最大值为$\dfrac{c^2}{16}$，条件(1)充分．

条件(2)：扇形的弧长 $l=\frac{\alpha}{360}\cdot 2\pi r$，扇形的弧长和圆心角已知，则半径可求出．又扇形的面积为 $\frac{1}{2}lr$，其中弧长和半径均已知，则扇形的面积可唯一确定，该定值即为面积的最大值，故条件(2)充分．

【易错警示】有同学纠结条件(2)，误认为定值不是最值．但实际上对于常值函数，也就是 $f(x)=c$ 而言，数学上规定 $f(x)_{\max}=f(x)_{\min}=c$．

16.(C)

【解析】从结论出发．若直线 l 上存在一点 P，使得 $|OP|=1$，则原点 O 到直线 l 的距离应小于等于 1，即 $\frac{|-2k+1|}{\sqrt{k^2+1}}\leqslant 1$，解得 $0\leqslant k\leqslant \frac{4}{3}$．

故两个条件单独均不充分，联合充分．

17.(B)

【解析】条件(1)：只知水桶底面直径，没有任何与水有关的信息，显然不充分．

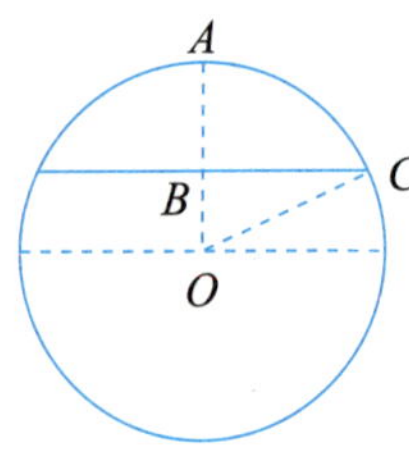

条件(2)：如图所示，已知水面的宽度和水面与水桶最高点的距离，即已知 BC，AB. 设水桶底面半径为 R，则有

$$BC^2+BO^2=OC^2\Rightarrow BC^2+(R-AB)^2=R^2,$$

方程中只有一个未知数，故能求出 R 的值，而水深为 $2R-AB$，故能确定水深，条件(2)充分．

18.(D)

【解析】条件(1)：由射影定理，可得 $BC^2=BD\cdot AB=BD\cdot(AD+BD)$，则 $BC=\sqrt{BD\cdot(AD+BD)}$，故条件(1)充分．

条件(2)：由射影定理，可得 $CD^2=AD\cdot BD$，因此 AD 和 CD 已知，就能确定 BD，和条件(1)等价，故条件(2)也充分．

19.(B)

【解析】由沙漏模型可知 $\triangle APB\backsim\triangle EPD$，相似比为 $2:1$，则 $BP:BD=2:(2+1)=2:3$；由金字塔模型可知 $\triangle BQP\backsim\triangle BCD$，则 $PQ:DC=BP:BD=2:3$.

故 $PQ=\frac{2}{3}DC=\frac{2}{3}AB$，即 PQ 的长与 AB 有关，与 AD 无关．故条件(1)不充分，条件(2)充分.

20.(A)

【解析】设点 $A(a,b)$，$B(0,-2)$，则 $a^2+(b+2)^2$ 可以看成 A，B 两点距离的平方．

条件(1)：方程 $a^2+b^2-4a+3=0$ 整理得 $(a-2)^2+b^2=1$，则点 A 是圆 C：$(x-2)^2+y^2=1$ 上一点．点 B 在圆 C 外，则 $|AB|_{\max}=|BC|+r=2\sqrt{2}+1$，$|AB|_{\min}=|BC|-r=2\sqrt{2}-1$，所以 $a^2+(b+2)^2$ 的最大值为 $(2\sqrt{2}+1)^2$，最小值为 $(2\sqrt{2}-1)^2$．条件(1)充分．

条件(2)：方程 $a^2+b-4a+3=0$ 整理得 $b=-a^2+4a-3$，即点 A 是抛物线 $y=-x^2+4x-3$ 上一点，开口向下，故点 A 的纵坐标可以趋于负无穷，则 $|AB|$ 没有最大值，所以 $a^2+(b+2)^2$ 没有最大值，条件(2)不充分．

21. (A)

【解析】根据题意，圆 O 是 $\triangle ABC$ 的内切圆，则有 $AE=AF$，$BD=BF$，$CD=CE$. 圆 O 的半径 $r=3$，$S_{\triangle ABC}=rp=3\times\frac{1}{2}(AB+BC+AC)$，由此可得，若能确定 $\triangle ABC$ 的周长，即可确定 $\triangle ABC$ 的面积.

条件(1)：$AE=AF$，$BC=CD+BD=CE+BF$，故 $\triangle ABC$ 的周长 $=2(AE+BC)$，则能确定 $\triangle ABC$ 的面积，条件(1)充分.

条件(2)：只知 CE，无法确定 $\triangle ABC$ 的周长，故无法确定 $\triangle ABC$ 的面积，条件(2)不充分.

22. (C)

【解析】从结论出发. 若圆与坐标轴有 4 个交点，则圆与 x 轴和 y 轴各有 2 个交点，即圆心到两坐标轴的距离均小于半径，故有

$$\begin{cases}\left|\dfrac{a}{2}\right|<\sqrt{\dfrac{a^2+b^2-4}{4}},\\ \left|\dfrac{b}{2}\right|<\sqrt{\dfrac{a^2+b^2-4}{4}}\end{cases}\Rightarrow\begin{cases}b^2>4,\\ a^2>4.\end{cases}$$

故两个条件单独皆不充分，联合充分.

23. (C)

【解析】从结论出发. $\frac{y}{x}$ 可看作 $\triangle ABC$ 上的点 $P(x, y)$ 与原点连线的斜率. 易知 $k_{OA}=\frac{3}{2}$，$k_{OB}=\frac{1}{2}$，若结论成立，则点 $C(m, 6)$ 的临界位置应在直线 OA 和直线 OB 上，如图所示. 当点 $C(m, 6)$ 在直线 OA 上时，有 $\frac{6}{m}=\frac{3}{2}\Leftrightarrow m=4$；当点 $C(m, 6)$ 在直线 OB 上时，有 $\frac{6}{m}=\frac{1}{2}\Leftrightarrow m=12$. 故 $4\leqslant m\leqslant 12$.

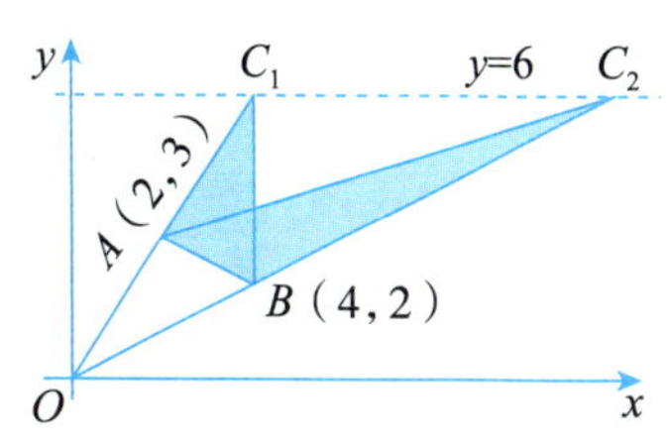

观察条件可知，两个条件单独皆不充分，联合充分.

24. (A)

【解析】设正方形纸片的边长为 a，正方形 $OPQR$ 的边长为 b. 则长方形纸片的长为 $a+b$，宽为 $a-b$.

条件(1)：设平行四边形 $KLMN$ 的面积为 S，则有

$$a^2+b^2+(a+b)(a-b)=2a^2=S\Rightarrow a^2=\frac{S}{2}.$$

故正方形纸片的面积为 $\frac{S}{2}$，条件(1)充分.

条件(2)：已知 $(a+b)(a-b)=a^2-b^2$ 的值，b 的值不确定，求不出 a^2 的值，条件(2)不充分.

25. (A)

【解析】结论可看作点 (x, y) 在圆 C：$x^2+(y-2)^2=1$ 上或圆外，可利用数形结合思想.

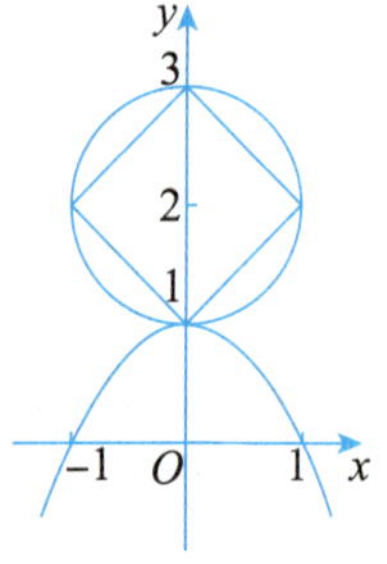

条件(1)：方程可看作二次函数 $y=-x^2+1$ 的图像．画图可知，该抛物线和圆仅有一个交点，即抛物线的顶点，如图所示，抛物线上的点都在圆 C 上或圆外，条件(1)充分．

条件(2)：方程表示中心为(0，2)，边长为$\sqrt{2}$的正方形，如图所示，正方形上的点都在圆 C 上或圆内，条件(2)不充分．

26.(D)

【解析】易知 $AC=BC=r=2$，则 $AB=2\sqrt{2}=\sqrt{2}AC\Leftrightarrow\triangle ABC$ 为等腰直角三角形，两个条件为等价关系．

条件(1)：圆心(1，1)到直线 l 的距离 $d=\frac{|a+1-2|}{\sqrt{a^2+1}}=\frac{|a-1|}{\sqrt{a^2+1}}$.

由弦长公式，可得 $AB=2\sqrt{r^2-d^2}=2\sqrt{4-d^2}=2\sqrt{2}\Rightarrow d^2=2$，故有 $d^2=\frac{(a-1)^2}{a^2+1}=2$，解得 $a=-1$，能确定 a 的值，故条件(1)充分．两个条件等价，故条件(2)也充分．

27.(A)

【解析】条件(1)：等腰梯形为轴对称图形，故$\angle BAC=\angle ABD=30°$．又 $AC\perp BC$，则有 $\angle CBA=60°$，故$\angle CBD=\angle CBA-\angle OBA=60°-30°=30°$，故$\frac{OB}{CO}=2\Rightarrow\frac{OB}{DO}=2$，所以$\frac{S_{\triangle AOB}}{S_{\triangle COD}}=\left(\frac{OB}{DO}\right)^2=4$. 条件(1)充分．

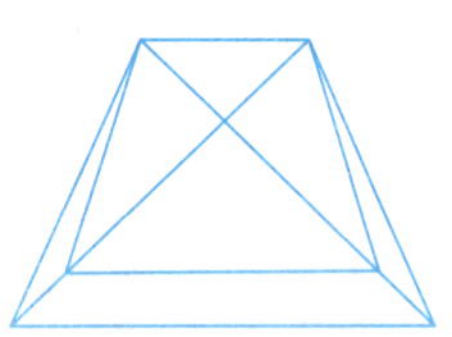

条件(2)：因为梯形是等腰梯形，$\angle ABD=45°$，则$\angle CAB=45°$，故$\angle AOB=90°$，$AC\perp BD$，即梯形两条对角线互相垂直．此时 AB 与 CD 的比值无法确定，如图所示．故无法确定$\triangle AOB$ 和$\triangle COD$ 的面积比，条件(2)不充分．

28.(A)

【解析】条件(1)：由 $DE=\frac{1}{2}CD$，可得$\frac{DE}{CE}=\frac{1}{3}$，$\triangle DEF\backsim\triangle CEB$，面积比等于相似比的平方，则$\frac{S_{\triangle DEF}}{S_{\triangle CEB}}=\frac{1}{9}\Rightarrow S_{\triangle CEB}=18\Rightarrow S_{四边形DFBC}=16$.

$\frac{DE}{AB}=\frac{DE}{CD}=\frac{1}{2}$，$\triangle DEF\backsim\triangle ABF$，则$\frac{S_{\triangle DEF}}{S_{\triangle ABF}}=\frac{1}{4}\Rightarrow S_{\triangle ABF}=8$.

故平行四边形的面积为 $S_{平行四边形ABCD}=S_{\triangle ABF}+S_{四边形DFBC}=8+16=24$，条件(1)充分．

条件(2)：易知$\triangle CEB\backsim\triangle ABF$，由 $AB=AF$ 可得 $BC=EC$. 但是不知 AF 与 FD 的比值，故求不出相似比，则求不出面积，条件(2)不充分．

29.(D)

【解析】已知 AG，可以求出 HG，由 $GF=HG$ 进而可以求出 DG，反之亦然，故两个条件可以相互推导，是等价关系．

条件(1)：令 $AG=a$. 因为$\triangle AGH$ 是等腰直角三角形，则 $AH=GH=\frac{a}{\sqrt{2}}$. 因为 $AH=HG=$

$HJ=JC$，则 $AC=3AH=\frac{3a}{\sqrt{2}}$，$AB=\frac{3a}{2}$. 又$\triangle AEI$ 也是等腰直角三角形，则 $AE=EI=EB=\frac{3}{4}a$. 因此 $S_1+S_2=\left(\frac{3}{4}a\right)^2+\left(\frac{a}{\sqrt{2}}\right)^2=\frac{17}{16}a^2$，条件(1)充分．故条件(2)也充分．

30. (B)

【解析】圆 O_1 的圆心为$(m,\ -2)$，半径为 $r_1=3$；圆 O_2 的圆心为$(-n,\ -2)$，半径为 $r_2=1$. 两圆的圆心距 $d=|m+n|$.

条件(1)：两圆内切，则 $|m+n|=2$，由柯西不等式，得 $2(m^2+n^2)\geqslant(m+n)^2=4$，故$m^2+n^2\geqslant2$. 条件(1)不充分．

条件(2)：两圆外切，则 $|m+n|=4$，同理得 $2(m^2+n^2)\geqslant(m+n)^2=16$，故 $m^2+n^2\geqslant8$. 条件(2)充分．

31. (A)

【解析】设 $AB=x$，$BC=y$，$CC_1=z$，则 $AE^2=x^2+y^2+\left(\frac{z}{2}\right)^2$.

条件(1)：已知 xyz，则 $AE^2=x^2+y^2+\left(\frac{z}{2}\right)^2\geqslant3\sqrt[3]{x^2\cdot y^2\cdot\left(\frac{z}{2}\right)^2}=3\sqrt[3]{\frac{1}{4}(xyz)^2}$，当且仅当 $x=y=\frac{z}{2}$时等号成立，则 AE 的最小值为$\sqrt{3\sqrt[3]{\frac{1}{4}(xyz)^2}}=\sqrt{3}\sqrt[3]{\frac{1}{2}xyz}$，故条件(1)充分．

条件(2)：已知 AC 的长，则已知 x^2+y^2 的值，而 $AE^2=x^2+y^2+\left(\frac{z}{2}\right)^2$，不清楚 z 的情况，故求不出 AE 的最小值，条件(2)不充分．

32. (C)

【解析】条件(1)：不清楚两个截面位于球心同侧还是异侧，不充分．

条件(2)：两个截面面积相等，显然位于球心异侧，且球心到两截面的距离相等，但是不知道任何具体的数值，无法确定球的表面积，不充分．

联合两个条件，设两个截面的半径为 r，面积为 S，两个截面的距离为 d，球的半径为 R，则有

$$\begin{cases}S=\pi r^2,\\ r^2+\left(\frac{d}{2}\right)^2=R^2\end{cases}\Rightarrow R^2=\frac{S}{\pi}+\frac{d^2}{4},$$

故球的表面积为 $4\pi R^2=4S+\pi d^2$，两个条件联合充分．

33. (C)

【解析】变量缺失型互补关系．两个条件缺一不可，显然需要联合．

联合两个条件．直线可化为$(x-2)k-y+2=0$，易知直线过定点 $M(2,\ 2)$. 将点 M 代入圆的方程中可得$(2-2)^2+(2-3)^2=1<9$，则点 M 在圆内．画图易知，连接圆心和定点，当直线被圆所截得的弦 AB 与圆心和定点连线垂直时，弦 AB 取得最小值．易知 $CM=1$，根据弦长公式可得 $AB=2\sqrt{r^2-CM^2}=2\times\sqrt{3^2-1^2}=4\sqrt{2}$，联合充分．

34. (B)

【解析】圆的方程可化为$(x-2)^2+(y-1)^2=2$，圆心为(2，1)，半径为$\sqrt{2}$.

条件(1)：直线被圆截得的弦长为$2\sqrt{2}$，等于直径，故直线过圆心(2，1)．又因为直线经过点(1，0)，则可得该直线方程为$y=x-1$，其在y轴上的截距为-1，故条件(1)不充分．

条件(2)：方法一：易知点(1，0)在圆上，故其为直线l与圆的切点．圆心(2，1)与点(1，0)所在直线的斜率为$\frac{1-0}{2-1}=1$，故直线l的斜率为-1，直线方程为$y=-x+1$，其在y轴上的截距为1，条件(2)充分．

方法二：易知点(1，0)在圆上，过圆上一点的切线方程为$(x-2)(1-2)+(y-1)(0-1)=2$，即$y=-x+1$，其在y轴上的截距为1，条件(2)充分．

35. (D)

【解析】圆的标准方程式为$(x-2)^2+(y-2)^2=1$，半径为$r=1$，若直线与圆相切，则圆心到直线的距离等于半径．易知，光线l与反射光线关于x轴对称，$f(x,\ y)=0$关于x轴的对称方程为$f(x,\ -y)=0$.

条件(1)：直线$3x+4y-3=0$关于x轴对称的直线方程为$3x-4y-3=0$.

圆$(x-2)^2+(y-2)^2=1$的圆心(2，2)到直线$3x-4y-3=0$的距离$d=\frac{|3\times2-4\times2-3|}{\sqrt{3^2+(-4)^2}}=1=r$，因此反射光线与圆相切，故条件(1)充分．

条件(2)：直线$4x+3y+3=0$关于x轴对称的直线方程为$4x-3y+3=0$.

圆$(x-2)^2+(y-2)^2=1$的圆心(2，2)到直线$4x-3y+3=0$的距离$d=\frac{|4\times2-3\times2+3|}{\sqrt{4^2+(-3)^2}}=1=r$，因此反射光线与圆相切，故条件(2)充分．

36. (B)

【解析】两个条件中$2AD$和AB有相反的大小关系，显然两个条件为矛盾关系．

条件(1)：举反例，假设DE无限逼近BC，则S_2无限趋近于0，显然不满足$3S_1<2S_2$，条件(1)不充分.

条件(2)：易知$\triangle ADE\backsim\triangle ABC$，则$\frac{S_{\triangle ABC}}{S_{\triangle ADE}}=\frac{S_1+S_2+S_{\triangle BDE}}{S_1}=\left(\frac{AB}{AD}\right)^2$，又$\frac{AB}{AD}>2$，故$\frac{S_1+S_2+S_{\triangle BDE}}{S_1}>4\Rightarrow S_1+S_2+S_{\triangle BDE}>4S_1\Rightarrow S_2+S_{\triangle BDE}>3S_1$. 因为$DE<BC$，则有$S_{\triangle BDE}<S_2$，故$S_2+S_{\triangle BDE}<2S_2$，即$3S_1<S_2+S_{\triangle BDE}<2S_2$，条件(2)充分．

37. (D)

【解析】条件(1)：圆的标准方程为$(x-1)^2+(y-1)^2=4$，圆心为(1，1)，半径为2，圆心到直线的距离为$d=\frac{|k-1|}{\sqrt{k^2+1}}$. 圆上至少有三个点到直线距离为1，即有三个点或四个点到直线的距离为1，则有$r-d\geqslant1$，即$2-\frac{|k-1|}{\sqrt{k^2+1}}\geqslant1$，解得$k\geqslant0$，故条件(1)充分．

条件(2)：圆的标准方程为$(x+1)^2+(y+1)^2=4$，圆心为$(-1,\ -1)$，半径为2，圆心到直线的距离为$d=\frac{|-k+1|}{\sqrt{k^2+1}}=\frac{|k-1|}{\sqrt{k^2+1}}$，等价于条件(1)，故条件(2)也充分．

38.（D）

【解析】条件(1)：由$|PA|=2|PB|$，得$(x+3)^2+(y-4)^2=4(x+3)^2+4(y-1)^2$，整理得$(x+3)^2+y^2=4$，此为动点$P(x, y)$的轨迹方程．

$(x-1)^2+(y-t)^2$可以看成动点$P(x, y)$与直线$x=1$上动点$Q(1, t)$的距离的平方，其最小值为圆心$M(-3, 0)$到直线$x=1$的距离减去圆的半径 2，即$|PQ|\geqslant 4-2=2$，故$(x-1)^2+(y-t)^2\geqslant 4$，条件(1)充分．

条件(2)：由$|PB|=2|PA|$，得$(x+3)^2+(y-1)^2=4(x+3)^2+4(y-4)^2$，整理得$(x+3)^2+(y-5)^2=4$，此为动点$P(x, y)$的轨迹方程．圆心$M(-3, 5)$到直线$x=1$的距离为 4，圆的半径为 2，即$|PQ|\geqslant 4-2=2$，因此$(x-1)^2+(y-t)^2\geqslant 4$，条件(2)也充分．

39.（B）

【解析】令大圆半径为R，两个小圆半径分别为r_1，r_2，则有$2R=2r_1+2r_2$，且

$$S_{阴影}=\pi R^2-\pi r_1^2-\pi r_2^2=\pi(r_1+r_2)^2-\pi r_1^2-\pi r_2^2=2\pi r_1 r_2.$$

条件(1)：记$CD=a$，则$r_1+r_2=\frac{a}{2}$，但是无法确定r_1r_2的值，条件(1)不充分．

条件(2)：连接AD，AC. 记$AB=b$，则$AM=\frac{b}{2}$. 易知$\angle CAD=90^\circ$，又$AB\perp CD$，根据射影定理，可得$AM^2=DM\cdot CM=2r_1\cdot 2r_2=4r_1r_2$，因此$S_{阴影}=2\pi r_1r_2=\frac{b^2}{8}\pi$，条件(2)充分.

40.（C）

【解析】条件(1)：由$DF=DC$可知，D是CF的中点，但是F点的位置不确定，故无法确定$\triangle ACF$和$\triangle CFB$的面积比，不充分．

条件(2)：同理可得，F点的位置不确定，故无法确定$\triangle ACF$和$\triangle CFB$的面积比，不充分．

联合两个条件．连接BD. 设$S_{\triangle CED}=1$，则由等面积模型知$S_{\triangle CDA}=2$，$S_{\triangle ADF}=2$. 设$S_{\triangle EDB}=x$，则$S_{\triangle BDF}=S_{\triangle CBD}=x+1$，$S_{\triangle BDA}=2x$. 因为$S_{\triangle BDA}=S_{\triangle BDF}+S_{\triangle ADF}$，则$2x=x+1+2$，解得$x=3$. 故$S_{\triangle BDF}=S_{\triangle CBD}=x+1=4$，$\frac{S_{\triangle ACF}}{S_{\triangle CFB}}=\frac{S_{\triangle ADF}}{S_{\triangle BDF}}=\frac{1}{2}$，两个条件联合充分．

41.（B）

【解析】因为$FG=2$，故“矩形$EFGH$的面积是$4\sqrt{3}$”的等价结论为“$GH=2\sqrt{3}$”.

条件(1)：设$BG=x$，$BF=2x$，则在$\mathrm{Rt}\triangle BFG$中，有$x^2+(2x)^2=2^2$，解得$x=\frac{2}{\sqrt{5}}$(负根舍掉)，故$BF=\frac{4}{\sqrt{5}}$. 易知$\mathrm{Rt}\triangle BFG\backsim\mathrm{Rt}\triangle CGH$，则$\frac{FB}{GC}=\frac{FG}{GH}\Rightarrow GH=\frac{3\sqrt{5}}{2}$. 故条件(1)不充分．

条件(2)：设$AB=EF=GH=y$. 易知$\frac{FB}{GC}=\frac{FG}{GH}\Rightarrow\frac{FB}{3}=\frac{2}{y}\Rightarrow FB=\frac{6}{y}\Rightarrow AF=y-\frac{6}{y}$. 显然$\triangle AFE\cong\triangle CHG\Rightarrow AE=CG=3$. 在$\mathrm{Rt}\triangle AFE$中，$AF^2+AE^2=EF^2\Rightarrow\left(y-\frac{6}{y}\right)^2+3^2=y^2$，解得$y=2\sqrt{3}$(负根舍掉)，即$GH=2\sqrt{3}$，故条件(2)充分．

专项冲刺6 数据分析

1. 数据 $2x_1-2$，$2x_2-2$，…，$2x_n-2$ 的标准差为 8.

(1)数据 x_1，x_2，…，x_n 的标准差为 4.

(2)数据 $\frac{x_1}{2}-1$，$\frac{x_2}{2}-1$，…，$\frac{x_n}{2}-1$ 的方差为 4.

2. 某小组共有 7 名运动员，现需从男运动员中挑出 2 人，女运动员中挑出 1 人，分别参加三种运动项目．则共有 72 种不同选法．

(1)男运动员有 3 人．

(2)女运动员有 4 人．

3. 甲、乙、丙三位同学进行投篮测试，投不中的概率分别为 0.1，0.1，0.2. 则 $P=0.026$.

(1)恰好有两位同学投不中的概率为 P.

(2)有两位同学投不中，其中一位是乙的概率为 P.

4. 已知一组数据 x，y，30，29，31. 则能确定 $|x-y|$ 的值．

(1)这组数据的平均数为 30.

(2)这组数据的方差为 2.

5. 已知 4 名同学参加 3 项不同的竞赛．则 $p>q$.

(1)每名同学都参加一项竞赛，有 p 种不同的结果．

(2)每项竞赛只允许有一名同学参加，有 q 种不同的结果．

6. 从 8 人中选 4 人参加 4×100 米接力赛．则 $P=\frac{3}{28}$.

(1)甲、乙 2 人都被选中且必须跑相邻两棒的概率为 P.

(2)甲、乙 2 人都被选中且不能跑相邻两棒的概率为 P.

7. 甲、乙去某公司应聘，该公司的面试方案为：应聘者从 6 道备选题中一次性随机抽取 3 道题，至少正确完成 2 道题才可以通过面试．则甲通过面试的概率较大．

(1)应聘者甲只能正确完成 4 道题．

(2)应聘者乙每题正确完成的概率都是 $\frac{2}{3}$.

8. $(ax+1)^8$ 的展开式中，x^2 的系数与 x^3 的系数相等．

(1)$a=2$.

(2)$a=\frac{1}{2}$.

9. 从集合 A 中任取三个不同元素．则这三个元素能构成直角三角形三边长的概率为$\frac{1}{10}$.

(1)$A=\{3, 4, 5, 6, 8, 10\}$.

(2)$A=\{5, 6, 8, 10, 12, 13\}$.

10. 某人投篮五次，每次投篮相互独立．则能确定他投篮命中的概率．

(1)投进一次的概率和投进两次的概率相等．

(2)投进三次的概率和投进四次的概率相等．

11. 某校从高三年级参加期末考试的学生中抽出 60 人，其成绩(均为整数)的频率分布直方图如图所示．从成绩是 80 分及以上的学生中选 m 人．则他们不都在同一分数段的概率小于$\frac{1}{2}$.

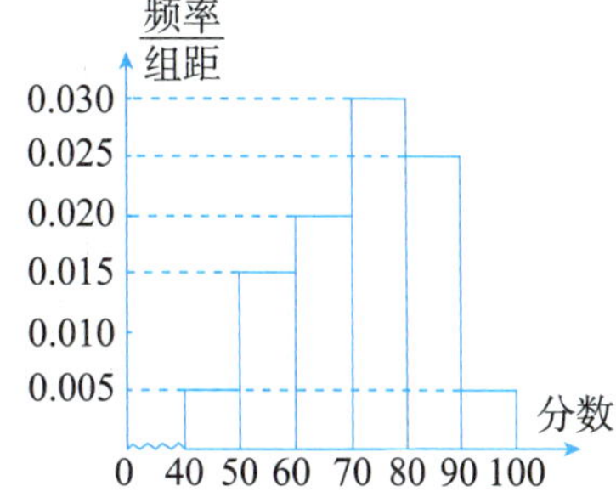

(1)$m=2$.

(2)$m=3$.

12. 甲、乙、丙等 6 人排成一排．则有 144 种不同的排队方法．

(1)甲、乙、丙互不相邻．

(2)甲、乙相邻且都和丙不相邻．

13. 将若干个相同的小球放入 4 个不同的盒子．则有 84 种不同的方法．

(1)共有 10 个小球，每个盒子至少放 1 个．

(2)共有 6 个小球．

14. 已知 10 件产品中可能存在次品，从中抽取 2 件检查．则能确定这 10 件产品的次品率．

(1)抽取的 2 件产品中，有 1 件次品的概率是$\frac{16}{45}$.

(2)该产品的次品率不超过 40%.

15. 将 4 个不同口味的蛋糕分给甲、乙、丙三人．则不同的分法有 24 种．

(1)每人至少分 1 个．

(2)甲恰好分到 1 个．

16. 甲、乙两人共同破解一台保险箱的密码，两人破解密码的结果相互独立．则能确定密码能被成功破解的概率．

(1)已知甲、乙至多一人能够成功破解的概率和甲、乙都能成功破解的概率．

(2)已知甲、乙都不能成功破解的概率．

17. 袋子中有 6 个红球，4 个白球，甲、乙两人依次不放回地取球，甲先取 n 个球，乙再取 1 个球，乙取到白球的概率为 P. 则 $P<\frac{1}{2}$.

(1)$n=1$.

(2)$n=2$.

18. 现有 5 张奖券，只有 1 张有奖，某人连续抽三次．则中奖的概率比不中奖的概率大．

(1)每次抽完后将奖券放回．

(2)每次抽完后奖券不放回．

19. 已知 a，b，c，d，e 是 5 个整数．则能确定这 5 个数的方差．

(1)a，b，c，d，e 为等差数列，且公差已知．

(2)已知 c 的值．

20. 有 7 名大学生志愿者，每人至少会英语和日语中的一种语言，现从中选派 2 人担任日语翻译、2 人担任英语翻译．则不同的选派方法有 37 种．

(1)会英语的有 5 人．

(2)会日语的有 4 人．

21. 现有 6 套不同的衣服，全部分给三个人，每人至少分得 1 套．则总分法数不少于 400.

(1)每人分得的套数都不同．

(2)每人分得的套数不完全相同．

22. 将 5 个小球放入 3 个不同的盒子，每个盒子至少有一个小球．则不同的分配方法有 150 种．

(1)5 个小球完全相同．

(2)5 个小球互不相同．

23. 某生产线有 6 名男员工和 4 名女员工，其中有男、女组长各 1 名，现需调派 5 名员工前往新生产线．则共有 191 种不同的选派方案．

(1)至少选派一名组长．

(2)选派的人中至少有一名女员工，也要有组长．

24. 从 1 到 7 这 7 个自然数中，任取 3 个奇数，2 个偶数．则能组成 144 个无重复数字的五位数．

(1)3 个奇数相邻．

(2)2 个偶数相邻且位于 3 个奇数之前．

25. 若事件 A 和事件 B 相互独立．则能确定事件 A 和事件 B 同时发生的概率．

(1)已知事件 A 和事件 B 至少发生一个的概率．

(2)已知事件 A 和事件 B 仅有一个发生的概率．

26. 反复抛掷一枚质地均匀的色子，每一次抛掷后均记录正面向上的点数，当记录有 3 个不同的点数时即停止抛掷．则$\frac{P}{Q}<\frac{5}{6}$.

(1)至多抛掷 4 次的结果数为 P.

(2)恰好抛掷 5 次的结果数为 Q.

27. 现有六个数字．则可以组成 42 个不同的六位偶数．

(1)有一个 0，两个 1，三个 2.

(2)有两个 0，两个 1，两个 2.

28. 由 1，2，3，4，5，6 组成无重复数字的六位数．则能组成 108 个不同的奇数．

(1)2 与 4 不相邻．

(2)4 与 6 不相邻．

29. 盒中原有红球和黑球若干，现随机从中取出一个，观察其颜色后放回，并加上若干个同色球，再从盒中随机取出一个球．则能确定第二次抽出黑球的概率．

(1)已知盒中原有红球的个数和黑球的个数．

(2)已知第一次取球后新加上的同色球的个数．

30. 用红、黄、蓝三种颜色给如图所示的六个相连的圆涂色，且相邻两个圆所涂颜色不能相同．则不同涂色方案的种数不小于 30.

(1)每种颜色涂两个圆．

(2)三种颜色所涂圆的个数互不相同．

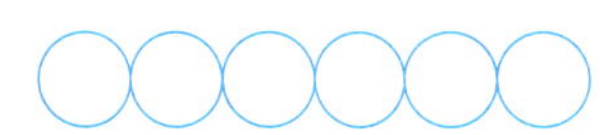

专项冲刺 6 答案详解

答案速查

1～5 (D)(D)(B)(C)(C)	6～10 (D)(C)(B)(D)(D)	11～15 (D)(D)(D)(C)(C)
16～20 (B)(D)(B)(A)(C)	21～25 (B)(B)(B)(B)(C)	26～30 (C)(B)(C)(A)(D)

1. (D)

【解析】条件(1)：数据 x_1，x_2，…，x_n 的标准差为 4，则数据 $2x_1-2$，$2x_2-2$，…，$2x_n-2$ 的标准差为 $4\times2=8$，充分．

条件(2)：数据$\frac{x_1}{2}-1$，$\frac{x_2}{2}-1$，…，$\frac{x_n}{2}-1$ 的方差为 4，则标准差为 2. 又 $2x_n-2=4\left(\frac{x_n}{2}-1\right)+2$，故数据 $2x_1-2$，$2x_2-2$，…，$2x_n-2$ 的标准差为 $2\times4=8$，充分．

2. (D)

【解析】一共有 7 名运动员，故男运动员有 3 人⇔女运动员有 4 人，两个条件是等价关系．

条件(1)：男运动员有 3 人，则女运动员有 4 人，按要求选 3 人，即 $C_3^2C_4^1$；选出的 3 人在三种项目中任意选择，为 A_3^3. 故共有 $C_3^2C_4^1A_3^3=72$(种)不同选法，条件(1)充分．两个条件等价，故条件(2)也充分．

3. (B)

【解析】条件(1)：恰好有两位同学投不中的情况有三种：①甲、乙不中，丙中：$P_1=0.1\times0.1\times0.8=0.008$；②甲、丙不中，乙中：$P_2=0.1\times0.9\times0.2=0.018$；③乙、丙不中，甲中：$P_3=0.9\times0.1\times0.2=0.018$. 故 $P=P_1+P_2+P_3=0.044$，条件(1)不充分．

条件(2)：有两位同学投不中，其中一位是乙的情况，即条件(1)中的①和③，则$P=P_1+P_3=0.026$，条件(2)充分．

4. (C)

【解析】条件(1)：$\frac{1}{5}(x+y+30+29+31)=30\Rightarrow x+y=60$，不能确定 $|x-y|$ 的值，不充分．

条件(2)：连续 5 个整数的方差为 2. 举反例，令 $x=32$，$y=33$，则 $|x-y|=1$；令 $x=28$，$y=32$，则 $|x-y|=4$. 不充分．

联合两个条件，则有$\frac{1}{5}[(x-30)^2+(y-30)^2+1+1]=2\Rightarrow(x-30)^2+(y-30)^2=8$. 将 $y=60-x$代入，得 $2(x-30)^2=8$，解得$\begin{cases}x=32,\\y=28\end{cases}$或$\begin{cases}x=28,\\y=32,\end{cases}$故 $|x-y|=4$，联合充分．

5. (C)

【解析】变量缺失型互补关系．两个条件缺一不可，需要联合．

由条件(1)可得，$p=3^4=81$；由条件(2)可得，$q=4^3=64$. 故 $p>q$，联合充分．

6.（D）

【解析】总的方法数为 A_8^4.

条件(1)：先把甲、乙 2 人看作一个元素(需内部排序)，再从除甲、乙之外的 6 人中选 2 人，和甲、乙这个整体来排序，则方法数为 $A_2^2C_6^2A_3^3$. 故 $P=\frac{A_2^2C_6^2A_3^3}{A_8^4}=\frac{3}{28}$，条件(1)充分.

条件(2)：从除甲、乙之外的 6 人中选 2 人排序，再让甲、乙来插空，则方法数为 $A_6^2A_3^2$. 故 $P=\frac{A_6^2A_3^2}{A_8^4}=\frac{3}{28}$，条件(2)也充分.

7.（C）

【解析】变量缺失型互补关系. 两个条件缺一不可，需要联合.

甲通过面试的概率为 $P_1=\frac{C_4^2\times C_2^1+C_4^3}{C_6^3}=\frac{4}{5}$；

乙通过面试的概率为 $P_2=C_3^2\left(\frac{2}{3}\right)^2\left(\frac{1}{3}\right)^1+\left(\frac{2}{3}\right)^3=\frac{20}{27}$.

显然 $P_1>P_2$，故甲通过面试的概率较大. 联合充分.

8.（B）

【解析】从结论出发. 由二项式定理，可得 x^2 项为 $C_8^2\times(ax)^2\times1^6=28a^2x^2$，$x^3$ 项为 $C_8^3\times(ax)^3\times1^5=56a^3x^3$. 若 x^2 的系数与 x^3 的系数相等，则 $28a^2=56a^3$，解得 $a=\frac{1}{2}$或 $a=0$(舍).

所以，条件(1)不充分，条件(2)充分.

9.（D）

【解析】条件(1)：能构成直角三角形的有 2 种情况，即{3，4，5}，{6，8，10}.

故任取三个元素能构成直角三角形三边长的概率为$\frac{2}{C_6^3}=\frac{1}{10}$，条件(1)充分.

条件(2)：能构成直角三角形的有 2 种情况，即{6，8，10}，{5，12，13}.

故任取三个元素能构成直角三角形三边长的概率为$\frac{2}{C_6^3}=\frac{1}{10}$，条件(2)也充分.

10.（D）

【解析】设投篮命中的概率为 P.

条件(1)：利用伯努利概型公式，可得 $C_5^1P(1-P)^4=C_5^2P^2(1-P)^3$，解得 $P=\frac{1}{3}$，充分.

条件(2)：利用伯努利概型公式，可得 $C_5^3P^3(1-P)^2=C_5^4P^4(1-P)$，解得 $P=\frac{2}{3}$，充分.

11.（D）

【解析】人越多，不都在同一分数段的概率越高，若条件(2)充分，则条件(1)一定充分，两个条件是包含关系，先算条件(2).

条件(2)：80～90 与 90～100 分数段的人数分别为 $60\times10\times0.025=15$，$60\times10\times0.005=3$.

当 $m=3$ 时，要使他们不都在同一分数段，有两种情况：①在 80～90 分数段选 2 人，在 90～100分数段选 1 人，即 $C_{15}^2C_3^1$；②在 80～90 分数段选 1 人，在 90～100 分数段选 2 人，即

$C_{15}^1C_3^2$. 从 80 分及以上的学生中任选 3 人，共有 C_{18}^3 种情况 .

故 3 名学生不都在同一分数段的概率为 $\frac{C_{15}^2C_3^1+C_{15}^1C_3^2}{C_{18}^3}=\frac{15}{34}<\frac{1}{2}$，条件(2)充分 . 故条件(1)也充分.

12. (D)

【解析】条件(1)：先排剩余 3 个人；再将甲、乙、丙插入 4 个空中，共有 $A_3^3A_4^3=144$(种)不同的排队方法 . 故条件(1)充分 .

条件(2)：先排剩余 3 个人；再将甲、乙捆绑成一个元素，且进行内部排序；最后将甲、乙这个整体和丙分别插入另外 3 个人形成的 4 个空中 . 共有 $A_3^3A_2^2A_4^2=144$(种)不同的排队方法 . 故条件(2)充分 .

13. (D)

【解析】等价关系 . 两个条件都是相同元素分配问题，其中条件(2)没有限制“至少放 1 个”，故应采用“增加元素法”，增加 4 个小球之后，也变成 10 个小球放入 4 个不同的盒子，每个盒子至少放 1 个的问题，和条件(1)完全等价 .

条件(1)：利用挡板法，可得共有 $C_9^3=84$(种)不同的方法，充分 . 因此条件(2)也充分 .

14. (C)

【解析】设 10 件产品中存在 n 件次品 .

条件(1)：抽取的 2 件产品中有 1 件次品的概率是 $\frac{C_n^1C_{10-n}^1}{C_{10}^2}=\frac{16}{45}$，化简得 $n^2-10n+16=0$，解得 $n=2$ 或 8. 故无法确定产品的次品率，条件(1)不充分 .

条件(2)：次品率不超过 40%，即 $n\leqslant 4$，无法确定 n 的值，条件(2)不充分 .

联合两个条件可知，$n=2$，故次品率为 20%，联合充分 .

15. (C)

【解析】条件(1)：每人至少分 1 个，则一定有人分到 2 个蛋糕，可先选出 2 个蛋糕为一组，即 C_4^2；再将三组蛋糕全排列，即 A_3^3. 由乘法原理得，共有 $C_4^2A_3^3=36$(种)，条件(1)不充分 .

条件(2)：甲恰好分到 1 个，则先从 4 个蛋糕中选 1 个给甲，即 C_4^1；剩下的 3 个蛋糕都有 2 种选择，即 2^3. 由乘法原理得，共有 $C_4^1\times 2^3=32$(种)，条件(2)不充分 .

联合两个条件，甲恰好分到 1 个，剩下 3 个分给乙、丙两个人，每人至少 1 个，共有 $C_4^1C_3^2A_2^2=24$(种)分法，故两个条件联合充分 .

16. (B)

【解析】设甲、乙单独成功破解密码的概率分别为 P_1，P_2.

若甲、乙两人至少有一人成功破解，则该密码能被成功破解，其对立事件为甲、乙两人都不能成功破解，故所求概率为 $1-(1-P_1)(1-P_2)=P_1+P_2-P_1P_2$.

条件(1)：甲、乙至多一人能够成功破解的概率为 $1-P_1P_2$；甲、乙都能成功破解的概率为 P_1P_2. 两个都是只能求出 P_1P_2，求不出 P_1+P_2，故条件(1)不充分 .

条件(2)：甲、乙都不能成功破解的概率为 $(1-P_1)(1-P_2)$，那么密码能被成功破解的概率为 $1-(1-P_1)(1-P_2)$，故条件(2)充分 .

17.（D）

【解析】抽签模型．在抽签模型中，先取球的人只要不取完，取多少球对后者取球的概率没有影响，故乙取到白球的概率为$\frac{4}{10}<\frac{1}{2}$，两个条件单独都充分．

18.（B）

【解析】5张奖券，1张有奖，则抽出1张中奖的概率是$\frac{1}{5}$，不中奖的概率是$\frac{4}{5}$.

条件(1)：因为每次抽完后将奖券放回，故每次抽奖的结果相互独立，中奖的概率都是$\frac{1}{5}$. 从反面思考，抽三次都不中奖的概率为$\left(\frac{4}{5}\right)^3=\frac{64}{125}>\frac{1}{2}$，说明中奖的概率小于不中奖的概率，条件(1)不充分．

条件(2)：方法一：第一次抽中奖的概率为$\frac{1}{5}$；

第二次抽中奖即第一次不能中奖，概率为$\frac{4}{5}\times\frac{1}{4}=\frac{1}{5}$；

第三次抽中奖即第一次、第二次不能中奖，概率为$\frac{4}{5}\times\frac{3}{4}\times\frac{1}{3}=\frac{1}{5}$.

故连续抽三次中奖概率为$\frac{3}{5}>\frac{1}{2}$，中奖的概率大于不中奖的概率，条件(2)充分．

方法二：相当于三次抽签模型，每次中奖的概率为$\frac{1}{5}$，故三次之内中奖的概率为$\frac{3}{5}>\frac{1}{2}$，中奖的概率大于不中奖的概率，条件(2)充分．

19.（A）

【解析】条件(1)：设a，b，c，d，e的公差为m. 由于a，b，c，d，e成等差数列，故a，b，c，d，e的平均值为c，则方差为

$$\begin{aligned}S^2&=\frac{1}{5}\times[(a-c)^2+(b-c)^2+(c-c)^2+(d-c)^2+(e-c)^2]\\&=\frac{1}{5}\times[(-2m)^2+(-m)^2+m^2+(2m)^2]\\&=\frac{1}{5}\times10m^2=2m^2,\end{aligned}$$

故条件(1)充分．

条件(2)：显然不充分．

20.（C）

【解析】变量缺失型互补关系．条件(1)不清楚会日语的人数，条件(2)不清楚会英语的人数，两个条件缺一不可，需要联合．

联合可知，有3人只会英语，2人只会日语，还有2人既会英语又会日语．

按照万能元素(既会英语又会日语的人)是否担任英语翻译进行分类讨论：

①这2个人都不担任英语翻译，有$C_3^2C_4^2=18$(种)情况；

②这2个人有1人担任英语翻译，有$C_2^1C_3^1C_3^2=18$(种)情况；

③这2个人都担任英语翻译，有$C_2^2C_2^2=1$(种)情况．

因此不同的选派方法有$18+18+1=37$(种)．联合充分．

21.(B)

【解析】包含关系．“套数不完全相同”包含“套数都不同”，则条件(1)的分法数少于条件(2)，如果条件(1)充分，那条件(2)一定充分．

条件(1)：三人分别分得1、2、3套．先分组，有$C_6^1C_5^2C_3^3=60$(种)分法；再分配，即A_3^3．故共有$60\times A_3^3=360$(种)分法，条件(1)不充分．

条件(2)：有以下两种情况：

①三人分别分得1、2、3套，有360种分法．

②三人分别分得1、1、4套．先分组，注意平均分组需要消序，有$\frac{C_6^1C_5^1C_4^4}{A_2^2}=15$(种)分法；再分配，即$A_3^3$．故共有$15\times A_3^3=90$(种)分法．

综上所述，一共有$360+90=450$(种)分法，条件(2)充分．

22.(B)

【解析】条件(1)：相同元素分配采用挡板法，共有$C_4^2=6$(种)分配方法，不充分．

条件(2)：不同元素分配采用分组分配法，有“1，2，2”和“1，1，3”两种分法，共有$\frac{C_5^1C_4^2C_2^2}{A_2^2}A_3^3+\frac{C_5^1C_4^1C_3^3}{A_2^2}A_3^3=90+60=150$(种)分配方法，充分．

23.(B)

【解析】条件(1)：分为两种情况：选派1名组长和4名组员或选派2名组长和3名组员．

故共有$C_2^1C_8^4+C_2^2C_8^3=196$(种)选派方案，条件(1)不充分．

条件(2)：分为以下两种情况：

①女组长入选，其他人任选，共有C_9^4种．

②女组长没有入选，则男组长入选，剩下的人任选，有C_8^4种选派方案，其中没有女员工的选法共有C_5^4种，故至少有一名女员工的选法为$C_8^4-C_5^4$种．

所以，不同的选派方案共有$C_9^4+(C_8^4-C_5^4)=191$(种)，条件(2)充分．

24.(B)

【解析】条件(1)：第一步，取数，共有$C_4^3C_3^2=12$(种)情况；

第二步，将3个奇数捆绑，内部排序，再和2个偶数进行全排列，共有$A_3^3A_3^3=36$(种)情况．

故能组成$12\times36=432$(个)无重复数字的五位数，条件(1)不充分．

条件(2)：第一步，取数，共有$C_4^3C_3^2=12$(种)情况；

第二步，2个偶数全排列，3个奇数全排列，且偶数在奇数之前，位置固定，共有$A_2^2A_3^3=12$(种)情况．

故能组成$12\times12=144$(个)无重复数字的五位数，条件(2)充分．

25. (C)

【解析】设事件 A 发生的概率为 P_A，事件 B 发生的概率为 P_B，则事件 A 和事件 B 同时发生的概率为 P_AP_B.

条件(1)：事件 A 和事件 B 至少发生一个的概率为

$$1-(1-P_A)(1-P_B)=P_A+P_B-P_AP_B=p_1,$$

因为 P_A+P_B 未知，故无法确定 P_AP_B，因此条件(1)不充分.

条件(2)：事件 A 和事件 B 仅有一个发生的概率为

$$P_A(1-P_B)+P_B(1-P_A)=P_A+P_B-2P_AP_B=p_2,$$

因为 P_A+P_B 未知，故无法确定 P_AP_B，因此条件(2)不充分.

联合两个条件，$\begin{cases}P_A+P_B-P_AP_B=p_1,\\P_A+P_B-2P_AP_B=p_2,\end{cases}$ 两式相减可得 $P_AP_B=p_1-p_2$，故能确定事件 A 和事件 B 同时发生的概率，联合充分.

26. (C)

【解析】变量缺失型互补关系. 两个条件缺一不可，需要联合.

条件(1)可分为两类：抛掷 3 次、抛掷 4 次.

第一类，抛掷 3 次. 从 1～6 中选 3 个点数，再全排列，即 $A_6^3=120$(种)结果.

第二类，抛掷 4 次，前 3 次出现 2 个不同的点数，第 4 次为余下 4 个点数之一. 从 1～6 中选 2 个点数 C_6^2；再从这 2 个数中选 1 个数作为出现 2 次的数 C_2^1；前 3 次全排列并消序 $\frac{A_3^3}{A_2^2}$；最后再从剩余 4 个数中选出 1 个数 C_4^1. 故共有 $C_6^2\times C_2^1\times\frac{A_3^3}{A_2^2}\times C_4^1=360$(种)结果.

综上所述，共有 $120+360=480$(种)结果.

条件(2)中抛掷 5 次，则前 4 次出现 2 个不同的点数，第 5 次为余下 4 个点数之一. 先从 1～6 中选 2 个点数 C_6^2，下一步可分为两类：

第一类：从选出的 2 个数中选 1 个数作为出现 3 次的数 C_2^1，前 4 次全排列并消序 $\frac{A_4^4}{A_3^3}$.

第二类：选出的 2 个数各出现 2 次，前 4 次全排列并消序 $\frac{A_4^4}{A_2^2A_2^2}$.

最后再从剩余 4 个数中选出 1 个数 C_4^1.

综上所述，共有 $C_6^2\times\left(C_2^1\times\frac{A_4^4}{A_3^3}+\frac{A_4^4}{A_2^2A_2^2}\right)\times C_4^1=840$(种)结果.

故 $\frac{P}{Q}=\frac{480}{840}=\frac{4}{7}<\frac{5}{6}$，联合充分.

27. (B)

【解析】可以先将数字看成是不同元素，再对相同的数字消序. 数字 0 比较特殊，可以按照末位是否选 0 分为两类.

条件(1)：第一类：末位为0；剩余五个数字任意排列；最后再消序．共$\frac{A_5^5}{A_2^2A_3^3}$=10(个)不同的六位偶数．

第二类：末位先从三个2里挑一个C_3^1；首位从剩余的两个1和两个2里挑一个C_4^1；剩余四个数字任意排列A_4^4；最后再消序．共$\frac{C_3^1C_4^1A_4^4}{A_2^2A_3^3}$=24(个)不同的六位偶数．

综上所述，共有10+24=34(个)不同的六位偶数，条件(1)不充分．

条件(2)：第一类：末位先从两个0里挑一个C_2^1；首位从剩余的两个1和两个2里挑一个C_4^1；剩余四个数字任意排列A_4^4；最后再消序．共$\frac{C_2^1C_4^1A_4^4}{A_2^2A_2^2A_2^2}$=24(个)不同的六位偶数．

第二类：末位先从两个2里挑一个C_2^1；首位从剩余的两个1和一个2里挑一个C_3^1；剩余四个数字任意排列A_4^4；最后再消序．共$\frac{C_2^1C_3^1A_4^4}{A_2^2A_2^2A_2^2}$=18(个)不同的六位偶数．

综上所述，共有24+18=42(个)不同的六位偶数，条件(2)充分．

28.(C)

【解析】条件(1)：2和4不相邻，故使用插空法．

先选个位数，必须为奇数，即C_3^1；除2，4和选出的奇数外，将剩下的3个数全排列，即A_3^3；这三个数之间有4个空，将2，4有序插入其中2个空，即A_4^2.

故符合题意的不同奇数共有$C_3^1A_3^3A_4^2$=216(个)，条件(1)不充分．

同理，条件(2)也不充分．

联合两个条件，4既不与2相邻，也不与6相邻，且个位数为奇数，分为两种情况讨论：

①2与6也不相邻：将所有的奇数全排列，即A_3^3；剩余的偶数有序插入前三个空中，即A_3^3.故符合题意的不同奇数共有$A_3^3A_3^3$个．

②2与6相邻：将所有的奇数全排列，即A_3^3；将2，6捆绑在一起，与4一起在前三个空中选择两个位置插空，即A_3^2；2和6需考虑顺序，即A_2^2. 故符合题意的不同的奇数共有$A_3^3A_3^2A_2^2$个．

所以，符合题意的不同奇数共有$A_3^3A_3^3+A_3^3A_3^2A_2^2$=108(个)，两个条件联合充分．

29.(A)

【解析】设盒中原有红球的个数为a，黑球的个数为b，第一次取球后新加上的球的个数为c.

第二次抽出的是黑球可分类讨论：

①若第一次抽出红球，则第二次抽出黑球的概率为$P_1=\frac{a}{a+b}\cdot\frac{b}{a+b+c}=\frac{ab}{(a+b)(a+b+c)}$；

②若第一次抽出黑球，则第二次抽出黑球的概率为$P_2=\frac{b}{a+b}\cdot\frac{b+c}{a+b+c}=\frac{b^2+bc}{(a+b)(a+b+c)}$.

综上，所求概率为$P=P_1+P_2=\frac{ab+b^2+bc}{(a+b)(a+b+c)}=\frac{b}{a+b}$.

故条件(1)充分，条件(2)不充分．

【易错警示】本题容易误选(C)项，实际上本题并不需要知道新加上的同色球的个数．

30.（D）

【解析】条件(1)：每种颜色涂两个圆，则红、黄、蓝各涂两个圆．

设六个圆的序号依次为 1，2，3，4，5，6. 将六个圆两两组合分为 3 组，穷举可得：①(1，3)，(2，5)，(4，6)；②(1，4)，(2，5)，(3，6)；③(1，4)，(2，6)，(3，5)；④(1，5)，(2，4)，(3，6)；⑤(1，6)，(2，4)，(3，5). 共有 5 种组合．三种颜色再分配给三组．故不同的涂色方案的种数有 $5\times A_3^3=30$(种)，条件(1)充分．

条件(2)：三种颜色所涂圆的个数互不相同，则三种颜色所涂圆的个数只能是 3，2，1.

设六个圆涂色后的情况为 A，A，A，B，B，C. 因为相邻两圆颜色不同，则 B 和 C 需要插在 A 中间，且只能是插前三个空或后三个空，共有 2 种插法；两个 B 和 C 全排列，且两个 B 需要消序；三种颜色可以交换顺序．故共有 $\frac{2\times A_3^3}{A_2^2}\times A_3^3=36$(种)方法，条件(2)充分．

专项冲刺7 应用题

1. A，B两家商店销售的某种商品原定价都是20元，现在两家商店促销，A商店“九折优惠”，若小明要买22件这种商品．则去A商店更便宜．
(1)B商店“买10件送1件”．
(2)B商店“每满100元减12元”．

2. 某人乘出租车从甲地到乙地支付车费19元．则甲地到乙地的路程最远为8千米．
(1)出租车的起步价7元(即行驶距离不超过3千米需支付7元车费)．
(2)出租车行驶超过3千米后，每增加1千米加收2.4元(不足1千米按1千米计)．

3. 在浓度为50%的酒精溶液中加入若干纯酒精，再加入若干水后，得到浓度为40%的酒精溶液．则初始酒精溶液有600克．
(1)加入100克纯酒精和300克水．
(2)加入120克纯酒精和360克水．

4. 有两袋糖，每袋都只有奶糖和水果糖两种糖，且两袋糖中奶糖的总数是水果糖总数的4倍．则能确定两袋糖的数量之比．
(1)第一袋奶糖数量是水果糖数量的9倍．
(2)第二袋水果糖数量是奶糖数量的9倍．

5. 甲、乙两车同时分别从A，B两地出发，相向而行．则能确定相遇的时间．
(1)已知甲、乙两车从A地到B地的行驶时间．
(2)已知A，B两地的距离．

6. 有两个盒子，各自都装有黑、白棋子，第一盒的棋子总数是第二盒的2倍．则将两盒棋子混合后，能确定白棋所占比例．
(1)两盒棋子的白棋数相等．
(2)第一盒棋子中，黑棋占70%．

7. 从两块重量分别为6千克和4千克的合金上切下重量相等的两块，把所切下的合金分别和另一块切剩的合金放在一起，熔炼后，两块合金的含银量相同．则能确定所切下的合金的重量．
(1)原来两块合金的含银量不同．
(2)原来两块合金的含银量相同．

8. 计划使用不超过500元的资金购买A，B两种电源，单价分别为60元、70元．则不同的选购方式有7种．
(1)一共买7块电源．
(2)A电源至少买3块，B电源至少买2块．

9. 某班男、女同学参加植树活动．则能确定该班平均每人植树的棵数．
(1)已知只由女同学完成时，平均每人植树的棵数．
(2)已知只由男同学完成时，平均每人植树的棵数．

10. 甲、乙两人分别从 A，B 两地同时相向而行，经过 3 小时后相距 3 千米．则能确定甲、乙两人的速度．
(1)A，B 两地相距 30 千米．
(2)再经过 2 小时，甲到 B 地所剩的路程是乙到 A 地所剩路程的 2 倍．

11. 商店有甲、乙两种玩具共 200 个，当甲玩具售完$\frac{5}{6}$后，乙玩具全部售完．则能确定售出两种玩具的总金额．
(1)已知甲玩具的单价．
(2)乙玩具的单价是甲玩具单价的$\frac{5}{6}$.

12. 2021 年年底 A 公司对甲厂进行投资，要求到 2023 年年底甲厂产值的年平均增长率不低于 50%，否则将撤资，已知甲厂 2021 年年底产值为 100 万．则能确定 A 公司未撤资．
(1)已知 2022 年年底甲厂产值为 150 万．
(2)已知 2021—2023 年的总产值为 475 万．

13. 师徒二人第一天一共加工零件 225 个，第二天采用了新工艺，一共加工零件 300 个．则第二天师傅比徒弟多加工了 10 个零件．
(1)师傅第二天的效率比徒弟第二天效率高$\frac{1}{12}$.
(2)师傅第二天的效率增加了 24%，徒弟第二天的效率增加了 45%.

14. 已知幼儿园大班和中班共有 32 名男生、18 名女生．则大班有 12 名女生．
(1)大班男生与女生的人数之比为 5∶3.
(2)中班男生与女生的人数之比为 2∶1.

15. 已知某考研辅导学校招收了甲、乙、丙三个班共 150 名学员．则丙班人数最多，甲班人数最少．
(1)乙班人数比甲班人数的$\frac{2}{3}$多 48 人．
(2)甲班人数比乙班人数的 80%还少 30 人．

16. 有两种糖果，单价分别为每千克 20 元和 16 元，营业员发现混合的糖果更好销售．则销售完这批混合糖果与不混合相比，利润增加了．
(1)取相同金额的两种糖果混合，并将单价改为每千克 18 元．
(2)取相同质量的两种糖果混合，并将单价改为每千克 18 元．

17. 甲、乙两人在 50 米的跑道上进行赛跑，若两人从起点同时起跑，甲到达终点时，乙离终点还差 3 米．则两人可以同时到达终点．
(1)两人重新开始比赛，乙从起点向前进 3 米．
(2)两人重新开始比赛，甲从起点向后退 3 米．

18. 某工程队修一段路，总长 5 600 米，已知好天气时每天修 1 000 米，坏天气时每天修 600 米．则能确定这几天中坏天气的天数．
(1)平均每天修 700 米．
(2)好天气与坏天气的天数比是 1∶3.

19. 已知 10 名同学的平均身高是 1.5 米．则最多有 5 名同学的身高恰好是 1.5 米．
(1)身高低于 1.5 米的，他们的平均身高是 1.2 米．
(2)身高高于 1.5 米的，他们的平均身高是 1.7 米．

20. 甲、乙、丙三人加工一批零件，若已知零件的总数和三人合做完成的时间．则能确定此过程中丙加工的件数．
(1)已知甲、乙的效率之和．
(2)已知甲、丙、乙三人各自加工的数量成等差数列．

21. 若某种商品的成本不变，售价变动．则能确定商品售价的变化率．
(1)每件商品的利润增加了 10%.
(2)原来买 5 件的钱，现在只能买 4 件．

22. 某单位有 A，B，C 三个部门，已知这三个部门各自的员工平均年龄．则能确定该单位全体员工的平均年龄．
(1)已知 A 和 B 两个部门员工的平均年龄．
(2)已知 B 和 C 两个部门员工的平均年龄．

23. 某仓库存放着一些面粉，由皮带输送机和若干工人同时搬运，如果要用 2 台皮带输送机 2 小时把仓库内面粉搬完．则还要 36 个工人．
(1)用一台皮带输送机和 12 个工人，5 小时可将面粉搬完．
(2)用一台皮带输送机和 28 个工人，3 小时可将面粉搬完．

24. 某公司计划在甲、乙两个电视台播放总时间不超过 300 分钟的广告，广告总费用不超过 9 万元，甲、乙电视台的广告收费标准分别为 500 元/分钟和 200 元/分钟，为该公司所播放的每分钟广告能带来的收益分别为 3 000 元和 2 000 元．则公司能获得的收益最大．
(1)甲电视台播放 100 分钟广告，乙电视台播放 200 分钟广告．
(2)甲电视台播放 150 分钟广告，乙电视台播放 150 分钟广告．

25. 某直线公路 AC 上有一点 B，$AB=240$ 米，$BC=210$ 米，在公路上安装路灯，要求相邻两灯的间距相等且不超过 20 米．则至少要安装路灯 31 盏．
(1)A，C 两点各装一盏路灯．
(2)A，B，C 三点各装一盏路灯．

26. 一辆快车从甲地驶往乙地，一辆慢车从乙地驶往甲地，两车同时出发，匀速行驶．设行驶的时间为 x(小时)，两车之间的距离为 y(千米)，图中的折线表示从两车出发至快车到达乙地的过程中 y 与 x 之间的函数关系．则能确定 t 的值．

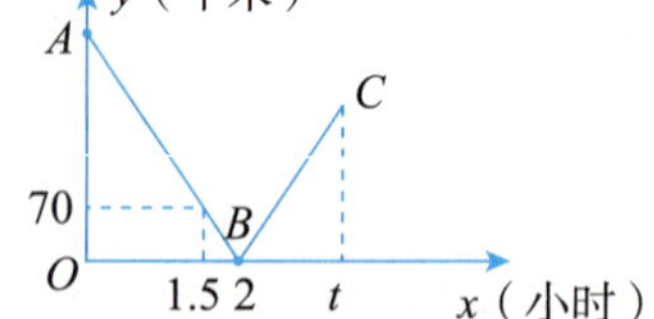

(1)快车的速度是 80 千米/小时．
(2)两车相遇时快车比慢车多行驶 40 千米．

27. 一辆汽车行驶在仅有上、下坡的甲、乙两地之间，下坡时每小时行35千米．则甲、乙两地相距112千米．
(1)汽车去往乙地时，在下坡路上行驶2个小时．
(2)汽车从乙地回来时，在下坡路上行驶了1个小时12分钟．

28. 某市气象局正在测算今年前两个季度的降水量，发现与去年同期相比，增长量相同．则可以确定该市今年上半年降水量比去年同期的增幅．
(1)已知今年第一季度和第二季度的降水量比去年同期的增幅．
(2)已知去年第一季度和第二季度的降水量．

29. 客车从甲城到乙城，货车从乙城到甲城，两车同时相向开出，相遇时客车距离乙城还有192千米. 则两城间的距离为480千米．
(1)客车由甲城到乙城需行10小时，货车从乙城到甲城需行15小时．
(2)客车每小时行驶32千米，货车每小时行驶48千米．

30. 甲、乙两个工程队合做一项工程，甲队每人的效率是乙队每人效率的1.5倍．则能确定甲、乙两队人数之比．
(1)甲队单独做完这项工程需要3周．
(2)两队合做完成这项工程需要2周．

31. 甲、乙两位工人共同加工一批零件，已知甲每天比乙多做3个．则这批零件的总数为270.
(1)若甲、乙全程共同加工，则甲比乙多加工54个．
(2)两人20天完成任务，若乙中途请假5天，乙所完成的零件数恰好是甲的一半．

32. 甲、乙、丙三人从环形跑道同一起点处同时开始跑步，甲、丙同向，与乙反向．则甲比乙快．
(1)5分钟后，甲、乙第一次相遇；再过15分钟，甲、丙第一次相遇．
(2)丙跑一圈的时间，甲可以跑两圈．

33. 现有25人乘坐6辆小轿车，每辆小轿车最多坐5人．则第6辆小轿车至少有1人．
(1)第1辆比第2辆多坐1人．
(2)第3辆与第4辆的人数不同．

34. 某年级开设甲、乙、丙三门选修课，每名学生都可以选择其中的一门、两门或三门课．则至少有24名同学所选课程完全相同．
(1)该年级共有165名学生．
(2)选2门课的同学有68人．

35. A，B，C三个机器人围绕一个圆形轨道高速运动，它们顺时针同时同地出发后，A在2秒钟时第一次追上B，2.5秒钟时第一次追上C. 则能确定每分钟A运动的圈数．
(1)已知圆形轨道的周长．
(2)当C追上B时，C和B的运动路程之比是3∶2.

专项冲刺 7 答案详解

答案速查

1～5 (A)(C)(A)(C)(A)	6～10 (C)(A)(B)(C)(E)	11～15 (C)(C)(B)(C)(C)
16～20 (A)(A)(D)(C)(D)	21～25 (B)(C)(C)(A)(B)	26～30 (D)(C)(A)(A)(C)
31～35 (B)(E)(D)(A)(B)		

1. (A)

【解析】A 商店：共花 $20\times22\times0.9=396$(元).

条件(1)：B 商店买 10 送 1，则买 22 件只需要花 20 件的钱，即 $20\times20=400$(元). $396<400$，故 A 商店更便宜，条件(1)充分.

条件(2)：B 商店每满 100 元减 12 元，22 件共 $22\times20=440$(元)，可减 $4\times12=48$(元)，则共花 $440-48=392$(元). $396>392$，故 B 商店更便宜，条件(2)不充分.

2. (C)

【解析】变量缺失型互补关系. 19 元>7 元，显然总路程超过了起步距离，故起步价和里程价都不可缺少，需要联合.

因支付车费为 19 元，所以总路程肯定大于 3 千米，则里程价一共是 $19-7=12$(元)，$12\div2.4=5$(千米)，即 12 元最远行驶 5 千米，则甲地到乙地的路程最远为 8 千米. 两个条件联合充分.

3. (A)

【解析】两个条件的酒精与水的比例相同，相当于加入的酒精浓度相同，但是总质量不同，而结论是唯一确定的，故两个条件是矛盾关系，最多有一个是充分的.

条件(1)：方法一：设初始酒精溶液质量为 x 克. 根据题意，有 $\frac{50\%x+100}{x+100+300}=40\%$，解得 $x=600$，即初始酒精溶液有 600 克，条件(1)充分. 则条件(2)不充分.

方法二：十字交叉法.

先加入 100 克纯酒精，再加入 300 克水，即共加入了 400 克浓度为 25%的酒精溶液. 如图所示，由十字交叉法，可得

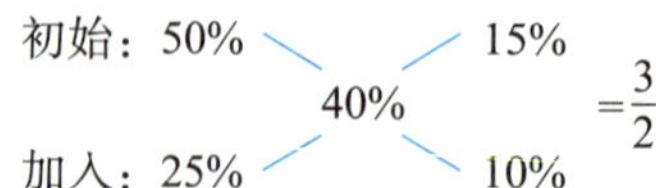

则初始溶液与加入溶液的质量比为 3∶2，故初始溶液为 $400\times\frac{3}{2}=600$(克)，条件(1)充分. 则条件(2)不充分.

4.（C）

【解析】变量缺失型互补关系．两个条件单独皆不充分，联合之．

设第一袋水果糖、奶糖数量分别为 a，$9a$；第二袋水果糖、奶糖数量分别为 $9b$，b. 故

$$9a+b=4(a+9b)\Rightarrow a=7b\Rightarrow 10a=7\times 10b,$$

即第一袋糖总数是第二袋糖总数的 7 倍．联合充分．

5.（A）

【解析】条件(1)：设甲、乙两车从 A 地到 B 地的行驶时间分别为 t_1，t_2，A，B 两地的距离为 s，则相遇时间为 $\frac{s}{\frac{s}{t_1}+\frac{s}{t_2}}=\frac{1}{\frac{1}{t_1}+\frac{1}{t_2}}$，能确定相遇的时间，故条件(1)充分．

条件(2)：显然不充分．

6.（C）

【解析】条件(1)：已知两盒棋子中白棋数量相等，但并不知道白棋所占比例，不充分．

条件(2)：不清楚第二盒黑、白棋子数量之比，不充分．

联合两个条件，设第一盒黑、白棋数量分别为 $7x$，$3x$，则第二盒白棋数量为 $3x$，棋子总数量为 $5x$，故白棋所占比例为 $\frac{3x+3x}{10x+5x}=\frac{2}{5}$，联合充分．

7.（A）

【解析】从结论出发．设所切下的合金重量为 x 千克，重 6 千克、4 千克的合金含银量分别为 a，b，则有 $\frac{ax+(4-x)b}{4}=\frac{bx+(6-x)a}{6}$，整理得 $3ax+3b(4-x)=2bx+2a(6-x)$，化简得 $(12-5x)(b-a)=0$.

条件(1)：$a\neq b$，则 $12-5x=0$，解得 $x=2.4$，故条件(1)充分．

条件(2)：$a=b$，求不出 x，故条件(2)不充分．

8.（B）

【解析】设 A，B 两种电源分别买 x，y 块．

条件(1)：由题可得 $\begin{cases}60x+70y\leqslant 500,\\ x+y=7.\end{cases}$ 穷举可得，$\begin{cases}x=0,\\ y=7\end{cases}$ 或 $\begin{cases}x=1,\\ y=6\end{cases}$ 或…或 $\begin{cases}x=7,\\ y=0,\end{cases}$ 共 8 种选购方式，故条件(1)不充分．

条件(2)：由题可得 $\begin{cases}60x+70y\leqslant 500,\\ x\geqslant 3,\\ y\geqslant 2.\end{cases}$ 穷举可得，当 $x=3$ 时，$y=2$，3，4；当 $x=4$ 时，$y=2$，3；当 $x=5$ 时，$y=2$；当 $x=6$ 时，$y=2$. 故共有 7 种选购方式，条件(2)充分．

9.（C）

【解析】两个条件单独显然不充分，联合．

设女同学平均每人植树 a 棵，人数为 x；男同学平均每人植树 b 棵，人数为 y，故有 $ax=by$.

该班平均每人植树的棵数为 $\frac{ax}{x+y}=\frac{ax}{x+\frac{ax}{b}}=\frac{a}{1+\frac{a}{b}}=\frac{ab}{a+b}$，故联合充分．

10.(E)

【解析】设甲、乙两人的速度分别为 v_1，v_2.

条件(1)：3小时的时间内甲、乙的相遇状态有两种情况：

①未曾相遇过，则 $3(v_1+v_2)=30-3$；

②曾经相遇过，则相遇之后，两人又一共走了3千米，则 $3(v_1+v_2)=30+3$.

不论哪种情况，甲、乙速度都不能确定，条件(1)不充分.

条件(2)：设甲、乙两地相距 s 千米，则有 $s-5v_1=2(s-5v_2)$，解不出 v_1，v_2，条件(2)不充分.

联合两个条件，$s=30$，显然有两组方程组，因此甲、乙速度不能唯一确定，两个条件联合不充分.

【易错警示】容易忽略甲、乙已经相遇过的情况，错选(C)项.

11.(C)

【解析】设商店有甲玩具 x 个，单价为 m 元；乙玩具有 $200-x$ 个，单价为 n 元.

由题意可知，售出的甲玩具金额为 $\frac{5}{6}x\cdot m$ 元，售出的乙玩具金额为 $(200-x)\cdot n$ 元，故一共售出的总金额为 $\frac{5}{6}xm+(200-x)n=\left(\frac{5}{6}m-n\right)x+200n$ 元.

条件(1)：只知 m，无法得出 $\left(\frac{5}{6}m-n\right)x+200n$ 的值，不充分.

条件(2)：已知 $n=\frac{5}{6}m$，则 $\left(\frac{5}{6}m-n\right)x+200n=200n$，但不知道 n 的值，不充分.

联合两个条件，已知 m 的值，且 $n=\frac{5}{6}m$，故可求得 n 的值，即可求得 $200n$ 的值，因此能确定售出两种玩具的总金额，两个条件联合充分.

12.(C)

【解析】年平均增长率只与2021年和2023年年底产值有关，但条件(1)与条件(2)单独都不知道2023年年底的产值情况，故单独均不充分，需要联合.

联合两个条件，可以求出2023年年底的产值为225万，因此年平均增长率为 $\sqrt{\frac{225}{100}}-1=50\%$，故可以确定A公司未撤资.两个条件联合充分.

13.(B)

【解析】条件(1)：由题可知师傅第二天的效率和徒弟第二天效率之比为13∶12，则工作总量之比也为13∶12，故每一份表示 $300\div(13+12)=12$(个)零件，即第二天师傅比徒弟多加工了12个零件，条件(1)不充分.

条件(2)：设师傅和徒弟原本一天分别加工 x，y 个零件，则

$$\begin{cases}x+y=225,\\1.24x+1.45y=300\end{cases}\Rightarrow\begin{cases}x=125,\\y=100.\end{cases}$$

因此第二天师傅比徒弟多加工 $125\times1.24-100\times1.45=10$(个)零件，条件(2)充分.

14.(C)

【解析】变量缺失型互补关系.已知大班和中班的总人数，则大班和中班的男、女人数之比都

需要知道，才能求出大班女生人数，故需要联合.

设大班男生数与女生数分别为 $5x$，$3x$，中班男生数与女生数分别为 $2y$，y. 由题意得

$$\begin{cases}5x+2y=32,\\3x+y=18\end{cases}\Rightarrow\begin{cases}x=4,\\y=6.\end{cases}$$

则大班有 $3\times4=12$(名)女生，故两个条件联合充分.

15.(C)

【解析】两个条件都缺少丙班的人数关系，显然单独皆不充分.

联合两个条件，设甲班有 x 人，乙班有 y 人，则有 $\begin{cases}y=\dfrac{2}{3}x+48,\\x=0.8y-30\end{cases}\Rightarrow\begin{cases}x=18,\\y=60.\end{cases}$

故甲班有 18 人，乙班有 60 人，丙班有 72 人，联合充分.

16.(A)

【解析】条件(1)：金额相同，则使用调和平均值，混合后的糖果单价为 $\dfrac{2\times20\times16}{20+16}=\dfrac{160}{9}$(元)，显然 $\dfrac{160}{9}<18$，故修改单价后涨价了，利润增加了，条件(1)充分.

条件(2)：质量相同，则使用算术平均值，混合后的糖果单价为 $\dfrac{20+16}{2}=18$(元)，和修改后的单价相同，故利润不变，条件(2)不充分.

17.(A)

【解析】根据 $s=vt$ 可知，时间一定时，路程与速度成正比. 设甲、乙的路程和速度分别为 s_1，s_2，v_1，v_2，根据题干可得 $\dfrac{v_1}{v_2}=\dfrac{50}{47}$.

条件(1)：已知 $s_2=47$，则 $\dfrac{s_1}{47}=\dfrac{50}{47}$，易得 $s_1=50$，因此两人同时到达终点，充分.

条件(2)：已知 $s_1=53$，则 $\dfrac{53}{s_2}=\dfrac{50}{47}$，易得 $s_2\neq50$，因此两人不可能同时到达终点，不充分.

18.(D)

【解析】条件(1)：易知修这段路共用了 $5\,600\div700=8$(天). 设这几天中坏天气有 x 天，则好天气有 $8-x$ 天. 根据题意，可得 $1\,000(8-x)+600x=5\,600$，解得 $x=6$. 故这几天中坏天气有 6 天，条件(1)充分.

条件(2)：设这几天中好天气有 x 天，则坏天气有 $3x$ 天，则有 $1\,000x+600\times3x=5\,600$，解得 $x=2$. 故这几天中坏天气有 6 天，条件(2)充分.

19.(C)

【解析】条件(1)：举反例，当有 1 人为 1.2 米，1 人为 1.8 米时，其余 8 名同学的身高都可以为 1.5 米，不充分.

条件(2)：举反例，当有 1 人为 1.3 米，1 人为 1.7 米时，其余 8 名同学的身高都可以为1.5 米，不充分.

联合两个条件，设身高低于1.5米的有 x 人，身高高于1.5米的有 y 人，则有

$$1.2x+1.7y=1.5(x+y)\Rightarrow 3x=2y,$$

所以 x 最小为2，y 最小为3，则身高恰好是1.5米的同学最多有 $10-(2+3)=5$(名). 联合充分.

20. (D)

【解析】设这批零件共 m 个，甲、乙、丙三人合做完成的时间为 t，则甲、乙、丙三人的效率之和为 $\frac{m}{t}$.

条件(1)：已知甲、乙的效率之和，则丙的效率 $=\frac{m}{t}-$ 甲、乙的效率之和，丙加工的件数 $=$ 丙的效率 $\times t$，充分.

条件(2)：甲、丙、乙三人各自加工的数量成等差数列，则有 $\begin{cases}甲+乙+丙=m\\ 甲+乙=2\times丙\end{cases}$，解得丙 $=\frac{m}{3}$，即丙加工的件数为 $\frac{m}{3}$，充分.

21. (B)

【解析】条件(1)：设原来的利润为100，成本为 x. 商品售价的变化率为

$$\frac{(x+110)-(x+100)}{x+100}=\frac{10}{x+100},$$

x 的值未知，故求不出售价变化率，不充分.

条件(2)：设原来买5件需要100元，则原来单价为20元，现在单价为25元，故售价变化率为 $\frac{25-20}{20}\times100\%=25\%$，能确定售价的变化率，充分.

22. (C)

【解析】变量缺失型互补关系. 全体员工的平均年龄与三个部门都相关，故两个条件缺一不可，需要联合.

由条件(1)已知A和B两个部门的平均年龄，再结合题干已知的A部门的平均年龄、B部门的平均年龄，则根据十字交叉法，可以求出A，B两个部门的人数之比. 同理，由条件(2)可以得出B，C两个部门的人数之比. 故能得出A，B，C三个部门的人数之比，也就能得出A，B，C三个部门人数占总人数的比例.

由加权平均值可得，全体员工的平均年龄=A部门的平均年龄×A部门人数占总人数之比+B部门的平均年龄×B部门人数占总人数之比+C部门的平均年龄×C部门人数占总人数之比，以上各个量皆唯一确定，故联合充分.

23. (C)

【解析】两个条件单独皆不充分，考虑联合.

设1个工人1小时搬运量为1，一台皮带输送机1小时搬运量为 x.

则 $5x+12\times5\times1=3x+28\times3\times1$，解得 $x=12$.

设还需要 n 人，则 $5\times12+12\times5\times1=2\times2\times12+2n\times1$，解得 $n=36$. 故还要36个工人，联合充分.

24. (A)

【解析】从结论出发．设公司在甲、乙两个电视台分别播放 x 分钟、y 分钟广告，收益为 z 元，根据题意，有

$$\begin{cases}x+y\leqslant 300,\\500x+200y\leqslant 90\ 000,\end{cases}$$

所获得的收益为 $z=3\ 000x+2\ 000y$.

将不等式组取等号，可得 $\begin{cases}x+y=300,\\500x+200y=90\ 000,\end{cases}$ 解得 $\begin{cases}x=100,\\y=200.\end{cases}$

故当甲电视台播放 100 分钟广告，乙电视台播放 200 分钟广告时，收益最大，条件(1)充分，条件(2)不充分．

25. (B)

【解析】条件(1)：A，C 两点各装一盏路灯，故路灯的间距应该是 $240+210=450$ 的约数．对 450 分解质因数，$450=2\times 3^2\times 5^2$，在 20 以内的约数中最大的是 $2\times 3^2=18$，故至少要安装 $\frac{450}{18}+1=26$(盏)路灯，条件(1)不充分．

条件(2)：相邻两灯的间距都相等，且 A，B，C 三点各装一盏路灯，故路灯的间距应该是 240 和 210 的公约数．

对 240 和 210 分别分解质因数，$240=2^4\times 3\times 5$，$210=2\times 3\times 5\times 7$. 在 20 以内的公约数中最大的是 $3\times 5=15$，故至少要安装 $\frac{450}{15}+1=31$(盏)路灯，条件(2)充分．

26. (D)

【解析】图中点 A 的纵坐标表示甲、乙两地之间的距离，设为 s. 由点 A、点(1.5，70)、点 B 两两连线斜率相等可知 $\frac{s-70}{-1.5}=\frac{70}{1.5-2}$，解得 $s=280$，故甲、乙两地之间的距离为 280 千米．

条件(1)：快车的速度是 80 千米/小时，则快车到达乙地用时 $280\div 80=3.5$(小时)，即 $t=3.5$，故条件(1)充分．

条件(2)：设两车相遇时快车行驶的距离为 l 千米，则慢车行驶的距离为 $l-40$ 千米，故有 $l+l-40=280$，解得 $l=160$. 当 $x=2$ 时两车相遇，则快车的速度是 $160\div 2=80$(千米/小时)，和条件(1)等价，故条件(2)也充分．

27. (C)

【解析】条件(1)：去往乙地的时候，下坡的路程为 $s_1=2\times 35=70$(千米)，但是上坡的路程未知，条件(1)不充分．

条件(2)：从乙地回来时，下坡的路程为 $s_2=1.2\times 35=42$(千米)，但是不知道回来时上坡的路程，条件(2)不充分．

联合两个条件，从乙地回来时的下坡路即为去往乙地时的上坡路，故总路程 $s=s_1+s_2=112$ 千米，联合充分．

28. (A)

【解析】设今年前两个季度降水量比去年同期的增幅分别是 a，b，去年前两个季度降水量分别是 x，y 毫米．由前两个季度降水量的增长量相同，则 $ax=by$.
故该市今年上半年降水量比去年同期的增幅为

$$w=\frac{ax+by}{x+y}=\frac{2ax}{x+\frac{ax}{b}}=\frac{2}{\frac{1}{a}+\frac{1}{b}}.$$

故条件(1)充分，条件(2)不充分．

29. (A)

【解析】条件(1)：行驶相同的路程，客车、货车的时间之比为 $10:15=2:3$，则客车、货车的速度之比为 $3:2$. 故相遇时，客车、货车的路程之比为 $3:2$，已知相遇时货车行驶 192 千米，则两城之间的距离为 $192\div\frac{2}{3+2}=480$(千米)，故条件(1)充分．
条件(2)：货车速度大于客车速度，两车相遇时，货车行驶 192 千米，则客车行驶路程小于 192 千米，显然路程和小于 480 千米，故条件(2)不充分．

30. (C)

【解析】设甲、乙两队的人数分别为 x，y，乙队每人每周的效率是 v，则甲队每人每周的效率是 $1.5v$.
条件(1)：甲队工作总量＝每人的工作效率×时间×人数＝$1.5v\cdot 3\cdot x=4.5xv$，不清楚乙队的情况，无法求出人数之比，不充分．
条件(2)：工作总量＝甲队工作总量＋乙队工作总量＝$1.5v\cdot 2\cdot x+v\cdot 2\cdot y=3xv+2yv$，不清楚工作总量，无法求出人数之比，不充分．
联合两个条件，有 $4.5xv=3xv+2yv$，整理得 $1.5x=2y$，则$\frac{x}{y}=\frac{4}{3}$，联合充分．

31. (B)

【解析】条件(1)：由于甲、乙加工时间相同，故加工时间 $t=\frac{54}{3}=18$(天)，但是不知道甲、乙两人每天加工零件的个数，故零件总数无法求得，条件(1)不充分．
条件(2)：设乙每天加工零件个数为 x，则甲每天加工零件个数为 $x+3$. 根据条件可得乙一共工作 15 天，甲工作 20 天，则 $15x=\frac{1}{2}(x+3)\times 20$，解得 $x=6$，因此乙加工 $15\times 6=90$(个)，甲加工 $9\times 20=180$(个)，零件总数为 270，条件(2)充分．

32. (E)

【解析】设跑道总长为 s，甲、乙、丙的速度分别为 v_1，v_2，v_3.
条件(1)：由甲、乙相遇可得 $s=5(v_1+v_2)$，由甲、丙追及可得 $s=(5+15)|v_1-v_3|$，无法确定 v_1 和 v_2 的大小关系，条件(1)不充分．
条件(2)：根据题意可知 $v_1=2v_3$，无法确定 v_1 和 v_2 的大小关系，条件(2)不充分．
联合两个条件，将 $v_1=2v_3$ 代入$\begin{cases}s=5(v_1+v_2),\\ s=(5+15)|v_1-v_3|,\end{cases}$解得 $v_1=v_2$，即甲和乙的速度相等，所以联合也不充分．

33. (D)

【解析】反证法．假设第 6 辆车没有人，则其余 5 辆车必须都坐满 5 人，即其余 5 辆车的人数相同，条件(1)和条件(2)均与此矛盾，故假设不成立，第 6 辆小轿车至少有 1 人自然成立，无需其他条件补充，两个条件单独均充分．

34. (A)

【解析】条件(1)：选课的不同情况分为三类：①只选一门，共 3 种方案；②只选两门，共 3 种方案；③选三门，共 1 种方案．因此，选课的不同情况共有 7 种．

要使选课完全相同的人数最少，应该使不同选课情况的人数尽可能平均，假设这 7 种情况平均存在，则 165÷7＝23……4，即当这 7 种情况各有 23 人时，还剩 4 人，让这 4 人每人分别选 7 种情况中的一种，则至少有 24 名同学所选课程完全相同，条件(1)充分．

条件(2)：选 2 门课程共有 3 种情况，假设这 3 种情况平均存在，则 68÷3＝22……2，即至少有 22＋1＝23(名)同学所选课程完全相同，条件(2)不充分．

35. (B)

【解析】设 A，B，C 三个机器人的速度分别为 v_A，v_B，v_C，圆形轨道周长是 s. 根据题意，有$\begin{cases}2(v_A-v_B)=s,\\2.5(v_A-v_C)=s.\end{cases}$

条件(1)：已知 s，但是求不出 v_A，也就求不出 A 运动一圈的时间及每分钟运动的圈数，故条件(1)不充分．

条件(2)：方程组整理得$\begin{cases}v_B=v_A-\dfrac{s}{2},\\v_C=v_A-\dfrac{s}{2.5}.\end{cases}$时间一定时，路程之比等于速度之比，故$\dfrac{v_B}{v_C}=\dfrac{2}{3}\Rightarrow$

$\dfrac{v_A-\dfrac{s}{2}}{v_A-\dfrac{s}{2.5}}=\dfrac{2}{3}\Rightarrow\dfrac{s}{v_A}=\dfrac{10}{7}$，即 A 运动一圈的时间是$\dfrac{10}{7}$秒，故每分钟 A 运动 $60\div\dfrac{10}{7}=42$(圈)，条件(2)充分．

第 4 部分

真题必刷卷

2020年全国硕士研究生招生考试
管理类综合能力试题

难度：★★★★　　　　得分：________

二、条件充分性判断：第16～25小题，每小题3分，共30分。要求判断每题给出的条件（1）和条件（2）能否充分支持题干所陈述的结论。(A)、(B)、(C)、(D)、(E)五个选项为判断结果，请选择一项符合试题要求的判断。

(A)条件(1)充分，但条件(2)不充分．

(B)条件(2)充分，但条件(1)不充分．

(C)条件(1)和条件(2)单独都不充分，但条件(1)和条件(2)联合起来充分．

(D)条件(1)充分，条件(2)也充分．

(E)条件(1)和条件(2)单独都不充分，条件(1)和条件(2)联合起来也不充分．

16. 在$\triangle ABC$中，$\angle B=60°$. 则$\dfrac{c}{a}>2$.

(1)$\angle C<90°$.

(2)$\angle C>90°$.

17. 圆$x^2+y^2=2x+2y$上的点到$ax+by+\sqrt{2}=0$距离的最小值大于1.

(1)$a^2+b^2=1$.

(2)$a>0$，$b>0$.

18. 设a，b，c是实数．则能确定a，b，c的最大值．

(1)已知a，b，c的平均值．

(2)已知a，b，c的最小值．

19. 甲、乙两种品牌的手机20部，任取2部，恰有1部甲品牌的概率为P. 则$P>\dfrac{1}{2}$.

(1)甲品牌手机不少于8部．

(2)乙品牌手机多于7部．

20. 某单位计划租n辆车出游．则能确定出游人数．

(1)若租用20座的车辆，只有1辆车没坐满．

(2)若租用12座的车辆，还缺10个座位．

21. 在长方体中，能确定长方体的体对角线长度．

(1)已知共顶点的三个面的面积．

(2)已知共顶点的三个面的对角线长度．

22. 已知甲、乙、丙三人共捐款 3 500 元．则能确定每人的捐款金额．

(1)三人的捐款金额各不相同．

(2)三人的捐款金额都是 500 的倍数．

23. 设函数 $f(x)=(ax-1)(x-4)$．则在 $x=4$ 左侧附近有 $f(x)<0$.

(1)$a>\frac{1}{4}$.

(2)$a<4$.

24. 设 a，b 是正实数．则$\frac{1}{a}+\frac{1}{b}$存在最小值．

(1)已知 ab 的值．

(2)已知 a，b 是方程 $x^2-(a+b)x+2=0$ 的不同实根．

25. 设 a，b，c，d 是正实数．则$\sqrt{a}+\sqrt{d}\leqslant\sqrt{2(b+c)}$.

(1)$a+d=b+c$.

(2)$ad=bc$.

答案详解

答案速查

16～20　(B)(C)(E)(C)(E)	21～25　(D)(E)(A)(A)(A)

16.(B)

【条件关系】两个条件都是$\angle C$和90°的关系，基本涵盖全集，除了$\angle C=90^\circ$，而$\angle C=90^\circ$不符合题意，因此两个条件属于矛盾关系．

【解析】令$\angle C=90^\circ$，此时$\frac{c}{a}=2$．固定a的长度，因为$\angle C$越大，对应的边c越大，则$\frac{c}{a}$就越大，所以当$\angle C>90^\circ$时，$\frac{c}{a}>2$．故条件(1)不充分，条件(2)充分．

17.(C)

【条件关系】条件(1)是关于a，b的等式，是定量条件；条件(2)只能说明a，b是正数，没有具体数值，显然是定性条件．两个条件是定性定量型互补关系．

解题技巧：可以通过找反例验证条件(1)，分析当$a\leqslant 0$或$b\leqslant 0$时是否充分，从而确定条件(2)是否对条件(1)起到补充作用．

【解析】圆的方程可以化为$(x-1)^2+(y-1)^2=2$，圆心到直线的距离为$d=\frac{|a+b+\sqrt{2}|}{\sqrt{a^2+b^2}}$，圆上的点到直线距离的最小值大于1，即$d-\sqrt{2}>1$．

条件(1)：举反例，令$a=0$，$b=1$，此时$d-\sqrt{2}=1$，故条件(1)不充分，需要条件(2)做补充．

联合两个条件，有

$$d-\sqrt{2}=|a+b+\sqrt{2}|-\sqrt{2}=a+b+\sqrt{2}-\sqrt{2}=a+b.$$

因为$(a+b)^2=a^2+b^2+2ab=1+2ab>1$，所以$a+b>1$．

故$d-\sqrt{2}=a+b>1$，两个条件联合充分．

18.(E)

【条件关系】条件(1)知道平均值，只能确定三个数的和，无法确定三个数的最大值；条件(2)只有最小值，显然无法确定最大值．因此两个条件是互补关系．

【解析】联合两个条件，假设平均值为10，最小值$c=1$，则有$a+b+c=30$，$a+b=30-1=29$，此时，无法求出a，b的大小，当然也无法确定最大值．故联合也不充分．

19.(C)

【条件关系】结论“恰有1部甲的概率”的意思是恰好有1部甲手机和1部乙手机．条件(1)仅有甲手机，而没有乙手机，显然不充分；条件(2)仅有乙手机而没有甲手机，显然也不充分．因此两个条件缺一不可，属于变量缺失型互补关系．

【解析】方法一：特值法．

条件(1)：举反例，若甲手机有19部，乙手机有1部，则任取2部，恰有1部甲手机的概率为

$\frac{C_{19}^1C_1^1}{C_{20}^2}=\frac{1}{10}<\frac{1}{2}$. 不充分.

条件(2)：举反例，若乙手机有 19 部，甲手机有 1 部，则任取 2 部，恰有 1 部甲手机的概率为 $\frac{C_{19}^1C_1^1}{C_{20}^2}=\frac{1}{10}<\frac{1}{2}$. 不充分.

联合两个条件，甲手机的取值范围为[8，12]，即 n 的取值有 8，9，10，11，12，根据概率公式列式比较大小，在不同取值下恰有 1 部甲手机的概率为 $\frac{C_{10}^1C_{10}^1}{C_{20}^2}>\frac{C_9^1C_{11}^1}{C_{20}^2}>\frac{C_8^1C_{12}^1}{C_{20}^2}=\frac{48}{95}>\frac{1}{2}$，因此联合充分.

方法二：设甲手机数量为 n，乙手机数量为 $20-n$. 则恰有 1 部甲手机的概率为

$$P=\frac{C_n^1C_{20-n}^1}{C_{20}^2}=\frac{-n^2+20n}{190}>\frac{1}{2}.$$

解不等式，得 $10-\sqrt{5}<n<10+\sqrt{5}$，取近似值，即 $7.8<n<12.2$，由于 n 只能取整数，故 $n\in[8,12]$，两个条件单独皆不充分.

联合两个条件，可推出甲手机的取值范围为[8，12]，因此两个条件联合充分.

20.(E)

【条件关系】两个条件的车辆数都可以是任意值，故总人数也是不确定的，显然单独都不充分，因此两个条件互相补充，属于互补关系.

【解析】联合两个条件. 设有 x 人出游，则

$$\begin{cases}20(n-1)<x<20n,\\12n+10=x,\end{cases}$$

解得 $\frac{5}{4}<n<\frac{15}{4}$，因为 n 为正整数，故可取 2 或 3，人数为 34 或 46，因此联合也不充分.

21.(D)

【条件关系】长方体的体对角线为 $L=\sqrt{a^2+b^2+c^2}$，两个条件均已知 a，b，c 的关系，且各自都可计算，故两个条件属于相互独立关系.

【解析】条件(1)：不妨设长方体一个顶点处的三个面的面积分别为 m，n，k，即 $\begin{cases}ab=m①,\\bc=n②,\\ac=k③,\end{cases}$ 三式相乘，得 $(abc)^2=mnk$；将式①代入，得 $(mc)^2=mnk\Rightarrow c=\sqrt{\frac{nk}{m}}$，同理可得 $b=\sqrt{\frac{mn}{k}}$，$a=\sqrt{\frac{mk}{n}}$. a，b，c 的值可确定，故 $\sqrt{a^2+b^2+c^2}$ 的值可以确定，条件(1)充分.

条件(2)：不妨设长方体一个顶点处的三个面的面对角线分别为 x，y，z，即

$$\begin{cases}\sqrt{a^2+b^2}=x,\\\sqrt{b^2+c^2}=y,\\\sqrt{a^2+c^2}=z\end{cases}\Rightarrow\begin{cases}a^2+b^2=x^2,\\b^2+c^2=y^2,\\a^2+c^2=z^2\end{cases}\Rightarrow 2(a^2+b^2+c^2)=x^2+y^2+z^2$$

$$\Rightarrow\sqrt{a^2+b^2+c^2}=\sqrt{\frac{x^2+y^2+z^2}{2}},$$

故 $\sqrt{a^2+b^2+c^2}$ 的值可以确定，条件(2)充分.

22. (E)

【条件关系】条件(1)中三人捐款金额各不相同，情况有很多种，属于定性条件；条件(2)可列出一个关于三人捐款金额的三元一次方程，属于定量条件．故两个条件属于定性定量型互补关系．

【解析】条件(1)：显然不充分．

条件(2)：设三人的捐款数为 $500a$，$500b$，$500c(a,\ b,\ c\in \mathbf{N}_+)$，则有 $500a+500b+500c=3\ 500$. 整理，得$a+b+c=7$，有多组解，不充分．

联合两个条件，得 $a+b+c=7=1+2+4$，但无法确定谁是1，谁是2，谁是4. 故两个条件联合也不充分．

23. (A)

【条件关系】仅从条件观察，两个条件的集合是有交集的，非常像互补关系，但是很遗憾本题并不是互补关系，所幸在历年考研真题中，这种类型的条件关系陷阱出现的频率并不高．

【解析】“左侧”一词明显是图像描述，提示要数形结合．$f(x)<0$ 表示函数图像位于 x 轴下方，结合图像判断条件是否充分．

条件(1)：根据条件可知当 $a>\frac{1}{4}$时，$f(x)$为开口向上的二次函数，图像与 x 轴的两个交点的横坐标分别是 $x=\frac{1}{a}$ 和 $x=4$，且$\frac{1}{a}<4$，如图所示．

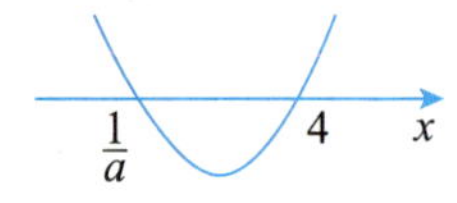

故 $f(x)<0$ 的解集为$\left(\frac{1}{a},\ 4\right)$，在 $x=4$ 左侧附近，满足 $f(x)<0$，所以条件(1)充分．

条件(2)：举反例，当 $a=0$ 时，$f(x)=-(x-4)=4-x$，在 $x=4$ 左侧附近，有 $f(x)>0$，所以条件(2)不充分．

24. (A)

【条件关系】两个条件给出的都是 ab 的值，显然都可以做独立的运算，属于相互独立关系．

【解析】根据均值不等式，可得$\frac{1}{a}+\frac{1}{b}\geqslant 2\sqrt{\frac{1}{ab}}$.

条件(1)：已知 ab 的值，则 $2\sqrt{\frac{1}{ab}}$ 为定值，且 a 和 b 可以相等，故$\frac{1}{a}+\frac{1}{b}$的最小值为 $2\sqrt{\frac{1}{ab}}$，充分．

条件(2)：均值不等式取等号的条件为 $a=b$，但此条件中，$a\neq b$，故最小值取不到，不充分．

【易错警示】有些同学认为条件(2)由韦达定理得 $ab=2$，和条件(1)等价，也充分，但均值不等式取等号的条件“$a=b$”与“方程有两个不同实根”矛盾，所以条件(2)是取不到最值的．

25. (A)

【条件关系】两个条件给出的都是 a，b，c，d 的关系，都可以独立地判断不等式成立与否，属于相互独立关系．

【解析】$\sqrt{a}+\sqrt{d}\leqslant\sqrt{2(b+c)}$，两边平方，可得 $a+d+2\sqrt{ad}\leqslant 2(b+c)$.

条件(1)：$a+d=b+c$，上式可化为 $2\sqrt{ad}\leqslant a+d$，根据均值不等式可知条件(1)充分．

条件(2)：举反例，令 $a=1$，$d=4$，$b=c=2$，则$\sqrt{a}+\sqrt{d}=3$，$\sqrt{2(b+c)}=\sqrt{8}$，结论不成立，故条件(2)不充分．

2021 年全国硕士研究生招生考试
管理类综合能力试题

难度：★★★★☆　　　　得分：________

二、条件充分性判断：第 16～25 小题，每小题 3 分，共 30 分。要求判断每题给出的条件（1）和条件（2）能否充分支持题干所陈述的结论。(A)、(B)、(C)、(D)、(E) 五个选项为判断结果，请选择一项符合试题要求的判断。

(A)条件(1)充分，但条件(2)不充分．

(B)条件(2)充分，但条件(1)不充分．

(C)条件(1)和条件(2)单独都不充分，但条件(1)和条件(2)联合起来充分．

(D)条件(1)充分，条件(2)也充分．

(E)条件(1)和条件(2)单独都不充分，条件(1)和条件(2)联合起来也不充分．

16. 某班增加两名同学．则该班同学的平均身高增加了．

(1)增加的两名同学的平均身高与原来男同学的平均身高相同．

(2)原来男同学的平均身高大于女同学的平均身高．

17. 设 x，y 为实数．则能确定 $x \leqslant y$.

(1)$x^2 \leqslant y-1$.

(2)$x^2+(y-2)^2 \leqslant 2$.

18. 清理一块场地．则甲、乙、丙三人能在 2 天内完成．

(1)甲、乙两人需要 3 天完成．

(2)甲、丙两人需要 4 天完成．

19. 某单位进行投票表决，已知该单位的男、女员工人数之比为 3∶2. 则能确定至少有 50%的女员工参加了投票．

(1)投赞成票的人数超过总人数的 40%.

(2)参加投票的女员工比男员工多．

20. 设 a，b 为实数．则能确定 $|a|+|b|$ 的值．

(1)已知 $|a+b|$ 的值．

(2)已知 $|a-b|$ 的值．

21. 设 a 为实数，圆 C：$x^2+y^2=ax+ay$. 则能确定圆 C 的方程．

(1)直线 $x+y=1$ 与圆 C 相切．

(2)直线 $x-y=1$ 与圆 C 相切．

22. 某人购买了果汁、牛奶和咖啡三种物品，已知果汁每瓶 12 元，牛奶每盒 15 元，咖啡每盒 35 元．则能确定所买的各种物品的数量．

(1)总花费为 104 元．

(2)总花费为 215 元．

23. 某人开车去上班，有一段路因维修限速通行．则可算出此人上班的距离．

(1)路上比平时多用了半小时．

(2)已知维修路段的通行速度．

24. 已知数列$\{a_n\}$．则数列$\{a_n\}$为等比数列．

(1)$a_na_{n+1}>0$.

(2)$a_{n+1}^2-2a_n^2-a_na_{n+1}=0$.

25. 给定两个直角三角形．则这两个直角三角形相似．

(1)每个直角三角形的边长成等比数列．

(2)每个直角三角形的边长成等差数列．

答案详解

答案速查

16～20　(C)(D)(E)(C)(C)	21～25　(A)(A)(E)(C)(D)

16.(C)

【条件关系】题目涉及 3 个变量：男同学的平均身高、女同学的平均身高和新增加两名同学的平均身高．平均身高是否增加与这三个变量都有关系，条件(1)是新增加两名同学与男同学平均身高的关系，条件(2)是原来男同学和女同学平均身高的关系，两个条件缺一不可，属于变量缺失型互补关系．

【解析】联合两个条件，新增加的同学身高与男同学相同，而男同学平均身高大于女同学，显然这两名同学会拉高全班的平均身高，两个条件联合充分．

17.(D)

【条件关系】条件(1)是二次函数关系，条件(2)是圆的关系，两个条件都可以独立地判断 x，y 的大小关系，属于相互独立关系．

【解析】$x\leqslant y$ 转化为 $y\geqslant x$，表示点在直线 $y=x$ 上或其上方，再将条件中不等式转化为同一平面直角坐标系的图形区域，判断条件与结论的图形区域间的包含关系．

条件(1)：方法一：数形结合．

$x^2\leqslant y-1$，可化为 $y\geqslant x^2+1$，即表示所有在抛物线 $y=x^2+1$ 上或其上方的点．如图所示，$y\geqslant x^2+1$(阴影部分)始终在直线 $y=x$ 的上方，故条件(1)充分．

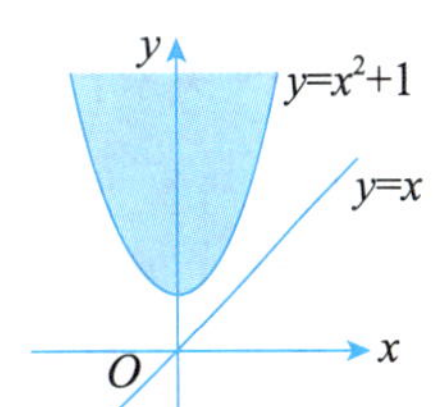

方法二：不等式证明．

已知 $y\geqslant x^2+1$，要想有 $y\geqslant x$，则证明 $x^2+1\geqslant x$ 恒成立即可．

作差法证明：$(x^2+1)-x=x^2-x+1=\left(x-\frac{1}{2}\right)^2+\frac{3}{4}>0$，因此 $x^2+1>x$ 恒成立，故 $y>x$ 恒成立，条件(1)充分．

条件(2)：$x^2+(y-2)^2\leqslant 2$ 表示圆心为(0，2)、半径为$\sqrt{2}$的圆上或圆内的点．圆心到直线 $y=x$ 的距离为 $d=\frac{|0-2|}{\sqrt{1^2+(-1)^2}}=\sqrt{2}$，故该圆与直线 $y=x$ 相切，如图所示，故圆上或圆内所有点均满足 $y\geqslant x$，条件(2)也充分．

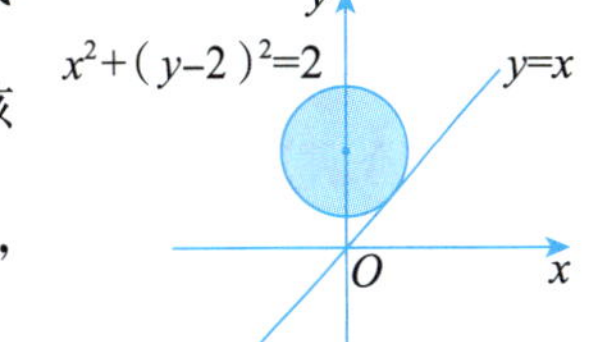

18.(E)

【条件关系】题干所求的是甲、乙、丙三人的合作时间，条件(1)缺少与丙相关的信息，条件(2)缺少与乙相关的信息，属于变量缺失型互补关系，单独都无法判断三人合作的情况，因此需要联合.

【解析】设工作总量为12，甲、乙、丙的工作效率分别为x，y，z，则结论等价于$x+y+z\geqslant 6$.

条件(1)和条件(2)显然单独都不充分，故考虑联合.

联合可得$\begin{cases}x+y=4,\\x+z=3,\end{cases}$举反例，令$x=2$，则$y=2$，$z=1$，$x+y+z=5<6$，故联合也不充分.

19.(C)

【条件关系】结论为至少有50%的女员工参加了投票，需要确定参加投票的女员工占所有女员工的比重.条件(1)只给出投赞成票的人数的具体范围；条件(2)只说了投票人数女比男多，无法判断比重.两个条件是互补关系.

【解析】假设总人数为50，则男、女员工人数分别是30，20.

女员工投票比例$=\dfrac{\text{参与投票的女员工数}}{\text{女员工总数}}$，要使该比例最小，则使女员工投票人数最少.

条件(1)：投赞成票的人数超过总人数的40%，即大于20人.举反例，假设全是男员工投票，则女员工投票比例为0，故条件(1)不充分.

条件(2)：举反例，假设女员工有2人投票，男员工有1人投票，则有10%的女员工参加了投票，故条件(2)不充分.

联合两个条件，由条件(1)可知投赞成票的人数最少是21，假设投票的员工都是投赞成票(此时投票人数最少)，再根据条件(2)，参加投票的女员工比男员工多，则女员工投票最少有11人，此时女员工投票比例为$\dfrac{11}{20}>50\%$，故两个条件联合充分.

20.(C)

【条件关系】单独已知$|a+b|$或$|a-b|$的值，显然无法判断$|a|+|b|$的值，有无数种情况，显然需要其他条件的补充，故两个条件属于互补关系.

【解析】举反例易知，条件(1)和条件(2)单独皆不充分，故考虑联合.

方法一：分类讨论法去绝对值符号.

设$|a+b|=k$，$|a-b|=m$，去绝对值得

$$\begin{cases}a+b=k,\\a-b=m\end{cases}\text{或}\begin{cases}a+b=k,\\a-b=-m\end{cases}\text{或}\begin{cases}a+b=-k,\\a-b=m\end{cases}\text{或}\begin{cases}a+b=-k,\\a-b=-m.\end{cases}$$

但是不管是哪一组解，最终的结果都是$|a|+|b|=\dfrac{|k+m|}{2}+\dfrac{|k-m|}{2}$，结果为定值，故两个条件联合充分.

方法二：三角不等式法.

由三角不等式得：$|a+b|\leqslant|a|+|b|$①，$|a-b|\leqslant|a|+|b|$②.

当$ab\geqslant 0$时，$|a+b|\geqslant|a-b|$，且式①取到等号，即$|a|+|b|=|a+b|$；

当$ab<0$时，$|a+b|<|a-b|$，且式②取到等号，即$|a|+|b|=|a-b|$.

故$|a|+|b|=\max\{|a+b|,|a-b|\}$，两个条件联合充分.

21.（A）

【条件关系】两个条件除一个符号外其他表述都一致，且题目中只有一个未知量，故两个条件单独即可计算得出结论，属于相互独立关系．

【解析】直线与圆相切⇔圆心到直线的距离等于半径．

方法一：将圆化为标准式方程：$\left(x-\frac{a}{2}\right)^2+\left(y-\frac{a}{2}\right)^2=\frac{a^2}{2}$，圆心为$\left(\frac{a}{2},\ \frac{a}{2}\right)$，半径为$r=\frac{|a|}{\sqrt{2}}$.

条件(1)：已知直线 $x+y=1$ 与圆相切，则圆心到直线的距离等于半径，即

$$d=\frac{\left|\frac{a}{2}+\frac{a}{2}-1\right|}{\sqrt{2}}=\frac{|a|}{\sqrt{2}}\Rightarrow|a-1|=|a|,$$

解得 $a=\frac{1}{2}$，可以确定圆 C 的方程，条件(1)充分．

条件(2)：同理，$d=\frac{\left|\frac{a}{2}-\frac{a}{2}-1\right|}{\sqrt{2}}=\frac{1}{\sqrt{2}}=\frac{|a|}{\sqrt{2}}$，解得 $a=\pm1$，无法确定圆 C 的方程，条件(2)不充分．

方法二：图像法．

由于是确定性问题，则只需要在图上找出与已知直线相切的圆的个数即可．若结论成立，则与直线相切的圆有且只有一个．

将圆化为标准式方程：$\left(x-\frac{a}{2}\right)^2+\left(y-\frac{a}{2}\right)^2=\frac{a^2}{2}$，由此可知，圆心$\left(\frac{a}{2},\ \frac{a}{2}\right)$在直线 $y=x$ 上，且圆恒过原点．由左图可知，符合题干且与直线 $x+y=1$ 相切的圆有且只有一个；由右图可知，符合题干且与直线 $x-y=1$ 相切的圆有两个．故条件(1)充分，条件(2)不充分．

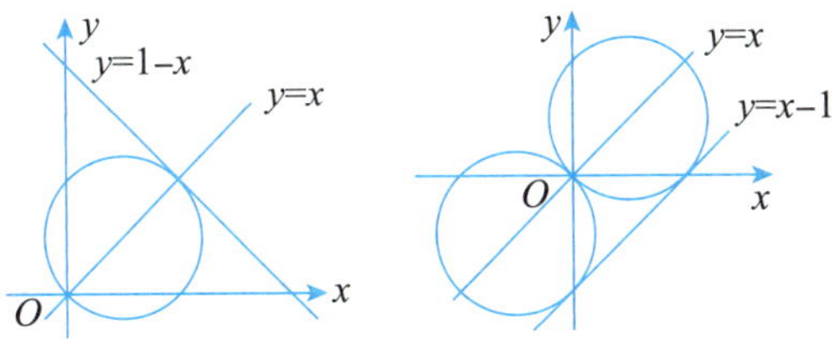

22.（A）

【条件关系】两个条件除数值外其他表述均一致，故属于相互独立关系．

【解析】设果汁、牛奶、咖啡的数量分别是 x，y，z（x，y，$z\in\mathbf{N}_+$）．

条件(1)：$12x+15y+35z=104$，观察可知，z 只可能等于 1 或 2（当 $z=3$ 时，$35z=105>104$）．

①当 $z=1$ 时，$12x+15y=69$，即 $4x+5y=23$. 根据 $5y$ 的尾数只能为 0 或 5，可知 $4x$ 尾数只能为 8，可得 $x=2$，$y=3$.

②当 $z=2$ 时，$12x+15y=34$，根据 $15y$ 的尾数只能为 0 或 5，可知 $12x$ 尾数只能为 4. 当 $x=2$

时，$y=\frac{2}{3}$（舍）.

因此可得唯一解 $x=2$，$y=3$，$z=1$，能确定各种物品的数量，故条件(1)充分.

条件(2)：当 $z=1$ 时，$12x+15y=180$，即 $4x+5y=60$.

根据奇偶性分析，$5y$ 必为偶数，因此其尾数只能为 0，$4x$ 尾数也只能为 0，可得 $x=5$，$y=8$ 或 $x=10$，$y=4$，因此无法确定各种物品的数量，故条件(2)不充分.

23.(E)

【条件关系】结论所求上班的距离是这个人从家到上班地点的距离，条件(1)只知道多用了半个小时，但是速度以及具体时间未知，条件(2)只知道维修路段的速度，但是依然不知道具体时间以及没有维修的路段距离，两个条件需相互补充，属于互补关系.

【解析】联合两个条件，时间上仅知道维修路段用时比平时多 0.5 小时，无法求出具体通行时间；速度上仅知道维修路段通行速度，无法得到正常路段通行速度，故联合也不充分.

24.(C)

【条件关系】条件(1)只能确定 a_n，a_{n+1} 同号，属于定性条件，显然无法判定数列是不是等比数列；条件(2)是关于 a_n 和 a_{n+1} 的等式，属于定量条件. 故两个条件属于定性定量型互补关系.

【解析】条件(1)：只能确定 a_n 与 a_{n+1} 同号，条件(1)显然不充分.

条件(2)：a_{n+1}，a_n 可以等于 0，不满足等比数列的条件，条件(2)也不充分.

联合两个条件，由条件(2)可得，$(a_{n+1}-2a_n)(a_{n+1}+a_n)=0$，解得 $a_{n+1}=2a_n$ 或者 $a_n=-a_{n+1}$；由条件(1)可知，a_n 与 a_{n+1} 同号且不为 0，可舍去第 2 种情况，故 $a_{n+1}=2a_n$，是等比数列，两个条件联合充分.

25.(D)

【条件关系】两个条件的内容表述相同，只是三边的等量关系不同，单独都能判断是否相似，故两个条件属于相互独立关系.

【解析】方法一：条件(1)：设两个直角三角形的三边长由短到长依次为 a，aq_1，aq_1^2 和 b，bq_2，bq_2^2，根据勾股定理可列式 $a^2+(aq_1)^2=(aq_1^2)^2$，$b^2+(bq_2)^2=(bq_2^2)^2$，解得 $q_1^2=q_2^2=\frac{1+\sqrt{5}}{2}$，因为 $q>1$，故 $q_1=q_2\Rightarrow\frac{q_1}{q_2}=1$，因此 $\frac{a}{b}=\frac{aq_1}{bq_2}=\frac{aq_1^2}{bq_2^2}$，三边对应成比例，则两个直角三角形相似，条件(1)充分.

条件(2)：设两个直角三角形的三边长由短到长依次为 a，$a+d_1$，$a+2d_1$ 和 b，$b+d_2$，$b+2d_2$，根据勾股定理可列式 $a^2+(a+d_1)^2=(a+2d_1)^2$，$b^2+(b+d_2)^2=(b+2d_2)^2$，解得 $a=3d_1$，$b=3d_2$，则两个三角形三边长分别为 $3d_1$，$4d_1$，$5d_1$ 和 $3d_2$，$4d_2$，$5d_2$，因此 $\frac{3d_1}{3d_2}=\frac{4d_1}{4d_2}=\frac{5d_1}{5d_2}$，三边对应成比例，则两个直角三角形相似，条件(2)充分.

方法二：设两个直角三角形分别为$\triangle ABC$和$\triangle A'B'C'$，三条边长分别为a，b，c和a'，b'，c'.

条件(1)：联立勾股定理和等比数列中项公式，可得

$$\begin{cases}a^2+b^2=c^2,\\ ac=b^2\end{cases}\Rightarrow a^2+ac-c^2=0\Rightarrow\left(\frac{a}{c}\right)^2+\frac{a}{c}-1=0\Rightarrow\frac{a}{c}=\frac{-1+\sqrt{5}}{2}\text{或}\frac{-1-\sqrt{5}}{2}\text{（舍）},$$

因此$\sin A=\frac{a}{c}=\frac{\sqrt{5}-1}{2}$，且$\angle A<\frac{\pi}{2}$；同理可得$\sin A'=\frac{a'}{c'}=\frac{\sqrt{5}-1}{2}$，且$\angle A'<\frac{\pi}{2}$. 故$\angle A=\angle A'$. 两个直角三角形的两个内角对应相等，则两个三角形相似，条件(1)充分.

条件(2)：联立勾股定理和等差数列中项公式，可得

$$\begin{cases}a^2+b^2=c^2,\\ a+c=2b\end{cases}\Rightarrow a^2+\left(\frac{a+c}{2}\right)^2-c^2=0,$$

化简得$5a^2+2ac-3c^2=0$，因此$(a+c)(5a-3c)=0$，解得$a=-c$（舍）或$5a=3c$，因此$\sin A=\frac{a}{c}=\frac{3}{5}$. 同理可得$\sin A'=\frac{a'}{c'}=\frac{3}{5}$，故$\angle A=\angle A'$. 两个三角形相似，条件(2)充分.

【秒杀方法】成等差数列的勾股数只有3，4，5及其倍数. 因此三边对应成比例，三角形相似，条件(2)充分.

2022 年全国硕士研究生招生考试管理类综合能力试题

难度：★★★☆　　　得分：________

二、条件充分性判断：第 16～25 小题，每小题 3 分，共 30 分。要求判断每题给出的条件（1）和条件（2）能否充分支持题干所陈述的结论。(A)、(B)、(C)、(D)、(E) 五个选项为判断结果，请选择一项符合试题要求的判断。

(A)条件(1)充分，但条件(2)不充分．

(B)条件(2)充分，但条件(1)不充分．

(C)条件(1)和条件(2)单独都不充分，但条件(1)和条件(2)联合起来充分．

(D)条件(1)充分，条件(2)也充分．

(E)条件(1)和条件(2)单独都不充分，条件(1)和条件(2)联合起来也不充分．

16. 如图所示，AD 与圆相切于点 D，AC 与圆相交于点 B，C．则能确定 $\triangle ABD$ 与 $\triangle BDC$ 的面积比．

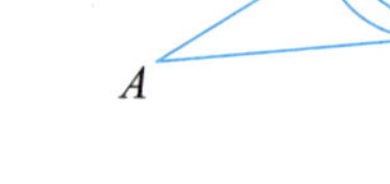

(1)已知$\frac{AD}{CD}$.

(2)已知$\frac{BD}{CD}$.

17. 设实数 x 满足 $|x-2|-|x-3|=a$．则能确定 x 的值．

(1)$0<a\leqslant\frac{1}{2}$.

(2)$\frac{1}{2}<a\leqslant 1$.

18. 两个人数不等的班数学测验的平均分不相等．则能确定人数多的班．

(1)已知两个班的平均分．

(2)已知两个班的总平均分．

19. 在$\triangle ABC$ 中，D 为 BC 边上的点，BD，AB，BC 成等比数列．则$\angle BAC=90°$.

(1)$BD=DC$.

(2)$AD\perp BC$.

20. 将 75 名学生分成 25 组，每组 3 人．则能确定女生的人数．

(1)已知全是男生的组数和全是女生的组数．

(2)只有一名男生的组数和只有一名女生的组数相等．

21. 某直角三角形的三边长 a，b，c 成等比数列．则能确定公比的值．

(1)a 是直角边长．

(2)c 是斜边长．

22. 已知 x 为正实数．则能确定 $x-\frac{1}{x}$ 的值．

(1)已知 $\sqrt{x}+\frac{1}{\sqrt{x}}$ 的值．

(2)已知 $x^2-\frac{1}{x^2}$ 的值．

23. 已知 a，b 为实数．则能确定 $\frac{a}{b}$ 的值．

(1)a，b，$a+b$ 成等比数列．

(2)$a(a+b)>0$.

24. 已知正项数列 $\{a_n\}$．则 $\{a_n\}$ 是等差数列．

(1)$a_{n+1}^2-a_n^2=2n$，$n=1$，2，….

(2)$a_1+a_3=2a_2$.

25. 设实数 a，b 满足 $|a-2b|\leqslant 1$. 则 $|a|>|b|$．

(1) $|b|>1$.

(2) $|b|<1$.

答案详解

答案速查

16～20 (B)(A)(C)(B)(C)	21～25 (D)(B)(E)(C)(A)

16. (B)

【条件关系】结论为两个三角形的面积比，一般求面积比用相似关系，已知一组边长之比即可求出三角形面积比．两个条件均已知一组边长之比，则一个条件即可求解，属于相互独立关系．

【解析】

$$\begin{cases}\angle BDA=\angle C(\text{弦切角}=\text{圆周角}),\\ \angle A=\angle A\end{cases}\Rightarrow\triangle ABD\backsim\triangle ADC.$$

相似三角形相似比为对应边之比，即$\dfrac{AB}{AD}=\dfrac{AD}{AC}=\dfrac{BD}{CD}$(也可以用切割线定理推出边长之比：$AD^2=AB\cdot AC\Rightarrow\dfrac{AB}{AD}=\dfrac{AD}{AC}$).

而面积之比为相似比的平方，故 $S_{\triangle ABD}:S_{\triangle ADC}=\left(\dfrac{AB}{AD}\right)^2=\left(\dfrac{AD}{AC}\right)^2=\left(\dfrac{BD}{CD}\right)^2$.

若已知任意一组相似比，即可确定 $S_{\triangle ABD}:S_{\triangle ADC}$，从而确定 $S_{\triangle ABD}:S_{\triangle BDC}$.

条件(1)：已知$\dfrac{AD}{CD}$，无法确定 $S_{\triangle ABD}:S_{\triangle ADC}$，故不充分．

条件(2)：已知$\dfrac{BD}{CD}$，可以确定 $S_{\triangle ABD}:S_{\triangle ADC}$，进而可以确定 $S_{\triangle ABD}:S_{\triangle BDC}$，故充分．

17. (A)

【条件关系】两个条件 a 的取值范围没有交集，属于相互独立关系．

【解析】令 $f(x)=|x-2|-|x-3|$，根据线性差的结论可知，函数图像为“楼梯形”，如图所示.

由此可得，方程 $|x-2|-|x-3|=a$ 根的情况为：

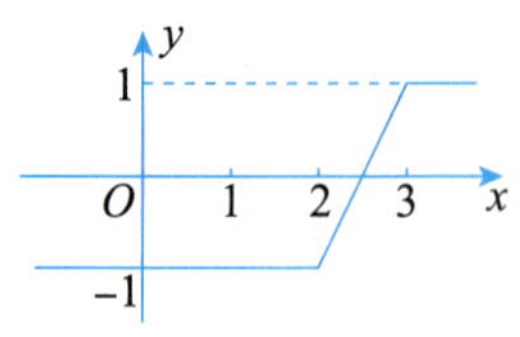

①当 $a=1$ 或 -1 时，方程有无穷多个解．

②当 $-1<a<1$ 时，方程有唯一解．

③当 $a<-1$ 或 $a>1$ 时，方程无解．

条件(1)：当 $0<a\leqslant\dfrac{1}{2}$，方程有唯一解，每一个 a 的值，都对应唯一的 x 的值．条件(1)充分．

条件(2)：当 $a=1$ 时，方程有无穷多个解，x 可取 $x\geqslant3$ 中的任何一个数，x 的值无法确定．条件(2)不充分．

18. (C)

【条件关系】人数、各自平均分和总平均分三者相互关联，条件(1)仅知道两个班的平均分无法计算人数关系，条件(2)仅知道两个班的总平均分也无法计算人数关系，两个条件需相互补充，属于互补关系．

【解析】联合两个条件．

方法一：十字交叉法．

设甲、乙两班平均分分别为 $\overline{x}_{甲}$，$\overline{x}_{乙}$，总平均分为$\overline{x}$. 如图所示，利用十字交叉法可求出人数之比，从而确定人数多的班，故两个条件联合充分．

$\overline{x}_{甲}$　　　　$|\overline{x}_{乙}-\overline{x}|$

　　　$\overline{x}$　　　　　　　$=\dfrac{甲班人数}{乙班人数}$

$\overline{x}_{乙}$　　　　$|\overline{x}_{甲}-\overline{x}|$

方法二：赋值法．

不妨设甲班平均分为 60 分，人数为 x；乙班平均分为 90 分，人数为 y. 两个班的总平均分为 80 分．则有$\dfrac{60x+90y}{x+y}=80$，解得$\dfrac{x}{y}=\dfrac{1}{2}$，故人数多的班为乙班．两个条件联合充分．

19. (B)

【条件关系】条件(1)中点 D 表示的是中点，AD 是中线，条件(2)中点 D 表示的是垂足，AD 是垂线，条件(1)、条件(2)描述的是不同性质的点，属于相互独立关系．

【解析】因为 BD，AB，BC 成等比数列，所以$\dfrac{AB}{BD}=\dfrac{BC}{AB}$.

又因为$\angle B$ 是公共角，所以$\triangle ABD\backsim\triangle CBA$，故$\angle BAC=\angle BDA$.

条件(1)：已知 $BD=DC$，无法推出任何关于角度的结论，故条件(1)不充分．

条件(2)：已知 $AD\perp BC$，可得$\angle BDA=90°$，故$\angle BAC=\angle BDA=90°$，条件(2)充分．

20. (C)

【条件关系】一组内的成员有 4 类：①3 男；②3 女；③2 男 1 女；④2 女 1 男．条件(1)知道①②的情况，条件(2)知道③④的情况，要想确定女生的人数，四个组别需全部已知，因此两个条件缺一不可，属于变量缺失型互补关系．

【解析】每组 3 人，共 25 个组，当联合两个条件时，四种情况(条件关系已说明)的组数都已知，因此可以确定女生的人数，故联合充分．

21. (D)

【条件关系】因为 a，b，c 成等比关系，故 a，b，c 的大小关系为 $a<b<c$ 或 $a>b>c$. 直角三角形中最长边一定是斜边，故 a 是直角边长$\Leftrightarrow a<b<c\Leftrightarrow c$ 是斜边长，两个条件属于等价关系．

【解析】设公比为 $q(q>0)$，则 $b=aq$，$c=aq^2$.

条件(1)：根据条件，a 是直角边长，则 c 是斜边长，由勾股定理得，$a^2+(aq)^2=(aq^2)^2$，即 $1+q^2=q^4$，解得 $q^2=\dfrac{1+\sqrt{5}}{2}$，$q$ 有唯一正数解，因此能确定公比的值，条件(1)充分．两个条件等价，故条件(2)也充分．

【易错警示】①本题易误选(C)项，误认为联合才能确定三角形三边的大小关系．但实际上，直角三角形斜边一定大于直角边，因此单独的条件(1)、条件(2)都可以得出三边大小关系，即 $a<b<c$.

②题目中 a，b，c 表示的是边长，因此隐含定义域为公比一定为正，有同学算出两个公比，没有仔细思考，误选(E)项．

22. (B)

【条件关系】本题属于典型的 $x+\frac{1}{x}=a$ 模型，此类题目每个式子之间可以利用公式互相推导，因此已知一个式子即可计算最终结论，故两个条件属于相互独立关系．

【解析】条件(1)：假设 $\sqrt{x}+\frac{1}{\sqrt{x}}=a$(根据对勾函数可知 $a\geqslant 2$).

由 $\left(\sqrt{x}-\frac{1}{\sqrt{x}}\right)^2=\left(\sqrt{x}+\frac{1}{\sqrt{x}}\right)^2-4$，可得 $\sqrt{x}-\frac{1}{\sqrt{x}}=\pm\sqrt{a^2-4}$，因此

$$x-\frac{1}{x}=\left(\sqrt{x}-\frac{1}{\sqrt{x}}\right)\left(\sqrt{x}+\frac{1}{\sqrt{x}}\right)=\pm a\sqrt{a^2-4},$$

故条件(1)不充分．

条件(2)：假设 $x^2-\frac{1}{x^2}=a$.

由 $\left(x^2+\frac{1}{x^2}\right)^2=\left(x^2-\frac{1}{x^2}\right)^2+4$，可得 $x^2+\frac{1}{x^2}=\sqrt{a^2+4}$. 等式两边同时加 2，可得

$$x^2+\frac{1}{x^2}+2=\left(x+\frac{1}{x}\right)^2=\sqrt{a^2+4}+2,$$

因为 x 是正实数，故 $x+\frac{1}{x}=\sqrt{\sqrt{a^2+4}+2}$，唯一确定．

又因为 $x^2-\frac{1}{x^2}=\left(x+\frac{1}{x}\right)\left(x-\frac{1}{x}\right)$，其中 $x+\frac{1}{x}$ 和 $x^2-\frac{1}{x^2}$ 的值唯一，故可以确定 $x-\frac{1}{x}$ 的值．条件(2)充分．

23. (E)

【条件关系】条件(1)可列等式，是定量条件；条件(2)只能表示 a 和 $a+b$ 同号，但是无法计算具体数值，是定性条件．故两个条件属于定性定量型互补关系．

【解析】条件(1)：$a(a+b)=b^2\Rightarrow a^2+ab=b^2$，两边同时除以 b^2，可得 $\left(\frac{a}{b}\right)^2+\frac{a}{b}=1$，解一元二次方程，则有 $\frac{a}{b}=\frac{-1\pm\sqrt{5}}{2}$，无法确定 $\frac{a}{b}$ 的值．条件(1)不充分．

条件(2)：不知道 a，b 的等量关系，也无法得出结论，条件(2)不充分．

联合两个条件，则有 $\begin{cases}a(a+b)=b^2,\\a(a+b)>0\end{cases}\Rightarrow a(a+b)=b^2>0$，等价于条件(1)，故联合也不充分．

24. (C)

【条件关系】条件(1)是典型的累加法模型，不知道 a_1 的值无法判断其是否为等差数列；条件

(2)仅表示前三项成等差，不具有通项的特性．故两个条件属于互补关系．

【解析】条件(1)：利用累加法，得

$$a_n^2-a_{n-1}^2=2(n-1),$$
$$a_{n-1}^2-a_{n-2}^2=2(n-2),$$
$$\cdots$$
$$a_2^2-a_1^2=2,$$

累加可得，$a_n^2-a_1^2=n(n-1)$，则有 $a_n=\sqrt{a_1^2+n(n-1)}$，a_1 的值不知道，显然无法判断是什么数列，条件(1)不充分．

条件(2)：仅仅知道前三项成等差数列，并不能得出整个数列是等差数列的结论，条件(2)不充分．

联合两个条件，有$\begin{cases}a_2=\sqrt{a_1^2+2},\\a_3=\sqrt{a_1^2+6}.\end{cases}$根据条件(2)的关系 $2a_2=a_1+a_3$，可得

$$2\sqrt{a_1^2+2}=a_1+\sqrt{a_1^2+6}\Rightarrow 4a_1^2+8=a_1^2+a_1^2+6+2a_1\sqrt{a_1^2+6}$$
$$\Rightarrow a_1^2+1=a_1\sqrt{a_1^2+6}\Rightarrow a_1^4+1+2a_1^2=a_1^2(a_1^2+6),$$

解得 $a_1^2=\frac{1}{4}$. 代入 $a_n=\sqrt{a_1^2+n(n-1)}$ 中，可得 $a_n=\sqrt{\frac{1}{4}+n^2-n}=\sqrt{\left(n-\frac{1}{2}\right)^2}=n-\frac{1}{2}$，显然是等差数列，两个条件联合充分．

25.(A)

【条件关系】两个条件均为 $|b|$ 与 1 的大小关系，基本覆盖全集，结论也是不等关系，故两个条件是矛盾关系．

【解析】条件(1)：

方法一：三角不等式：$|x|-|y|\leqslant||x|-|y||\leqslant|x-y|\leqslant|x|+|y|$.

因为 $|a-2b|=|2b-a|$，根据三角不等式可得 $|2b-a|\geqslant|2b|-|a|$，由题干已知 $|2b-a|\leqslant1$，所以有 $|2b|-|a|\leqslant1\Rightarrow2|b|-1\leqslant|a|\Rightarrow|b|-1\leqslant|a|-|b|$.

$|b|>1\Rightarrow|b|-1>0$，可得 $|a|-|b|\geqslant|b|-1>0\Rightarrow|a|>|b|$，条件(1)充分．

方法二：由 $|a-2b|\leqslant1$ 可得 $2b-1\leqslant a\leqslant2b+1$.

根据 $|b|>1$ 可得 $b>1$ 或 $b<-1$，然后分类进行讨论：

当 $b>1$ 时，$a\geqslant2b-1\Rightarrow a-b\geqslant b-1>0$，此时 $a>b>1$；

当 $b<-1$ 时，$a\leqslant2b+1\Rightarrow a-b\leqslant b+1\Rightarrow a-b<0$，此时 $a<b<-1$.

综上，$|a|>|b|$ 一定成立，故条件(1)充分．

条件(2)：举反例，令 $b=\frac{1}{2}$，$a=0$，满足条件，但结论不成立，故条件(2)不充分．

2023 年全国硕士研究生招生考试
管理类综合能力试题

难度：★★★　　　　得分：________

二、条件充分性判断：第 16～25 小题，每小题 3 分，共 30 分。要求判断每题给出的条件（1）和条件（2）能否充分支持题干所陈述的结论。(A)、(B)、(C)、(D)、(E) 五个选项为判断结果，请选择一项符合试题要求的判断。

(A)条件(1)充分，但条件(2)不充分.

(B)条件(2)充分，但条件(1)不充分.

(C)条件(1)和条件(2)单独都不充分，但条件(1)和条件(2)联合起来充分.

(D)条件(1)充分，条件(2)也充分.

(E)条件(1)和条件(2)单独都不充分，条件(1)和条件(2)联合起来也不充分.

16. 有体育、美术、音乐、舞蹈 4 个兴趣班，每名同学至少参加 2 个. 则至少有 12 名同学参加的兴趣班完全相同.

(1)参加兴趣班的同学共有 125 人.

(2)参加 2 个兴趣班的同学有 70 人.

17. 关于 x 的方程 $x^2-px+q=0$ 有两个实根 a，b. 则 $p-q>1$.

(1)$a>1$.

(2)$b<1$.

18. 已知等比数列 $\{a_n\}$ 的公比大于 1. 则 $\{a_n\}$ 为递增数列.

(1)a_1 是方程 $x^2-x-2=0$ 的根.

(2)a_1 是方程 $x^2+x-6=0$ 的根.

19. 设 x，y 是实数. 则 $\sqrt{x^2+y^2}$ 有最小值和最大值.

(1)$(x-1)^2+(y-1)^2=1$.

(2)$y=x+1$.

20. 设集合 $M=\{(x,\ y)\mid(x-a)^2+(y-b)^2\leqslant4\}$，$N=\{(x,\ y)\mid x>0,\ y>0\}$. 则 $M\cap N\neq\varnothing$.

(1)$a<-2$.

(2)$b>2$.

21. 甲、乙两辆车分别从 A，B 两地同时出发，相向而行，1 小时后，甲车到达 C 点，乙车到达 D 点(如图所示). 则能确定 A，B 两地的距离.

(1)已知 C，D 两地的距离.

(2)已知甲、乙两车的速度比.

22. 已知 m，n，p 为 3 个不同的质数．则能确定 m，n，p 的乘积．

(1)$m+n+p=16$.

(2)$m+n+p=20$.

23. 八个班参加植树活动，共植树 195 棵．则能确定各班植树棵数的最小值．

(1)各班植树的棵数均不相同．

(2)各班植树棵数的最大值是 28.

24. 设数列$\{a_n\}$的前 n 项和为 S_n. 则 a_2，a_3，a_4，…为等比数列．

(1)$S_{n+1}>S_n$，$n=1$，2，3，….

(2)$\{S_n\}$是等比数列．

25. 甲有两张牌 a，b，乙有两张牌 x，y，甲、乙各任意取出一张牌．则甲取出的牌不小于乙取出的牌的概率不小于$\frac{1}{2}$.

(1)$a>x$.

(2)$a+b>x+y$.

答案详解

答案速查

16～20 (D)(C)(C)(A)(E)	21～25 (E)(A)(C)(C)(B)

16. (D)

【条件关系】本题属于典型的"抽屉原理问题"，只需确认某一类参加兴趣班的情况数和人数即可计算，显然两个条件单独都可计算，属于相互独立关系．

【解析】条件(1)：每人至少参加 2 个兴趣班，则每人参加兴趣班的数量可以为 2，3，4 个，因此选班的全部情况有 $C_4^2+C_4^3+C_4^4=11$(种)，参加兴趣班的总人数为 125，假设这 11 种情况全部均等地存在，则有 $125\div11=11\cdots\cdots4$，即至少有 12 名同学参加的兴趣班完全相同，因此条件(1)充分．

条件(2)：4 个兴趣班中任选 2 个的选班情况共有 $C_4^2=6$(种)，参加 2 个兴趣班的同学共 70 人，假设这 6 种情况均等地存在，则有 $70\div6=11\cdots\cdots4$，即至少有 12 名同学参加的兴趣班完全相同，因此条件(2)充分．

17. (C)

【条件关系】一元二次方程有两个根，要求出 p，q 的关系，两个根的情况显然都需要知道，两个条件缺一不可，属于变量缺失型互补关系．

【解析】条件(1)：举反例，假设方程两实根为 $a=2$，$b=3$，则方程为 $x^2-5x+6=0$，此时 $p-q=5-6=-1$，结论不成立，因此条件(1)不充分．

条件(2)：举反例，假设方程两实根为 $a=1$，$b=0$，则方程为 $x^2-x=0$，此时 $p-q=1-0=1$，结论不成立，因此条件(2)不充分．

故联合两个条件．

方法一：两个条件相当于方程的根位于 $x=1$ 的两侧，即函数 $f(x)=x^2-px+q$ 与 x 轴的交点位于(1，0)的两侧，抛物线开口向上，则 $f(1)<0$，因此 $1^2-p+q<0$，所以 $p-q>1$，故联合充分．

方法二：根据韦达定理 $a+b=p$，$ab=q$，则

$$p-q=a+b-ab=a(1-b)-(1-b)+1=(a-1)(1-b)+1,$$

由 $a>1$ 且 $b<1$ 可知，$a-1>0$，$1-b>0$，则 $p-q=a+b-ab=(a-1)(1-b)+1>1$. 故联合充分．

18. (C)

【条件关系】等比数列 $\{a_n\}$ 的公比大于 1，要想是递增数列，首项必须要大于 0，条件(1)和条件(2)给出的两个一元二次方程，常数项都是负数，显然都有一正一负两个根，显然单独都不充分，必然是需要联合的，两个条件属于互补关系．

【解析】条件(1)：方程 $x^2-x-2=0$ 的解为 -1 或 2，若首项 $a_1=-1$，$q>1$，则该等比数列为递减数列，不充分．

条件(2)：方程 $x^2+x-6=0$ 的解为 -3 或 2，若首项 $a_1=-3$，$q>1$，则该等比数列为递减数列，不充分．

联合两个条件，a_1 只能为 2. 该数列 $a_1=2$，$q>1$，则该等比数列为递增数列，因此联合充分．

19.（A）

【条件关系】本题为典型的“距离型最值问题”，$\sqrt{x^2+y^2}$ 可看作动点 (x, y) 到原点 $(0, 0)$ 的距离．条件(1)是圆的方程，条件(2)是直线的方程，两个条件显然都能单独计算动点到原点距离的最值，属于相互独立关系．

【解析】条件(1)：$(x-1)^2+(y-1)^2=1$ 表示以 $A(1, 1)$ 为圆心、1 为半径的圆，(x, y) 表示圆上的任意一点，连接 OA 并延长，交圆于点 C，D，如图所示．

圆心到原点的距离为 $AO=\sqrt{2}$，故圆上的点到原点的最小距离为 $OC=AO-r=\sqrt{2}-1$，最大距离为 $OD=AO+r=\sqrt{2}+1$，故条件(1)充分．

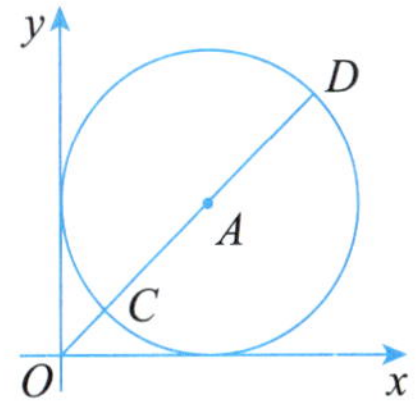

条件(2)：如图所示，(x, y) 表示直线 $y=x+1$ 上的任意一点，原点到直线只有最小距离 OB，没有最大距离，即 $\sqrt{x^2+y^2}$ 有最小值，没有最大值，故条件(2)不充分.

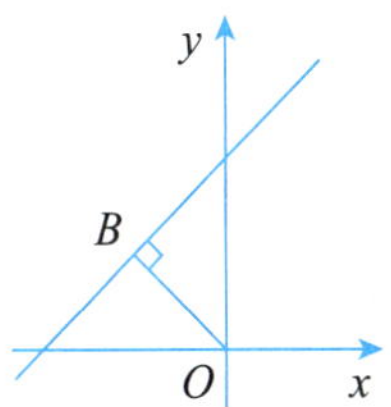

20.（E）

【条件关系】M 表示的是一个以 (a, b) 为圆心、2 为半径的实心圆面，N 表示平面直角坐标系的第一象限，显然圆的轨迹跟圆心的横、纵坐标都相关，条件(1)和条件(2)缺一不可，属于变量缺失型互补关系．

【解析】$M\cap N\neq\varnothing$ 表示存在 M 圆周或圆内的点在第一象限内．

条件(1)：举反例，当 $a=-3$，$b=3$ 时，满足条件，此时圆心在第二象限，且到 y 轴距离为 3，大于半径 2，故与 y 轴相离，如图所示．圆与第一象限必然无交点，故 $M\cap N=\varnothing$，条件(1)不充分．

$(x+3)^2+(y-3)^2=4$

条件(2)：以上反例依旧适用，故条件(2)不充分，联合两个条件也不充分.

21.（E）

【条件关系】要计算 AB 的距离，显然 AC，CD，BD 的距离都必须知道．条件(1)已知 CD，显然不够；条件(2)知道速度之比，没有具体数值，显然也不行．两个条件属于互补关系．

【解析】根据题意，可知 AC 的距离为 $v_甲$，BD 的距离为 $v_乙$．

条件(1)：不知道 $v_甲$，$v_乙$ 的值，无法确定 A，B 两地的距离．不充分．

条件(2)：只知道速度比，但不知道 $v_甲$，$v_乙$ 的值，无法确定 A，B 两地的距离．不充分．

联合两个条件也不知道 $v_甲$，$v_乙$ 的值，无法确定 A，B 两地的距离，故联合也不充分．

22.（A）

【条件关系】两个条件给出的等式只有一个数值不同，其他均一致，故属于相互独立关系．

【解析】因为 m，n，p 三个数的大小情况并不影响乘积的结果，故不妨令 $m<n<p$. 因为 m，n，p 为 3 个不同的质数，两个条件的和均为偶数，故其中必有一个是 2，即 $m=2$.

条件(1)：$n+p=14$，穷举可得 $\begin{cases}n=3,\\p=11,\end{cases}$ 故 $mnp=2\times3\times11=66$，条件(1)充分．

条件(2)：$n+p=18$，穷举可得 $\begin{cases}n=5,\\p=13\end{cases}$ 或 $\begin{cases}n=7,\\p=11,\end{cases}$ 有两组解，不能确定其乘积，条件(2)不充分.

23.（C）

【条件关系】条件(1)只知每个班植树的棵数不相同，属于定性条件，情况太多，显然无法确定最小值；条件(2)只知最大值，是定量条件，显然无法确定最小值．故两个条件是定性定量型互补关系．

【解析】设八个班植树的棵数分别为 a_1，a_2，…，a_8，由题可得 $a_1+a_2+\cdots+a_8=195$.

条件(1)：1 个方程有 8 个未知数，显然有许多组解，不能确定植树棵数的最小值，条件(1)不充分．

条件(2)：假设最大值为 a_8，则 $a_8=28$，故 $a_1+a_2+\cdots+a_7+a_8=195$，此时方程仍有多组解，如 $22+22+23+24+25+25+26+28=195$，$21+22+22+25+25+25+27+28=195$ 等，不能确定植树棵数的最小值，条件(2)不充分．

联合两个条件，不妨令 $a_1<a_2<\cdots<a_8$，已知 $a_8=28$，此时，穷举可得只有一组解，即 $20+22+23+24+25+26+27+28=195$. 因此各班植树棵数的最小值为 20，联合充分．

24.（C）

【条件关系】条件(1)只能说明 $a_{n+1}>0$，属于定性条件，无法判断 a_2，a_3，a_4，…是否为等比数列；条件(2)有等式关系，属于定量条件．两个条件是定性定量型互补关系．

【解析】条件(1)：举反例，设 $\{a_n\}$ 各项为 1，2，3，4，…，满足 $S_{n+1}>S_n$，但显然 a_2，a_3，a_4，…不为等比数列，条件(1)不充分．

条件(2)：举反例，$\{S_n\}$ 各项可以为 1，1，1，1，…，则 $\{a_n\}$ 各项为 1，0，0，0，…，显然 a_2，a_3，a_4，…不为等比数列，条件(2)不充分．

联合两个条件，$\{S_n\}$ 是等比数列，且 $S_{n+1}>S_n$，显然 $\{S_n\}$ 是递增数列，则 $q\neq1$，故不妨设

$S_n=S_1q^{n-1}$，则 $a_n=S_n-S_{n-1}=S_1q^{n-1}-S_1q^{n-2}=(q-1)S_1\cdot q^{n-2}(n\geqslant2)$，因此当 $n\geqslant2$ 时，$\frac{a_{n+1}}{a_n}=\frac{(q-1)S_1\cdot q^{n-1}}{(q-1)S_1\cdot q^{n-2}}=q$，即 a_2，a_3，a_4，…为等比数列．故两个条件联合充分．

25.（B）

【条件关系】题干中涉及 a，b，x，y 这 4 个变量，因此要判断条件是否充分，首先条件中必须要包含这 4 个变量，条件(1)仅有 a，x，显然不行，条件(2)有 a，b，x，y，可以判断，两个条件属于相互独立关系．

【解析】条件(1)：举反例，令 $a=3$，$b=1$，$x=2$，$y=10$，显然"甲不小于乙"只有一种情况，即甲取 a，乙取 x，总情况有 $C_2^1C_2^1=4$(种)，故甲不小于乙的概率为$\frac{1}{4}$，小于$\frac{1}{2}$，条件(1)不充分．

条件(2)：不妨设 $a\geqslant b$，$x\geqslant y$，则有 $2a\geqslant a+b>x+y\geqslant 2y$，可知 $a>y$.

若 $a\geqslant x$，结合 $a>y$，显然甲取出的牌大于等于乙取出的牌的概率不小于$\frac{1}{2}$；

若 $a<x$，则 $b>y$(否则 $a+b>x+y$ 不成立)，结合 $a>y$，显然甲取出的牌大于等于乙取出的牌的概率不小于$\frac{1}{2}$.

综上可知，条件(2)充分．

2024 年全国硕士研究生招生考试
管理类综合能力试题

难度：★★★　　　　得分：________

二、条件充分性判断：第 16～25 小题，每小题 3 分，共 30 分。要求判断每题给出的条件（1）和条件（2）能否充分支持题干所陈述的结论。(A)、(B)、(C)、(D)、(E) 五个选项为判断结果，请选择一项符合试题要求的判断。

(A)条件(1)充分，但条件(2)不充分．

(B)条件(2)充分，但条件(1)不充分．

(C)条件(1)和条件(2)单独都不充分，但条件(1)和条件(2)联合起来充分．

(D)条件(1)充分，条件(2)也充分．

(E)条件(1)和条件(2)单独都不充分，条件(1)和条件(2)联合起来也不充分．

16. 已知袋中装有红、白、黑三种颜色的球若干个，随机抽取一球．则该球是白球的概率大于$\frac{1}{4}$.

(1)红色球最少．

(2)黑色球不到总数的$\frac{1}{2}$.

17. 已知 $n\in \mathbf{N}_+$. 则 n^2 除以 3 的余数为 1.

(1)n 除以 3 余 1.

(2)n 除以 3 余 2.

18. 设二次函数 $f(x)=ax^2+bx+1$. 则能确定 $a<b$.

(1)曲线 $y=f(x)$ 关于直线 $x=1$ 对称．

(2)曲线 $y=f(x)$ 与直线 $y=2$ 相切．

19. 设 a，b，$c\in \mathbf{R}$. 则 $a^2+b^2+c^2\leqslant 1$.

(1) $|a|+|b|+|c|\leqslant 1$.

(2) $ab+bc+ac=0$.

20. 设 a 为实数，$f(x)=|x-a|-|x-1|$. 则 $f(x)\leqslant 1$.

(1)$a\geqslant 0$.

(2)$a\leqslant 2$.

21. 设 a，b 为正实数．则能确定 $a\geqslant b$.

(1)$a+\frac{1}{a}\geqslant b+\frac{1}{b}$.

(2)$a^2+a\geqslant b^2+b$.

22. 兔窝位于兔子正北 60 米，狼在兔子正西 100 米，兔子和狼同时奔向兔窝．则兔子率先到达兔窝.

(1)兔子的速度是狼的速度的$\frac{2}{3}$.

(2)兔子的速度是狼的速度的$\frac{1}{2}$.

23. x，y 为实数．则能确定 $x \geqslant y$.

(1)$(x-6)^2+y^2=18$.

(2)$|x-4|+|y+1|=5$.

24. 设曲线 $y=x^3-x^2-ax+b$ 与 x 轴有 3 个不同的交点 A，B，C. 则 $BC=4$.

(1)点 A 的坐标为(1，0).

(2)$a=4$.

25. 已知$\{a_n\}$是等比数列，S_n 是$\{a_n\}$的前 n 项和．则能确定$\{a_n\}$的公比．

(1)$S_3=2$.

(2)$S_9=26$.

答案详解

答案速查

16～20 (C)(D)(C)(A)(C)	21～25 (B)(A)(D)(C)(E)

16. (C)

【条件关系】题干讨论的对象是红、白、黑三种颜色的球，条件(1)是红球，条件(2)是黑球，要想求取出白球的概率，两个条件缺一不可，两个条件属于变量缺失型互补关系．

【解析】条件(1)：举反例，红球1个，白球2个，黑球10个，符合题意但结论不成立，不充分．

条件(2)：举反例，黑球1个，白球1个，红球10个，符合题意但结论不成立，不充分．

联合两个条件．

方法一：设黑色球 a 个，红色球 b 个，白色球 c 个，由条件(2)得 $a<\frac{1}{2}(a+b+c)$，所以 $b+c>\frac{1}{2}(a+b+c)$．

由条件(1)得 $b<c$，所以 $2c>b+c>\frac{1}{2}(a+b+c)$，即 $c>\frac{1}{4}(a+b+c)$，$\frac{c}{a+b+c}>\frac{1}{4}$，故任取一球是白球的概率大于$\frac{1}{4}$，联合充分．

方法二：赋值法＋极端假设法．

假设共有100个球，则黑球最多有49个，红球最多有25个，此时白球最少有26个．故随机取出一球，是白球的概率最低是$\frac{26}{100}$，因为$\frac{26}{100}>\frac{25}{100}=\frac{1}{4}$，故该球是白球的概率大于$\frac{1}{4}$，两个条件联合充分．

17. (D)

【条件关系】两个条件表述相同，都是已知 n 除以3的余数，只是余数不同，结论也是求除以3的余数，每个条件单独即可计算，属于相互独立关系．

【解析】条件(1)：令 $n=3k+1$，则 $n^2=9k^2+6k+1=3(3k^2+2k)+1$，故 n^2 除以3余数为1，条件(1)充分．

条件(2)：令 $n=3k+2$，则 $n^2=9k^2+12k+4=3(3k^2+4k+1)+1$，故 n^2 除以3余数为1，条件(2)充分.

18. (C)

【条件关系】条件(1)和条件(2)都可以得出一个关于 a，b 的等式，但无法判断 a，b 的大小关系，属于互补关系，需要联合．

【解析】条件(1)：对称轴$-\frac{b}{2a}=1$，即 $b=-2a$，只能得出 a，b 异号，不能确定二者大小，不充分．

条件(2)：$y=f(x)$与直线$y=2$相切，故顶点纵坐标为 2，即$\frac{4a-b^2}{4a}=2$，即$b^2=-4a$，故a为负，但b的正负无法确定，不能确定二者大小，不充分．

联合两个条件，a，b异号且a为负，故$a<0$且$b>0$，即$a<b$，联合充分．

19.（A）

【条件关系】两个条件都有a，b，c，且条件(1)中$|a|$，$|b|$，$|c|$都是非负数，每一个数都只能在 0 到 1 之间取值，因此单独是能够计算推导的，故两个条件属于相互独立关系．

【解析】条件(1)：两边同时平方得$(|a|+|b|+|c|)^2\leqslant 1^2$，即

$$a^2+b^2+c^2+2|a||b|+2|a||c|+2|b||c|\leqslant 1.$$

易知$2|a||b|+2|a||c|+2|b||c|\geqslant 0$，所以$a^2+b^2+c^2\leqslant 1$，条件(1)充分．

条件(2)：举反例，令$a=0$，$b=0$，$c=100$，满足条件，但不满足结论，故条件(2)不充分．

20.（C）

【条件关系】两个条件a的取值范围有交集，属于互补关系．

【解析】从结论出发．若想$f(x)\leqslant 1$，则$f(x)_{max}\leqslant 1$．形如$y=|x-a|-|x-b|$是绝对值线性差问题，由线性差结论知$y_{max}=|a-b|$．故本题$f(x)$的最大值为$|a-1|$，即$|a-1|\leqslant 1$，解得$-1\leqslant a-1\leqslant 1$，即$0\leqslant a\leqslant 2$．

易知两个条件单独均不充分，联合充分．

21.（B）

【条件关系】两个条件都是与a，b相关的不等关系，都可以独立的讨论它们的大小关系，因此属于相互独立关系．

【解析】方法一：条件(1)：举反例，令$a=\frac{1}{2}$，$b=2$，满足条件，但此时$a<b$，故条件(1)不充分．

条件(2)：移项，得$a^2-b^2+a-b\geqslant 0\Rightarrow(a+b)(a-b)+a-b\geqslant 0\Rightarrow(a-b)(a+b+1)\geqslant 0$．因为$a$，$b$为正实数，则$a+b+1>0$，故有$a-b\geqslant 0\Rightarrow a\geqslant b$，条件(2)充分．

方法二：利用函数的单调性．

条件(1)：令$f(x)=x+\frac{1}{x}$，条件等价于$f(a)\geqslant f(b)$．

由对勾函数的性质可知，$f(x)$在$(0,1)$内单调递减，即当a，$b\in(0,1)$时，$f(a)\geqslant f(b)\Rightarrow a\leqslant b$，故条件(1)不充分．

条件(2)：令$f(x)=x^2+x$，条件等价于$f(a)\geqslant f(b)$．

易知对称轴为$x=-\frac{1}{2}$，且开口向上，则$f(x)$在$(0,+\infty)$内单调递增，故$f(a)\geqslant f(b)\Rightarrow a\geqslant b$，条件(2)充分．

22.（A）

【条件关系】兔子的速度越快，肯定越能率先到达兔窝，因此本题如果条件(2)较慢的速度都能让兔子率先到达兔窝，那么条件(1)必然也能，因此条件(2)如果充分，条件(1)必然充分，两者属于包含关系．

【解析】如图所示，兔窝在兔子正北60米，狼在兔子正西100米，根据勾股定理，可得狼到兔窝的路程为$\sqrt{60^2+100^2}=20\sqrt{34}$(米)．故$\frac{兔子到兔窝的路程}{狼到兔窝的路程}=\frac{3}{\sqrt{34}}$.

当时间一定时，速度与路程成正比，所以想要兔子先到达兔窝，需满足$\frac{兔子的速度}{狼的速度}>\frac{3}{\sqrt{34}}$.

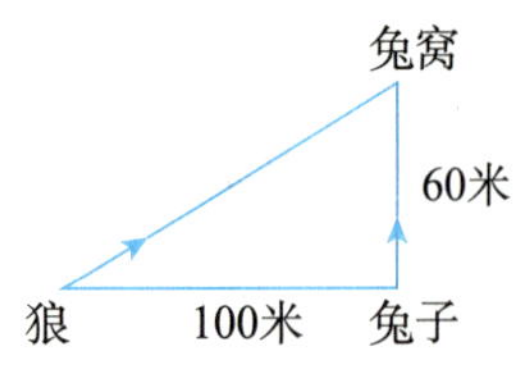

条件(2)：$\frac{兔子的速度}{狼的速度}=\frac{1}{2}<\frac{3}{\sqrt{34}}$，不充分．

条件(1)：$\frac{兔子的速度}{狼的速度}=\frac{2}{3}>\frac{3}{\sqrt{34}}$，充分．

23.(D)

【条件关系】条件(1)是圆的方程，条件(2)是一个正方形的方程，两者都可以独立的比较x和y的大小关系，属于相互独立关系．

【解析】结论要求$x\geqslant y$，即$y\leqslant x$，表示点(x,y)在直线l：$y=x$上或其下方．

条件(1)：表示以(6，0)为圆心、$3\sqrt{2}$为半径的圆上的点．

圆心到直线l：$y=x$的距离为$\frac{|6-0|}{\sqrt{1^2+(-1)^2}}=3\sqrt{2}$，则直线与圆相切，如图所示，圆上的点均在直线$l$：$y=x$上或其下方，条件(1)充分．

条件(2)：图像法．可以先画出$|x|+|y|=5$的图像，再向右平移4个单位，向下平移1个单位，如图所示．平移后的图像是中心点为$(4,-1)$、边长为$5\sqrt{2}$的正方形，正方形上的点均在直线l：$y=x$上或其下方，条件(2)充分．

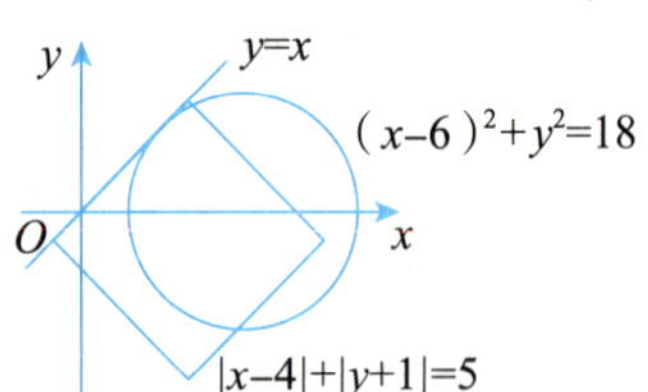

24.(C)

【条件关系】本题要计算出$BC=4$，显然需要知道a，b的值，条件(1)只能得到一个关于a，b的等式，条件(2)单独知道a也是无法算出的，因此两个条件需相互补充，属于互补关系．

【解析】条件(1)：将点A的坐标代入函数，可得$0=1-1-a+b$，所以$a=b$，但不能得出交点B，C的坐标，故条件(1)不充分．

条件(2)：$a=4$，故$y=x^3-x^2-4x+b$，不能得出交点B，C的坐标，故条件(2)不充分．

联合两个条件．$a=b=4$，所以$y=x^3-x^2-4x+4$.

方法一：因式分解，得

$$y=x^2(x-1)-4(x-1)=(x^2-4)(x-1)=(x-2)(x+2)(x-1),$$

则点B，C坐标分别为$(-2,0)$和$(2,0)$，可以得出$BC=4$，故联合充分．

方法二：一元三次方程的韦达定理．

设B，C的横坐标分别为x_2，x_3，则有$\begin{cases}1+x_2+x_3=1,\\x_2x_3=-4\end{cases}\Rightarrow\begin{cases}x_2+x_3=0,\\x_2x_3=-4.\end{cases}$因此

$$BC=|x_2-x_3|=\sqrt{(x_2-x_3)^2}=\sqrt{(x_2+x_3)^2-4x_2x_3}=4,$$

故两个条件联合充分．

25.（E）

【条件关系】要确定公比，条件(1)只知道 S_3 的值，情况太多，无法唯一确定；同理，条件(2)知道 S_9 的值，情况也太多，因此两个条件需相互补充，属于互补关系．

【解析】条件(1)和条件(2)单独皆不充分，联合．

方法一：连续等长片段和．

等比数列 S_3，S_6-S_3，S_9-S_6 也成等比数列，公比为 q^3．故有

$$S_3=2,$$
$$S_6-S_3=2q^3,$$
$$S_9-S_6=2q^6,$$

相加可得 $S_9=2+2q^3+2q^6=26$，解得 $q^3=3$ 或 -4，故公比不唯一，联合也不充分．

方法二：等比数列求和之比．

因为 $S_9\neq 3S_3$，故 $q\neq 1$．根据等比数列求和之比，有

$$\frac{S_9}{S_3}=\frac{1-q^9}{1-q^3}=\frac{(1-q^3)(1+q^3+q^6)}{1-q^3}=1+q^3+q^6=13,$$

解得 $q^3=3$ 或 -4，故公比不唯一，联合也不充分．

第 5 部分

满分必刷卷

满分必刷卷 1

难度：★★　　　　得分：________

条件充分性判断：每小题 3 分，共 30 分。要求判断每题给出的条件(1)和条件(2)能否充分支持题干所陈述的结论。(A)、(B)、(C)、(D)、(E)五个选项为判断结果，请选择一项符合试题要求的判断。

(A)条件(1)充分，但条件(2)不充分．

(B)条件(2)充分，但条件(1)不充分．

(C)条件(1)和条件(2)单独都不充分，但条件(1)和条件(2)联合起来充分．

(D)条件(1)充分，条件(2)也充分．

(E)条件(1)和条件(2)单独都不充分，条件(1)和条件(2)联合起来也不充分．

1. 设 $f(x)=x^2+bx+c$．则能确定 b 的值．

(1)$f(-1)=f(3)$.

(2)$f(5)=f(7)$.

2. 设数列$\{a_n\}$为等比数列．则可以确定数列$\{a_n\}$.

(1)$a_6a_7=30$.

(2)$a_6+a_7=11$.

3. 正方体体积与球体体积之比大于 2.

(1)正方体的各面都与球相切．

(2)正方体表面积与球体表面积之比为 2∶1.

4. 已知 a，b 均为正实数．则能确定$\dfrac{6a^2+13ab+6b^2}{4a+6b}$的值．

(1)已知 $3a+2b$ 的值．

(2)已知 $2a+3b$ 的值．

5. 已知 n 为正整数，且 $1<n<100$. 则可以确定 n 的值．

(1)n 除以 7 余 1.

(2)n 除以 11 余 1.

6. 一列火车从甲站出发匀速开往乙站，途中经过一个隧道和一个立交桥．则可以确定火车的速度．

(1)隧道长 400 米，火车完全通过隧道用时 6 秒．

(2)立交桥长 800 米，火车完全通过立交桥用时 10 秒．

7. 等腰梯形的面积为 32.

(1)梯形的中位线为 8，高为 4.

(2)梯形的周长为 26，下底比上底长 6，腰比高长 1.

8. 一元二次方程 $ax^2+bx+c=0$ 有两个不同的实根.

(1)$a>b>c$.

(2)方程 $ax^2+bx+c=0$ 的一个根为 1.

9. 已知 a，b 是实数. 则 $|a|\leqslant 2$.

(1)$|b|\leqslant 1$.

(2)$|a-b|\leqslant 1$.

10. 袋中装有除颜色外完全相同的黑球和白球共 7 个，其中白球有 a 个，现进行不放回取球，每次取出一个，直到取到白球时终止. 则取球 2 次即终止的概率为$\frac{2}{7}$.

(1)$a=3$.

(2)$a=4$.

满分必刷卷 1 答案详解

答案速查

1~5 (D)(E)(B)(A)(C)	6~10 (C)(D)(C)(C)(D)

1.(D)

【解析】条件(1)：由题可得 $f(x)$的对称轴为$\frac{-1+3}{2}=1$，则$-\frac{b}{2}=1\Rightarrow b=-2$，条件(1)充分.

条件(2)：由题可得 $f(x)$的对称轴为$\frac{5+7}{2}=6$，则$-\frac{b}{2}=6\Rightarrow b=-12$，条件(2)充分.

2.(E)

【解析】两个条件单独显然不充分，联合.

$\begin{cases}a_6a_7=30,\\a_6+a_7=11,\end{cases}$解得$\begin{cases}a_6=5,\\a_7=6\end{cases}$或$\begin{cases}a_6=6,\\a_7=5,\end{cases}$有两组解，故数列不唯一，联合也不充分.

3.(B)

【解析】条件(1)：球是正方体的内切球，则球的直径=正方体边长，即 $2r=a$.

正方体体积与球体体积之比为$\frac{a^3}{\frac{4}{3}\pi r^3}=\frac{8r^3}{\frac{4}{3}\pi r^3}=\frac{6}{\pi}<2$，条件(1)不充分.

条件(2)：根据题意，有 $6a^2=2\times4\pi r^2\Rightarrow a=2r\sqrt{\frac{\pi}{3}}$.

令 $r=1$，则$\frac{a^3}{\frac{4}{3}\pi r^3}=\frac{8\sqrt{\left(\frac{\pi}{3}\right)^3}}{\frac{4}{3}\pi}=2\sqrt{\frac{\pi}{3}}>2$，条件(2)充分.

4.(A)

【解析】易知分母恒不为 0. 整理可得$\frac{6a^2+13ab+6b^2}{4a+6b}=\frac{(2a+3b)(3a+2b)}{2(2a+3b)}=\frac{3a+2b}{2}$. 故条件(1)充分，条件(2)不充分.

5.(C)

【解析】两个条件单独显然不充分，联合.

由同余问题可知，n 可以表示为$n=77k+1(k\in\mathbf{N})$. 因为$1<n<100$，故 k 只能为1，即 $n=78$，联合充分.

6.(C)

【解析】设火车长为 x 米，速度为 v 米/秒.

条件(1)：$x+400=6v$，无法确定速度，故条件(1)不充分.

条件(2)：$x+800=10v$，无法确定速度，故条件(2)不充分．

联合两个条件，可得$\begin{cases}x+400=6v,\\x+800=10v,\end{cases}$解得$\begin{cases}x=200,\\v=100,\end{cases}$故可以确定火车的速度，联合充分．

7.（D）

【解析】条件(1)：梯形的中位线长度为上底加下底的一半，所以梯形的面积为 $S=4\times8=32$，故条件(1)充分．

条件(2)：设梯形的高为 x，则梯形的腰为 $x+1$，由勾股定理，可得 $x^2+3^2=(x+1)^2$，解得 $x=4$. 故梯形的高为 4，腰为 5. 所以梯形的面积为 $S=\frac{1}{2}\times4\times(26-2\times5)=32$，故条件(2)也充分．

8.（C）

【解析】条件(1)：显然不充分．

条件(2)：将 $x=1$ 代入原方程可得 $a+b+c=0$，即 $b=-a-c$. 又 $\Delta=b^2-4ac$，将 $b=-a-c$ 代入得，$\Delta=(a+c)^2-4ac=(a-c)^2$. 当 $a=c$ 时，方程有两个相等的实根，条件(2)不充分．

联合两个条件，可知 $a\neq c$，则 $\Delta=(a-c)^2>0$ 恒成立，方程一定有两个不同实根，联合充分．

9.（C）

【解析】两个条件单独显然不充分，故联合．

根据三角不等式得 $|a-b+b|\leqslant|a-b|+|b|\leqslant1+1$，所以 $|a|\leqslant2$，联合充分．

10.（D）

【解析】取球 2 次即终止，即第 1 次取黑球，第 2 次取白球．

条件(1)：所求概率为 $\frac{4}{7}\times\frac{3}{6}=\frac{2}{7}$，充分．

条件(2)：所求概率为 $\frac{3}{7}\times\frac{4}{6}=\frac{2}{7}$，充分．

满分必刷卷 2

难度：★★　　　　得分：________

条件充分性判断：每小题 3 分，共 30 分。要求判断每题给出的条件(1)和条件(2)能否充分支持题干所陈述的结论。(A)、(B)、(C)、(D)、(E)五个选项为判断结果，请选择一项符合试题要求的判断。

(A)条件(1)充分，但条件(2)不充分.

(B)条件(2)充分，但条件(1)不充分.

(C)条件(1)和条件(2)单独都不充分，但条件(1)和条件(2)联合起来充分.

(D)条件(1)充分，条件(2)也充分.

(E)条件(1)和条件(2)单独都不充分，条件(1)和条件(2)联合起来也不充分.

1. 甲商品原价是乙商品原价的 1.5 倍，现乙商品提价百分数是甲商品降价百分数的 2 倍．则调价后，甲、乙商品单价之和提高了 2%.

(1)甲商品降价 10%.

(2)乙商品提价 20%.

2. 设一元二次函数 $f(x)=ax^2+bx+c$. 则可以确定 $f(-1)$的值.

(1)函数图像关于 $x=1$ 对称且过点(3，0).

(2)函数图像过点(2，-3).

3. 多项式$(x^2+ax+1)(x^2-3x+b)$的乘积中不含 x 的奇次项.

(1)$a=3$，$b=1$.

(2)$ab-3=0$.

4. 某五金店采购了 3 盒螺母，现从 3 盒中各拿 1 个螺母．则这 3 个螺母中恰有 1 个是次品的概率为 0.243.

(1)每盒有 100 个螺母.

(2)每盒螺母中各有 10 个次品.

5. 如图所示，正方形 $ABCD$ 的边长为 1，各边上均有一点，分别为 E，F，G，H，且 $AE=BF=CG=DH=a$. 则中间的小正方形的面积为$\frac{5}{8}$.

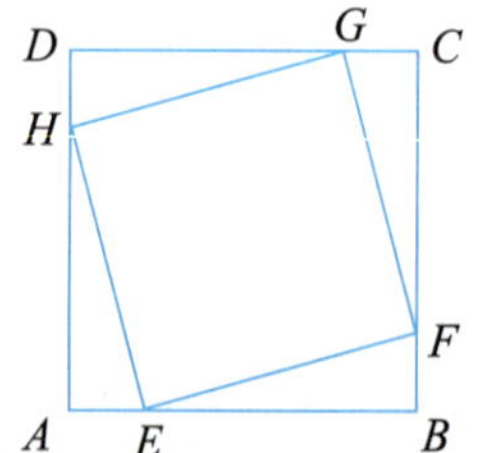

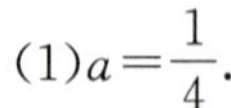
(1)$a=\frac{1}{4}$.

(2)$a=\frac{3}{4}$.

6. 能确定数列$\{a_n\}$.

(1)数列$\{a_n\}$是等差数列，且$a_1=1$，$a_{11}=9$.

(2)数列$\{a_n\}$是等比数列，且$a_1=1$，$a_{11}=9$.

7. $|x|\leqslant 1$.

(1)$|x+2|\leqslant 3$.

(2)$|x-1|\leqslant 2$.

8. 某家公司在去年第四季度共售出若干件产品，其中女性客户平均每人购买了 2 件，男性客户平均每人购买了 3 件．则能确定去年第四季度的产品销售量．

(1)如果只由女性客户购买，则平均每人需购买 8 件产品才能达到同样的销售量．

(2)如果只由男性客户购买，则平均每人需购买 4 件产品才能达到同样的销售量．

9. 设x，y是正实数．则可以确定x^2-xy+y^2的最小值．

(1)$xy=2$.

(2)$x+y=3$.

10. 若a，b，c为不同的自然数．则能确定$\max\{a, b, c\}$的值．

(1)$abc=70$.

(2)a，b，c都是质数．

满分必刷卷 2 答案详解

答案速查

1~5 (D)(A)(A)(C)(D)	6~10 (A)(C)(E)(D)(C)

1. (D)

【解析】甲商品降价 10%，相当于乙商品提价 20%，反之亦然，故两个条件可以相互推导，是等价关系．

设乙商品原价为 100，则甲商品原价为 150，原单价之和为 250.

条件(1)：甲商品降价 10%，则乙商品提价 20%，甲商品现价为 $150\times(1-10\%)=135$，乙商品现价为 $100\times(1+20\%)=120$，现单价之和为 $135+120=255$. 故甲、乙商品单价之和比原单价之和提高了 $\frac{255-250}{250}=2\%$，条件(1)充分．则条件(2)也充分．

2. (A)

【解析】条件(1)：由函数图像关于 $x=1$ 对称，可知 $f(-1)=f(3)=0$，充分．

条件(2)：将点(2，-3)代入函数关系式中，得 $4a+2b+c=-3$，求不出 $f(-1)=a-b+c$ 的值，不充分．

3. (A)

【解析】根据题意可知，奇次项分别为 $(a-3)x^3$，$(ab-3)x$，若结论成立，则 $\begin{cases}a-3=0,\\ab-3=0,\end{cases}$ 解得 $\begin{cases}a=3,\\b=1.\end{cases}$ 故条件(1)充分．条件(2)只能得出一次项不存在，不能确定三次项是否存在，故条件(2)不充分.

4. (C)

【解析】条件(1)和条件(2)显然单独都不充分，故考虑联合．

从每盒中抽取 1 个次品螺母的概率均为 0.1，则所求概率为 $P=C_3^1\times0.1\times0.9^2=0.243$. 故两个条件联合充分．

5. (D)

【解析】方法一：根据题意，$S_{\triangle DHG}=S_{\triangle CGF}=S_{\triangle BFE}=S_{\triangle AEH}=\frac{1}{2}a(1-a)$．若结论成立，则有

$$S_{小正方形}=S_{大正方形}-4S_{\triangle DHG}=1-4\cdot\frac{1}{2}a\cdot(1-a)=\frac{5}{8}\Rightarrow a=\frac{1}{4}或\ a=\frac{3}{4}.$$

故两个条件单独都充分．

方法二：若结论成立，则 $S_{小正方形}=HE^2=HA^2+AE^2=(1-a)^2+a^2=\frac{5}{8}\Rightarrow a=\frac{1}{4}$ 或 $a=\frac{3}{4}$.

6.（A）

【解析】条件(1)：数列是等差数列，则 $d=\frac{a_{11}-a_1}{11-1}=\frac{8}{10}=\frac{4}{5}$，确定了首项和公差，数列即可确定，充分.

条件(2)：数列是等比数列，则 $q^{10}=\frac{a_{11}}{a_1}=9\Rightarrow q=\pm\sqrt[10]{9}$，公比无法唯一确定，不充分.

7.（C）

【解析】条件(1)：举反例，令 $x=-2$，不符合结论，不充分.

条件(2)：举反例，令 $x=3$，不符合结论，不充分.

联合两个条件，条件(1)化简得 $-3\leqslant x+2\leqslant 3\Rightarrow -5\leqslant x\leqslant 1$；条件(2)化简得 $-2\leqslant x-1\leqslant 2\Rightarrow -1\leqslant x\leqslant 3$. 取交集得 $-1\leqslant x\leqslant 1\Rightarrow |x|\leqslant 1$. 联合充分.

8.（E）

【解析】设去年第四季度的女性客户有 x 人，男性客户有 y 人，则去年第四季度的产品销售量为 $2x+3y$.

条件(1)：$8x=2x+3y$，解得 $2x=y$，无法求出 $2x+3y$ 的值，不充分.

条件(2)：$4y=2x+3y$，解得 $y=2x$，等价于条件(1)，不充分.

两个条件等价，故联合也不充分.

【秒杀方法】总销量与客户人数有关，但两个条件单独和联合均无法得出任何人数的实际数值，故单独均不充分，联合也不充分.

9.（D）

【解析】条件(1)：利用均值不等式得 $x^2-xy+y^2\geqslant 2xy-xy=xy=2$，所以 x^2-xy+y^2 的最小值为 2，条件(1)充分.

条件(2)：利用均值不等式得 $x^2-xy+y^2=(x+y)^2-3xy\geqslant(x+y)^2-3\left(\frac{x+y}{2}\right)^2=\frac{9}{4}$，故 x^2-xy+y^2 的最小值为$\frac{9}{4}$，条件(2)充分.

10.（C）

【解析】条件(1)：将 70 分解因数可得 $abc=70=1\times 2\times 35=2\times 5\times 7=\cdots$，显然有多种情况，故 $\max\{a, b, c\}$ 的值无法确定，条件(1)不充分.

条件(2)：显然不充分.

联合两个条件，因为 a，b，c 都是质数，所以只能是 2，5，7，$\max\{a, b, c\}=7$，可以确定，故两个条件联合充分.

满分必刷卷3

难度：★★☆　　　　得分：________

条件充分性判断：每小题3分，共30分。要求判断每题给出的条件(1)和条件(2)能否充分支持题干所陈述的结论。(A)、(B)、(C)、(D)、(E)五个选项为判断结果，请选择一项符合试题要求的判断。

(A)条件(1)充分，但条件(2)不充分.

(B)条件(2)充分，但条件(1)不充分.

(C)条件(1)和条件(2)单独都不充分，但条件(1)和条件(2)联合起来充分.

(D)条件(1)充分，条件(2)也充分.

(E)条件(1)和条件(2)单独都不充分，条件(1)和条件(2)联合起来也不充分.

1. 某气象站天气预报的准确率是80%. 则$P>0.3$.

(1)3次预报中恰有2次预报准确的概率为P.

(2)3次预报中至少有2次预报准确的概率为P.

2. 设x，y是实数. 则$x\geqslant 8$，$y\geqslant 11$.

(1)$3x\geqslant 2y+2$.

(2)$2y\geqslant 2x+6$.

3. 已知x，y是正实数. 则能确定$\left(1+\frac{1}{x}\right)\left(1+\frac{1}{y}\right)$的最小值.

(1)$xy=1$.

(2)$x+y=1$.

4. $\triangle ABC$为直角三角形.

(1)$\triangle ABC$的三边长a，b，c满足$a^3+b^3+c^3=3abc$.

(2)$\triangle ABC$的外心在边AC上.

5. 已知数列$\{a_n\}$是等差数列. 则数列$\{a_n\}$的前n项和S_n有最大值.

(1)$a_7=0$.

(2)$a_5+a_9=0$.

6. 已知有五个正数x_1，x_2，…，x_5. 则能确定它们的平均值.

(1)已知它们的平方和.

(2)已知它们的方差.

7. 已知 a，b 为整数．则 $ab\leqslant 0$.

(1) $a\neq b$.

(2) $|a-b|+ab=1$.

8. 若 x，y 均为正整数．则能确定 x 和 y 的值．

(1) $\frac{6}{xy}-\frac{1}{x}-\frac{2}{y}=1$.

(2) $\frac{9}{xy}-\frac{3}{x}-\frac{1}{y}=1$.

9. 甲校学生人数是乙校学生人数的 40%．则能确定两校女生总数占两校学生总人数的百分比．

(1)甲校女生人数是甲校学生人数的 25%.

(2)乙校男生人数是乙校学生人数的 40%.

10. 已知圆 O 的方程：$x^2+y^2-2x+2y=a$．则可以确定 a 的值．

(1)圆 O 与直线 $y=2x+1$ 相切．

(2)圆 O 与 y 轴相切．

满分必刷卷 3 答案详解

答案速查

1～5 (D)(C)(D)(B)(E)	6～10 (C)(C)(A)(C)(D)

1. (D)

【解析】条件(2)3 次中至少有 2 次准确，有两种情况：恰有 2 次准确和 3 次都准确，故其概率一定比条件(1)大，若条件(1)充分，则条件(2)一定充分．两个条件是包含关系．

条件(1)：易知 $P=C_3^2\times(80\%)^2\times(1-80\%)=0.384>0.3$，条件(1)充分．则条件(2)也充分．

2. (C)

【解析】条件(1)：举反例，$x=1$，$y=0$，满足条件，但结论不成立，故不充分．

条件(2)：举反例，$x=0$，$y=3$，满足条件，但结论不成立，故不充分．

联合两个条件，可得 $\begin{cases}3x\geqslant 2y+2①,\\2y\geqslant 2x+6②,\end{cases}$ 式①+式②可得 $x\geqslant 8$；代入式②可得 $2y\geqslant 2x+6\geqslant 2\times 8+6$，即 $y\geqslant 11$. 联合充分．

3. (D)

【解析】$\left(1+\frac{1}{x}\right)\left(1+\frac{1}{y}\right)=1+\frac{1}{x}+\frac{1}{y}+\frac{1}{xy}=1+\frac{x+y+1}{xy}$.

条件(1)：$xy=1$，则原式 $=x+y+2\geqslant 2\sqrt{xy}+2=4$，最小值为 4，充分．

条件(2)：$x+y=1$，则原式 $=1+\frac{2}{xy}\geqslant 1+\frac{2}{\left(\frac{x+y}{2}\right)^2}=9$，最小值为 9，充分．

4. (B)

【解析】条件(1)：由 $a^3+b^3+c^3=3abc$ 可得 $a=b=c$，则 $\triangle ABC$ 是等边三角形，不充分．

条件(2)：设外心为 O 点，因而 $OA=OB=OC$，故 $\triangle OAB$，$\triangle OBC$ 都是等腰三角形，则

$$\angle A+\angle ABO+\angle OBC+\angle C=180^\circ\Rightarrow 2(\angle ABO+\angle OBC)=180^\circ$$
$$\Rightarrow\angle ABO+\angle OBC=90^\circ\Rightarrow\angle ABC=90^\circ,$$

故 $\triangle ABC$ 是直角三角形，充分．

5. (E)

【解析】$a_5+a_9=2a_7$，故 $a_5+a_9=0\Leftrightarrow a_7=0$，两个条件是等价关系．

条件(1)：只知 $a_7=0$，不知首项的正负或公差的正负，故不能确定数列 $\{a_n\}$ 的前 n 项和 S_n 有最大值，不充分．因此条件(2)也不充分，联合也不充分．

6. (C)

【解析】设这五个正数的平均值为 $\overline{x}$，平方和为 a，方差为 S^2.

条件(1)：$x_1^2+x_2^2+\cdots+x_5^2=a$，无法求出 $\overline{x}$，不充分．

条件(2)：$S^2=\frac{1}{5}(a-5\overline{x}^2)$，无法求出 $\overline{x}$，不充分．

联合两个条件，解得 $\overline{x}=\pm\sqrt{\frac{a-5S^2}{5}}$，又因为这五个数都是正数，故 $\overline{x}=\sqrt{\frac{a-5S^2}{5}}$，两个条件联合充分．

7.(C)

【解析】条件(1)：显然不充分．

条件(2)：举反例，令 $a=b=1$，则 $ab>0$，不充分．

联合两个条件．$|a-b|+ab=1\Leftrightarrow ab=1-|a-b|$．因为 $a\neq b$，且 a，b 均为整数，故 $|a-b|\geqslant1$，则 $ab\leqslant0$，两个条件联合充分．

8.(A)

【解析】条件(1)：左右两边同乘 xy，得 $xy+2x+y=6\Rightarrow(x+1)(y+2)=8$，$x$，$y$ 均为正整数，则可解得 $x=1$，$y=2$，条件(1)充分．

条件(2)：左右两边同乘 xy，得 $xy+x+3y=9\Rightarrow(x+3)(y+1)=12$，$x$，$y$ 均为正整数，则可解得 $x=3$，$y=1$ 或 $x=1$，$y=2$，条件(2)不充分．

9.(C)

【解析】变量缺失型互补关系．确定两校女生总占比，则甲校女生占比和乙校女生占比都需要知道，故两个条件单独皆不充分，需要联合．

赋值法．假设乙校学生人数是 100，则甲校学生人数是 40，两校学生总人数为 140. 甲校女生人数为 $40\times25\%=10$，乙校女生人数为 $100\times(1-40\%)=60$，两校女生总人数为 70，则占两校学生总人数的百分比为 $\frac{70}{140}\times100\%=50\%$，联合充分．

10.(D)

【解析】将圆的方程化为标准式，得 $(x-1)^2+(y+1)^2=a+2$，圆心为 $(1,-1)$，半径为 $\sqrt{a+2}$.

条件(1)：圆与直线相切，则圆心 $(1,-1)$ 到直线 $2x-y+1=0$ 的距离等于半径，即 $d=\frac{|2-(-1)+1|}{\sqrt{5}}=\sqrt{a+2}$，解得 $a=\frac{6}{5}$，故条件(1)充分．

条件(2)：圆与 y 轴相切，则圆心横坐标的绝对值等于半径，即 $\sqrt{a+2}=1$，解得 $a=-1$，故条件(2)充分．

满分必刷卷 4

难度：★★★　　　　得分：________

条件充分性判断：每小题 3 分，共 30 分。要求判断每题给出的条件(1)和条件(2)能否充分支持题干所陈述的结论。(A)、(B)、(C)、(D)、(E)五个选项为判断结果，请选择一项符合试题要求的判断。

(A)条件(1)充分，但条件(2)不充分.

(B)条件(2)充分，但条件(1)不充分.

(C)条件(1)和条件(2)单独都不充分，但条件(1)和条件(2)联合起来充分.

(D)条件(1)充分，条件(2)也充分.

(E)条件(1)和条件(2)单独都不充分，条件(1)和条件(2)联合起来也不充分.

1. 已知 x，y，$z\in\mathbf{R}$，且 $xyz\neq0$. 则可以确定 $\frac{|y+z|}{x}+\frac{|z+x|}{y}+\frac{|x+y|}{z}$ 的值.

(1) $xyz=1$.

(2) $x+y+z=0$.

2. 已知 x，y，z 是实数，且 $xyz\neq0$. 则可以确定 $\frac{x^2+y^2-z^2}{xy-yz+zx}$ 的值.

(1) $2x+3y-13z=0$.

(2) $x-2y+4z=0$.

3. 已知二次函数 $f(x)=ax^2+bx+c$. 则能确定 $a+b+c$ 的值.

(1)曲线 $f(x)$ 经过点 $(0, 0)$，$(-1, 1)$.

(2)曲线 $f(x)$ 与直线 $y=x$ 相切.

4. 已知 $0<x<6$. 则 $f(x)\geqslant g(x)$.

(1) $f(x)=x+\frac{27}{2x^2}$.

(2) $g(x)=\sqrt{x(6-x)}$.

5. 洛阳牡丹花会期间，记者在牡丹园随机采访 10 名外国游客，其中有 n 名外国游客来过洛阳，从这 10 人中任选 2 人进行采访. 则采访到来过洛阳的外国游客的概率为 $\frac{8}{15}$.

(1) $n=2$.

(2) $n=3$.

6. 若长方体从一个顶点出发的三条棱长成等差数列．则能确定其表面积．

(1)已知这三条棱长的公差．

(2)已知这三条棱长之和．

7. 如图所示，在四边形 $ABCD$ 中，$AD /\!/ BC$，对角线 AC，BD 交于点 O. 则可以确定$\triangle COD$ 的面积．

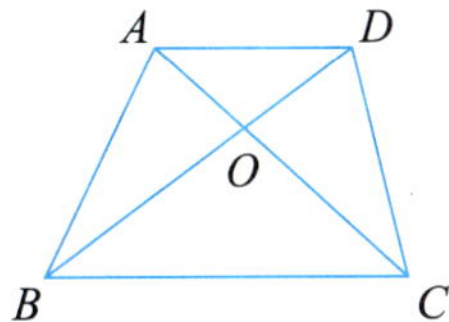

(1)$S_{\triangle AOB}=8$.

(2)$S_{\triangle AOD}=8$.

8. 某编辑负责审稿一本小说，原计划 13 天完成，审稿三天后收到出版日期提前 2 天的通知．则该编辑能如期审完小说．

(1)此编辑收到通知后每天增加 20%的工作时间．

(2)此编辑收到通知后每天增加 30%的工作时间．

9. 已知等差数列$\{a_n\}$的前 n 项和为 S_n，且 $a_1>0$. 则满足 $S_n>0$ 的最大自然数 n 的值为 22.

(1)$S_{10}=S_{11}$.

(2)$S_{14}=S_9$.

10. 已知 m 为实数．则关于 x 的不等式$|x-2|+|x-3|-|1-m|\geqslant m$ 恒成立．

(1)$m\leqslant 1$.

(2)$m>1$.

满分必刷卷4 答案详解

答案速查

1～5 (C)(C)(C)(C)(B)	6～10 (C)(A)(B)(B)(A)

1.(C)

【解析】条件(1)：举反例，当$x=1$，$y=1$，$z=1$时，原式$=6$；当$x=1$，$y=-1$，$z=-1$时，原式$=2$. 值不唯一，故条件(1)不充分.

条件(2)：易知$\begin{cases}x+y=-z,\\x+z=-y,\\y+z=-x,\end{cases}$代入所求代数式可得原式$=\frac{|x|}{x}+\frac{|y|}{y}+\frac{|z|}{z}$.

x，y，z有两种正负情况：①1正2负，此时原式$=-1$；②2正1负，此时原式$=1$. 值不唯一，故条件(2)不充分.

联合两个条件，由条件(1)可知，x，y，z只能为1正2负，故原式$=-1$，联合充分.

2.(C)

【解析】两个条件单独显然不充分，联合.

$\begin{cases}2x+3y-13z=0①,\\x-2y+4z=0②,\end{cases}$式①－式②×2，得$y=3z$，代入式②中，得$x=2z$.

赋值法，令$z=1$，$x=2$，$y=3$，则$\frac{x^2+y^2-z^2}{xy-yz+zx}=\frac{4+9-1}{6-3+2}=\frac{12}{5}$，联合充分.

3.(C)

【解析】条件(1)：将点(0，0)，(－1，1)代入函数表达式可得$\begin{cases}c=0,\\a-b+c=1\end{cases}\Rightarrow\begin{cases}c=0,\\a-b=1,\end{cases}$无法求出$a+b+c$的值，不充分.

条件(2)：由函数图像相切，可知新一元二次方程$ax^2+(b-1)x+c=0$有两个相同的实根，即$\Delta=(b-1)^2-4ac=0$，无法求出$a+b+c$的值，不充分.

联合两个条件，可得$\begin{cases}c=0,\\a-b=1,\\4ac=(b-1)^2\end{cases}\Rightarrow\begin{cases}a=2,\\b=1,\\c=0,\end{cases}$则$a+b+c=3$，可以唯一确定，联合充分.

4.(C)

【解析】变量缺失型互补关系，条件(1)和条件(2)缺一不可，需要联合.

$f(x)=\frac{x}{2}+\frac{x}{2}+\frac{27}{2x^2}\geqslant3\sqrt[3]{\frac{x}{2}\cdot\frac{x}{2}\cdot\frac{27}{2x^2}}=3\times\frac{3}{2}=\frac{9}{2}$，当且仅当$\frac{x}{2}=\frac{27}{2x^2}$，即$x=3$时等号成立，故$f(x)_{\min}=\frac{9}{2}$.

易知 $g(x)_{\max}=g(3)=\sqrt{3\times3}=3$，

$g(x)$的最大值小于 $f(x)$的最小值，因此 $f(x)\geqslant g(x)$恒成立，联合充分．

5.（B）

【解析】条件(1)：当 $n=2$ 时，所求概率为$\frac{C_2^2+C_2^1C_8^1}{C_{10}^2}=\frac{17}{45}$，不充分．

条件(2)：当 $n=3$ 时，所求概率为$\frac{C_3^2+C_3^1C_7^1}{C_{10}^2}=\frac{8}{15}$，充分．

6.（C）

【解析】条件(1)：只知公差，无法确定棱长，故无法确定其表面积，不充分．

条件(2)：只知棱长之和，只能求出中间长度的棱长，无法求出另外两条棱的长度，故无法确定其表面积，不充分．

联合两个条件，设三条棱长的公差为 d，和为 m，则中间长度的棱长为$\frac{m}{3}$，另两条棱长分别为$\frac{m}{3}-d$，$\frac{m}{3}+d$，三条棱长确定，则表面积能唯一确定，联合充分．

7.（A）

【解析】根据梯形蝴蝶模型可知 $S_{\triangle AOD}\cdot S_{\triangle BOC}=S_{\triangle AOB}\cdot S_{\triangle COD}$，且 $S_{\triangle AOB}=S_{\triangle COD}$.

条件(1)：$S_{\triangle AOB}=S_{\triangle COD}=8$，充分．

条件(2)：不知道 $S_{\triangle BOC}$的面积，也不知道任何边的比例，无法求出 $S_{\triangle COD}$，不充分．

8.（B）

【解析】工作时间越长，如期审完小说的可能性越大，若条件(1)充分，则条件(2)必然充分. 两个条件是包含关系．

原计划需要 13 天，设每天审稿 x 页，则小说总页数为 $13x$，审稿三天后还剩 $10x$ 页，因为需提前 2 天完成，则剩余审稿时间还有 8 天．

条件(1)：每天增加 20%的工作时间说明每天工作量增长 20%，即剩余 8 天每天审稿 $1.2x$ 页，8 天可审稿 $8\times1.2x=9.6x$ 页，$9.6x<10x$，所以条件(1)不充分．

条件(2)：同理得，剩余 8 天每天审稿 $1.3x$ 页，8 天可审稿 $8\times1.3x=10.4x$ 页，$10.4x>10x$，所以条件(2)充分．

9.（B）

【解析】条件(1)：$S_{10}=S_{11}$，由轮换对称公式得 $S_{21}=0$. 又 $a_1>0$，则 $d<0$，$S_{22}<0$，故条件(1)不充分．

条件(2)：同理可得 $S_{23}=0$，$d<0$，$S_{22}>0$，满足 $S_n>0$ 的最大自然数 n 的值为 22，故条件(2)充分．

10.（A）

【解析】从结论出发．不等式可以化为$|x-2|+|x-3|\geqslant m+|1-m|$，要想满足不等式恒成立，不等式右边应该小于等于左边的最小值，根据线性和的结论可知$|x-2|+|x-3|$的最小值为 1，则结论等价于 $m+|1-m|\leqslant1$，解得 $m\leqslant1$，故条件(1)充分，条件(2)不充分．

满分必刷卷 5

难度：★★★　　　　得分：________

条件充分性判断：每小题3分，共30分。要求判断每题给出的条件(1)和条件(2)能否充分支持题干所陈述的结论。(A)、(B)、(C)、(D)、(E)五个选项为判断结果，请选择一项符合试题要求的判断。

(A)条件(1)充分，但条件(2)不充分.

(B)条件(2)充分，但条件(1)不充分.

(C)条件(1)和条件(2)单独都不充分，但条件(1)和条件(2)联合起来充分.

(D)条件(1)充分，条件(2)也充分.

(E)条件(1)和条件(2)单独都不充分，条件(1)和条件(2)联合起来也不充分.

1. 已知 $n\in\mathbf{N}_{+}$. 则 n^2 除以 5 余数为 1.

(1)n 除以 5 余 1.

(2)n 除以 5 余 2.

2. 某人每次投篮的命中率为 P，每次投篮的结果互不影响. 则能确定他投篮 4 次至少投中 1 次的概率.

(1)投篮 2 次恰好投中 1 次的概率为$\frac{4}{9}$.

(2)投篮 4 次恰好投中 2 次的概率为$\frac{8}{27}$.

3. 某人有两件成本不同的衣服，最后以相同价格卖出. 则此人亏本了.

(1)一件先涨价 20%再降价 20%，另一件先降价 20%再涨价 20%.

(2)一件亏本 20%，另一件赚 20%.

4. $\left(\frac{1}{2}\right)^{x}<\left(\frac{1}{2}\right)^{y}$.

(1)$x^2>y^2$.

(2)$\frac{1}{x}<\frac{1}{y}$.

5. 已知圆 C 的方程为 $x^2+y^2=2$，直线 l 的方程为$(m+1)x-y-m=0$. 则直线与圆只有一个交点.

(1)$m\neq 0$.

(2)直线 l 在两坐标轴上的截距相等.

6. 甲、乙、丙、丁、戊站在一排照相．则共有 24 种不同的排法．

(1)要求甲、乙相邻．

(2)要求丙、丁不相邻．

7. 已知 x，y 都是正整数．则点 $M(x, y)$ 有 4 个．

(1)$\frac{1}{x}+\frac{1}{y}+1=\frac{11}{xy}$.

(2)$\frac{1}{x}+\frac{1}{y}+1=\frac{2\ 006}{xy}$.

8. 已知 a 为质数．则可以确定 a 的值．

(1)关于 x 的方程 $ax^2+(2a-2)x+a-2=0$ 的根为整数．

(2)关于 x 的方程 $ax^2+(3a-4)x-12=0$ 的根为整数．

9. 已知等差数列 $\{a_n\}$．则可以确定数列 $\{a_n\}$ 前 n 项和的最大值．

(1)已知 a_1 的值，且 $a_1>0$.

(2)$a_2+a_4=a_1$.

10. 已知 $x\in(0, 1)$．则 $\frac{\sqrt{1-x}}{\sqrt{1+x}+\sqrt{1-x}}+\frac{1-x}{\sqrt{1-x^2}-1+x}=1$.

(1)$x=\frac{1}{2}$.

(2)$x=\frac{\sqrt{2}}{2}$.

满分必刷卷 5 答案详解

答案速查

1～5　(A)(E)(B)(E)(C)	6～10　(C)(D)(D)(C)(B)

1. (A)

【解析】条件(1)：令 $n=5k+1$，则 $n^2=25k^2+10k+1=5(5k^2+2k)+1$，故 n^2 除以 5 余数为 1，充分．

条件(2)：令 $n=5k+2$，则 $n^2=25k^2+20k+4=5(5k^2+4k)+4$，故 n^2 除以 5 余数为 4，不充分．

2. (E)

【解析】条件(1)：根据题意可知 $C_2^1\times P\times(1-P)=\frac{4}{9}\Rightarrow P=\frac{1}{3}$或$\frac{2}{3}$.

当 $P=\frac{2}{3}$时，投篮 4 次至少投中一次的概率为 $1-\left(1-\frac{2}{3}\right)^4=\frac{80}{81}$；

当 $P=\frac{1}{3}$时，投篮 4 次至少投中一次的概率为 $1-\left(1-\frac{1}{3}\right)^4=\frac{65}{81}$.

故条件(1)不充分．

条件(2)：根据题意可知 $C_4^2\times P^2\times(1-P)^2=\frac{8}{27}\Rightarrow P=\frac{1}{3}$或$\frac{2}{3}$，等价于条件(1)，故条件(2)不充分，联合也不充分．

3. (B)

【解析】条件(1)：因为不知道成本是多少，故无法判断盈亏，条件(1)不充分．

条件(2)：假设每件衣服售价为 100 元．亏本 20%的衣服成本为$\frac{100}{1-20\%}=125$(元)，赚 20%的衣服成本为$\frac{100}{1+20\%}=\frac{250}{3}$(元). 故两件衣服的总利润为 $2\times100-125-\frac{250}{3}=-\frac{25}{3}$(元)，即亏本$\frac{25}{3}$元，条件(2)充分．

4. (E)

【解析】由指数函数的性质可知，若结论成立，需满足 $x>y$.

举反例，令 $x=-2$，$y=1$，可知条件(1)和条件(2)单独都不充分，联合也不充分．

5. (C)

【解析】条件(1)：显然不充分．

条件(2)：直线在两坐标轴上的截距分别为$\frac{m}{m+1}$，$-m$，截距相等，则$\frac{m}{m+1}=-m$，解得 $m=0$ 或 $m=-2$. 当 $m=0$ 时，直线方程为 $x-y=0$，显然直线方程过点(0，0)，即圆心，与圆一定有两个交点，不充分．

联合两个条件，$m=-2$，直线方程为 $x+y-2=0$，圆心到直线的距离为 $d=\frac{|0+0-2|}{\sqrt{1+1}}=\sqrt{2}$，即圆心到直线的距离等于半径，则直线与圆相切，只有一个交点，联合充分．

6.（C）

【解析】条件(1)：捆绑法，甲、乙相邻有 $A_2^2A_4^4=48$(种)排法，不充分．

条件(2)：插空法，丙、丁不相邻有 $A_3^3A_4^2=72$(种)排法，不充分．

联合两个条件，先将甲、乙捆绑为一个元素，内部排序，为 A_2^2；捆绑元素与戊排序，为 A_2^2；丙、丁插空，为 A_3^2．由乘法原理可知，不同的排法有 $A_2^2A_2^2A_3^2=24$(种)．故两个条件联合充分．

7.（D）

【解析】条件(1)：两边同时乘 xy，原式可化为 $xy+x+y=11$，$xy+x+y+1=12$，因式分解得 $(x+1)(y+1)=12=2\times6=3\times4$，解得 $\begin{cases}x=1,\\y=5\end{cases}$ 或 $\begin{cases}x=5,\\y=1\end{cases}$ 或 $\begin{cases}x=2,\\y=3\end{cases}$ 或 $\begin{cases}x=3,\\y=2,\end{cases}$ 条件(1)充分．

条件(2)：两边同时乘 xy，原式可化为 $xy+x+y=2\ 006$，$xy+x+y+1=2\ 007$，因式分解得 $(x+1)(y+1)=2\ 007=3\times669=9\times223$，解得 $\begin{cases}x=2,\\y=668\end{cases}$ 或 $\begin{cases}x=668,\\y=2\end{cases}$ 或 $\begin{cases}x=8,\\y=222\end{cases}$ 或 $\begin{cases}x=222,\\y=8,\end{cases}$ 条件(2)充分．

8.（D）

【解析】a 为质数，则 $a\neq0$.

条件(1)：将方程因式分解得 $(ax+a-2)(x+1)=0$，则 $x_1=\frac{2-a}{a}=\frac{2}{a}-1$，$x_2=-1$，方程的根为整数，所以 $a=\pm1$ 或 ±2，又 a 为质数，所以 $a=2$. 条件(1)充分．

条件(2)：将方程因式分解得 $(ax-4)(x+3)=0$，则 $x_1=\frac{4}{a}$，$x_2=-3$，方程的根为整数，所以 $a=\pm1$ 或 ±2 或 ±4，又 a 为质数，所以 $a=2$. 条件(2)充分．

9.（C）

【解析】条件(1)：显然不充分．

条件(2)：因为数列 $\{a_n\}$ 为等差数列，所以 $a_2+a_4=a_1\Rightarrow a_1+d+a_1+3d=a_1\Rightarrow a_1=-4d$. 可得 $a_1+4d=a_5=0$，故等差数列的前 n 项和的最值是 S_4 和 S_5，但不知其为最大值还是最小值，亦无法确定其值，所以条件(2)不充分．

联合两个条件，$a_1>0$，则 $d<0$，等差数列的前 n 项和的最大值是 S_4 和 S_5. 已知 a_1 的值，则可以求出 d 的值和 S_4(或 S_5)的值，故两个条件联合充分．

10.（B）

【解析】令 $\sqrt{1-x}=a$，$\sqrt{1+x}=b$，若结论成立，则有

$$\frac{a}{a+b}+\frac{a^2}{ab-a^2}=\frac{a}{a+b}+\frac{a}{b-a}=\frac{2ab}{b^2-a^2}=\frac{\sqrt{1-x^2}}{x}=1,$$

解得 $x=\frac{\sqrt{2}}{2}$ 或 $-\frac{\sqrt{2}}{2}$(舍去)，故条件(1)不充分，条件(2)充分．

满分必刷卷 6

难度：★★★　　　　得分：________

条件充分性判断：每小题3分，共30分。要求判断每题给出的条件(1)和条件(2)能否充分支持题干所陈述的结论。(A)、(B)、(C)、(D)、(E)五个选项为判断结果，请选择一项符合试题要求的判断。

(A)条件(1)充分，但条件(2)不充分．

(B)条件(2)充分，但条件(1)不充分．

(C)条件(1)和条件(2)单独都不充分，但条件(1)和条件(2)联合起来充分．

(D)条件(1)充分，条件(2)也充分．

(E)条件(1)和条件(2)单独都不充分，条件(1)和条件(2)联合起来也不充分．

1. 某车间需加工1 000个零件，准备分配给6个小组，每个小组的工作量相同．则可以确定每个小组原定的工作量．

(1)若每组按原定工作量工作，则不能完成任务．

(2)若每组比原来多加工2个，则可超额完成任务．

2. 已知x，y是质数．则能确定$x+y$的值．

(1)$3x+4y=26$.

(2)$3x+2y$是6的倍数．

3. 已知等差数列$\{a_n\}$的前n项和为S_n．则$S_n=n^2$.

(1)$S_4=4S_2$.

(2)$a_2=2a_1+1$.

4. 已知某工厂一月份产值．则可以确定该工厂今年的月平均增长率．

(1)已知全年总产值．

(2)已知11月的产值．

5. y的最小值是3.

(1)$y=2\sqrt{x}+\dfrac{1}{x}$.

(2)$y=|2x-2|+|2x-8|$.

6. 已知关于x的方程$x^2+(a^2-1)x+a-2=0$．则可以确定$-2<a<0$.

(1)方程有一根小于-1.

(2)方程有一根大于1.

7. 如图所示，一个正方体铁块沉入圆柱体水盆中，正好水满，已知水盆中原有一半的水．则能确定水盆的容积．

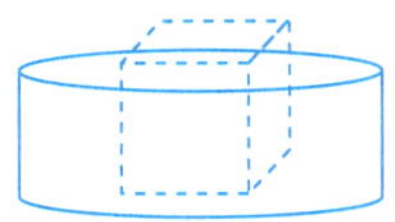

(1)已知铁块露出水面的高度．

(2)已知铁块沉入水中的高度．

8. 某公司为 8 名员工订盒饭，其中黄焖鸡 a 份，冒烤鸭 b 份，麻辣烫 3 份．若每人分 1 份．则有 280 种分配方法．

(1)$a=2$，$b=3$.

(2)$a=4$，$b=1$.

9. 设 F，G 分别是平行四边形 $ABCD$ 中 BC，CD 的中点，O 是 AG 和 DF 的交点．则能确定 AO 的值．

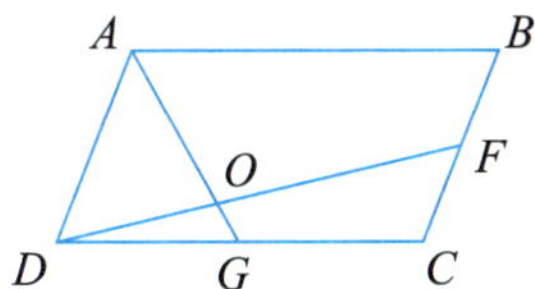

(1)已知 OG.

(2)已知 CF.

10. 某码头到了一批货物，码头的运输队要将这批货物送到两个仓库，仓库 A 存放货物甲，仓库 B 存放货物乙．已知运输队运送甲、乙两种货物每一箱分别获利 2.2 元和 3 元，若运输队的运货车每一次装运重量不超过 37 000 千克，体积不超过 2 000 立方米．则运输队每次的最大获利可达 2 110 元．

(1)甲每一箱重 40 千克，体积为 2 立方米．

(2)乙每一箱重 50 千克，体积为 3 立方米．

满分必刷卷6 答案详解

答案速查

1～5 (E)(D)(C)(E)(A)	6～10 (C)(C)(B)(A)(C)

1.(E)

【解析】每个条件单独显然不充分，考虑联合.

设每个小组原定的工作量为 x. 由条件(1)可得 $6x<1\ 000$，$x<\frac{500}{3}$；由条件(2)可得 $6(x+2)>1\ 000$，$x>\frac{494}{3}$. 故 $\frac{494}{3}<x<\frac{500}{3}$，因为 x 是整数，则 $x=\frac{495}{3}=165$ 或 $x=\frac{498}{3}=166$，所求值不唯一，故联合也不充分.

2.(D)

【解析】条件(1)：$3x+4y=26$，因为26为偶数，$4y$ 也为偶数，则 $3x$ 必为偶数，又因为 x 是质数，所以 $x=2$，$y=5$，$x+y=7$，故条件(1)充分.

条件(2)：$3x+2y$ 是6的倍数，则 $3x+2y$ 是偶数，因为 $2y$ 为偶数，则 $3x$ 一定也是偶数，又因为 x 是质数，所以 $x=2$. 代入原式得 $6+2y$ 是6的倍数，因为6是6的倍数，则 $2y$ 一定也是6的倍数，又因为 y 是质数，所以 $y=3$. 故 $x+y=5$，条件(2)充分.

3.(C)

【解析】条件(1)：根据 $S_4=4S_2$ 可得 $2(a_1+a_4)=4(a_1+a_2)$，整理得 $2a_1=d$，但是不能确定 a_1 或 d 的值，故条件(1)不充分.

条件(2)：根据 $a_2=2a_1+1$ 可得 $d=a_1+1$，同理不能确定 a_1 或 d 的值，故条件(2)不充分.

联合两个条件，可得 $\begin{cases}2a_1=d,\\d=a_1+1,\end{cases}$ 解得 $\begin{cases}a_1=1,\\d=2,\end{cases}$ 所以数列 $\{a_n\}$ 是以1为首项、2为公差的等差数列，通项公式为 $a_n=2n-1$，故 $S_n=\frac{(a_1+a_n)n}{2}=\frac{(1+2n-1)n}{2}=n^2$. 两个条件联合充分.

4.(E)

【解析】月平均增长率只和1月和12月的产值有关，两个条件单独或联合均不能求出12月的产值，所以无法确定月平均增长率，均不充分.

5.(A)

【解析】条件(1)：根据题意可知 $x>0$，由均值不等式可得

$$y=2\sqrt{x}+\frac{1}{x}=\sqrt{x}+\sqrt{x}+\frac{1}{x}\geqslant 3\sqrt[3]{\sqrt{x}\cdot\sqrt{x}\cdot\frac{1}{x}}=3,$$

故条件(1)充分.

条件(2)：$y=|2x-2|+|2x-8|=2(|x-1|+|x-4|)$，由两个绝对值线性和的结论可知，$y$ 的最小值为 $2\times(4-1)=6$，故条件(2)不充分.

6.（C）

【解析】条件(1)：当 $a=2$ 时，方程为 $x^2+(2^2-1)x+2-2=0\Rightarrow x^2+3x=0$，满足有一根小于 -1，但结论不成立，故条件(1)不充分．

条件(2)：当 $a=0$ 时，方程 $x^2+(0^2-1)x+0-2=0\Rightarrow x^2-x-2=0$ 满足有一根大于 1，但结论不成立，故条件(2)不充分．

联合两个条件，设 $f(x)=x^2+(a^2-1)x+a-2$，则有 $\begin{cases}f(1)<0,\\f(-1)<0,\end{cases}$ 解得 $\begin{cases}-2<a<1,\\a<0\text{ 或 }a>1,\end{cases}$ 所以 $-2<a<0$，联合充分．

7.（C）

【解析】两个条件显然单独不充分，故联合．

设露出水面的高度为 a，沉入水中的高度为 b，故正方体棱长为 $a+b$，当铁块沉入后水盆正好水满，所以 $\frac{V_{盆}}{2}=V_{铁块沉入部分}=(a+b)^2b$，得 $V_{盆}=2(a+b)^2b$，两个条件联合充分．

8.（B）

【解析】条件(1)：8 份盒饭任意分配给 8 名员工，有 A_8^8 种方法；同一种盒饭属于相同元素，需要消序，故共有 $\frac{A_8^8}{A_2^2A_3^3A_3^3}=560$(种)分配方法，不充分．

条件(2)：同理可得共有 $\frac{A_8^8}{A_4^4A_3^3}=280$(种)分配方法，充分．

9.（A）

【解析】延长 AB，与 DF 的延长线交于点 H，如图所示．

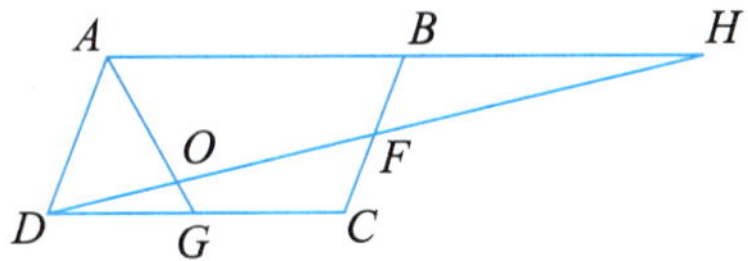

易知$\triangle BHF\cong\triangle CDF$(ASA)，故 $BH=CD=AB$，$AH=2AB=2CD$.

条件(1)：由$\triangle ODG\backsim\triangle OHA$，可得$\frac{OG}{OA}=\frac{GD}{AH}=\frac{\frac{1}{2}CD}{2CD}=\frac{1}{4}$，即 $AO=4OG$，充分．

条件(2)：已知 CF，求不出 AO 与 CF 的比例关系，不充分．

10.（C）

【解析】变量缺失型互补关系．两个条件单独显然不充分，故联合．

设每次搬运甲 x 箱，搬运乙 y 箱，每次获利 z 元，根据条件列出不等式组得

$$\begin{cases}x\geqslant0,\ y\geqslant0,\\2x+3y\leqslant2\ 000,\\40x+50y\leqslant37\ 000,\end{cases}$$

目标函数 $z=2.2x+3y$.

直接取等法，令 $\begin{cases}2x+3y=2\ 000,\\40x+50y=37\ 000,\end{cases}$ 解得 $\begin{cases}x=550,\\y=300.\end{cases}$

故最大利润为 $2.2\times550+3\times300=2\ 110$(元)，联合充分．

满分必刷卷 7

难度：★★★☆　　　　得分：________

条件充分性判断：每小题3分，共30分。要求判断每题给出的条件(1)和条件(2)能否充分支持题干所陈述的结论。(A)、(B)、(C)、(D)、(E)五个选项为判断结果，请选择一项符合试题要求的判断。

(A)条件(1)充分，但条件(2)不充分．

(B)条件(2)充分，但条件(1)不充分．

(C)条件(1)和条件(2)单独都不充分，但条件(1)和条件(2)联合起来充分．

(D)条件(1)充分，条件(2)也充分．

(E)条件(1)和条件(2)单独都不充分，条件(1)和条件(2)联合起来也不充分．

1. 甲、乙两人同时加工一批零件，每人加工一半．则能确定这批零件的总数．

(1)甲完成任务的$\frac{1}{3}$时，乙加工了45个零件．

(2)甲完成任务的$\frac{2}{3}$时，乙完成了任务的一半．

2. 已知x，y是正实数．则能确定x^2+y^2的最小值．

(1)已知$x+y$的值．

(2)已知$\frac{xy}{x+y}$的值．

3. 已知a，b，c皆为质数，且$a+b+c=32$. 则可以确定a，b，c的值．

(1)$a<b<c$.

(2)$c>2b$.

4. 某化学实验室购入甲、乙两种浓度的次氯酸钠溶液．则可以确定甲溶液和乙溶液的体积．

(1)已知甲溶液和乙溶液的浓度．

(2)已知甲、乙两溶液混合后的浓度．

5. 能确定直线$ax+by-c=0$被圆$x^2+y^2=2$截得的弦长．

(1)$a^2+b^2=c^2$.

(2)a^2，c^2，b^2成等差数列．

6. 设集合$A=\left\{x \mid |x-a|<1, x\in\mathbf{R}\right\}$，$B=\left\{x \mid |x-b|>3, x\in\mathbf{R}\right\}$. 则$A\subseteq B$.

(1)$|a-b|\leqslant 2$.

(2)$|a-b|\geqslant 4$.

7. 已知 a，b，$c\in\mathbf{R}$. 则 $abc>0$.

(1)$\frac{1}{a}+\frac{1}{b}+\frac{1}{c}=0$.

(2)$(a+1)(b+1)(c+1)>1$.

8. 数列$\{a_n\}$的前 n 项和为 S_n. 则$\{a_n\}$为等比数列．

(1)$a_1=1$.

(2)$3a_n-2S_n=1$.

9. 草原中央有一矩形木台，长 5 米，宽 4 米，现将一只羊拴在一顶点上．则这只羊能吃到 19π 平方米的草．

(1)拴绳长 4 米．

(2)拴绳长 5 米．

10. 从 5 对夫妻中选出 4 人．则 $P=\frac{4}{7}$.

(1)选出的 4 人中至少有一对夫妻．

(2)选出的 4 人中恰有一对夫妻．

满分必刷卷 7 答案详解

答案速查

1~5　(C)(D)(C)(E)(D)	6~10　(B)(E)(B)(B)(B)

1.(C)

【解析】设这批零件总数为 x，则甲、乙各需完成$\frac{1}{2}x$.

条件(1)：甲加工了$\frac{1}{2}x\cdot\frac{1}{3}=\frac{1}{6}x$，乙加工了 45 个，求不出 x，不充分.

条件(2)：甲、乙的效率之比是$\frac{2}{3}:\frac{1}{2}=4:3$，求不出 x，不充分.

联合两个条件，则有$\frac{x}{6}:45=4:3$，解得 $x=360$，故联合充分.

2.(D)

【解析】条件(1)：由柯西不等式可知，$2(x^2+y^2)\geqslant(x+y)^2$，则 x^2+y^2 的最小值为$\frac{(x+y)^2}{2}$，充分.

条件(2)：由均值不等式可得$\frac{xy}{x+y}\leqslant\frac{\left(\frac{x+y}{2}\right)^2}{x+y}=\frac{x+y}{4}$，由柯西不等式 $2(x^2+y^2)\geqslant(x+y)^2$ 可知，$x+y\leqslant\sqrt{2(x^2+y^2)}$，则$\frac{xy}{x+y}\leqslant\frac{\sqrt{2(x^2+y^2)}}{4}$，两边平方，得$\left(\frac{xy}{x+y}\right)^2\leqslant\frac{x^2+y^2}{8}$，即 $x^2+y^2\geqslant8\left(\frac{xy}{x+y}\right)^2$，最小值为 $8\left(\frac{xy}{x+y}\right)^2$，充分.

3.(C)

【解析】条件(1)：因为质数 a，b，c 各不相等，根据奇偶性可知，必有一偶二奇，故 $a=2$，$b+c=30$，满足条件的解有$\begin{cases}b=7,\\c=23\end{cases}$或$\begin{cases}b=11,\\c=19\end{cases}$或$\begin{cases}b=13,\\c=17,\end{cases}$故条件(1)不充分.

条件(2)：$\begin{cases}a+b+c=32,\\c>2b,\end{cases}$满足条件的解必为一偶二奇，所以 $a=2$ 或 $b=2$，显然不止一组解，故条件(2)不充分.

联合两个条件，因为 $a<b<c$，故 $a=2$，由于 $c>2b$，所以仅有一组解满足条件，即$\begin{cases}a=2,\\b=7,\\c=23,\end{cases}$联合充分.

4.（E）

【解析】题干和条件中没有给出任何一个具体的体积数值，故两个条件单独皆不充分，联合也不充分．

5.（D）

【解析】设 d 为圆心到直线的距离，则直线被圆截得的弦长为 $l=2\sqrt{r^2-d^2}$．

由点到直线的距离公式得 $d=\dfrac{|a\cdot 0+b\cdot 0-c|}{\sqrt{a^2+b^2}}=\dfrac{|c|}{\sqrt{a^2+b^2}}$，故 $l=2\sqrt{2-\dfrac{c^2}{a^2+b^2}}$．

条件(1)：由 $a^2+b^2=c^2$，得 $l=2\sqrt{2-\dfrac{c^2}{c^2}}=2$，充分．

条件(2)：由等差数列中项公式，得 $a^2+b^2=2c^2$，故 $l=2\sqrt{2-\dfrac{c^2}{2c^2}}=\sqrt{6}$，充分．

6.（B）

【解析】$A=\{x\mid a-1<x<a+1\}$，$B=\{x\mid x>b+3$ 或 $x<b-3\}$．若 $A\subseteq B$，需满足 $a+1\leqslant b-3$ 或 $b+3\leqslant a-1$，即 $a-b\leqslant -4$ 或 $a-b\geqslant 4$，则 $|a-b|\geqslant 4$，故条件(1)不充分，条件(2)充分．

7.（E）

【解析】条件(1)：举反例，当 $a=1$，$b=1$，$c=-\dfrac{1}{2}$时，满足$\dfrac{1}{1}+\dfrac{1}{1}-2=0$，但 $abc=-\dfrac{1}{2}<0$，故条件(1)不充分．

以上反例依旧适用于条件(2)和联合的情况，故两个条件单独和联合皆不充分．

8.（B）

【解析】条件(1)：显然不充分．

条件(2)：当 $n=1$ 时，$3a_1-2S_1=3a_1-2a_1=a_1=1$；当 $n\geqslant 2$ 时，$3a_n-2S_n=1$，所以 $3a_{n-1}-2S_{n-1}=1$，两式相减可得 $3a_n-3a_{n-1}-2a_n=0\Rightarrow a_n-3a_{n-1}=0\Rightarrow \dfrac{a_n}{a_{n-1}}=3$．故数列$\{a_n\}$是以 1 为首项、3 为公比的等比数列．条件(2)充分．

9.（B）

【解析】条件(1)：如图所示，羊能吃到的面积，是以 A 为圆心、4 米为半径的$\dfrac{3}{4}$个圆的面积，即$\dfrac{3}{4}\pi\times 4^2=12\pi$(平方米)，故条件(1)不充分．

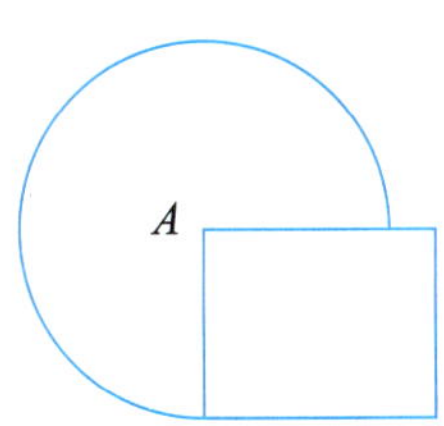

条件(2)：如图所示，羊能吃到的面积，是以 A 为圆心、5 米为半径的$\dfrac{3}{4}$个圆的面积，和以 B

为圆心、1 米为半径的$\frac{1}{4}$个圆的面积，即$\frac{3}{4}\pi\times5^2+\frac{1}{4}\pi\times1^2=19\pi$(平方米)，故条件(2)充分.

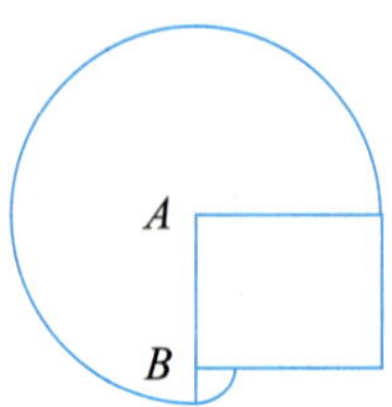

10. (B)

【解析】条件(1)：从反面思考，至少有一对夫妻的反面为没有夫妻，则先从 5 对中选出 4 对，然后每对中各选出一人，那么选出的 4 人中没有夫妻的概率为$\frac{C_5^4C_2^1C_2^1C_2^1C_2^1}{C_{10}^4}=\frac{8}{21}$，故至少有一对夫妻的概率为$P=1-\frac{8}{21}=\frac{13}{21}$，条件(1)不充分.

条件(2)：首先从 5 对夫妻中选出一对，作为选出的 4 人中的一对夫妻；然后再从剩下的 4 对夫妻中选 2 对夫妻，每对中各选出一人，故恰有一对夫妻的概率为$P=\frac{C_5^1C_4^2C_2^1C_2^1}{C_{10}^4}=\frac{4}{7}$，条件(2)充分.

满分必刷卷 8

难度：★★★☆　　　　得分：________

条件充分性判断：每小题 3 分，共 30 分。要求判断每题给出的条件(1)和条件(2)能否充分支持题干所陈述的结论。(A)、(B)、(C)、(D)、(E)五个选项为判断结果，请选择一项符合试题要求的判断。

(A)条件(1)充分，但条件(2)不充分．

(B)条件(2)充分，但条件(1)不充分．

(C)条件(1)和条件(2)单独都不充分，但条件(1)和条件(2)联合起来充分．

(D)条件(1)充分，条件(2)也充分．

(E)条件(1)和条件(2)单独都不充分，条件(1)和条件(2)联合起来也不充分．

1. 已知直线 $y=kx+b$. 则能确定直线经过的象限．

(1)$k+b<0$.

(2)$kb>0$.

2. 将若干个糖果分给甲、乙两组小朋友．则可以确定小朋友的人数．

(1)若分给所有人，每人可得 6 个．

(2)若只分给甲组小朋友，每人可得 10 个．

3. 如图所示，在$\triangle ABC$ 中，$EF\parallel BC$，点 H 为 BC 上的点，连接 AH，交 EF 于点G. 则能确定$\triangle AEF$ 与梯形 $BCFE$ 的面积比．

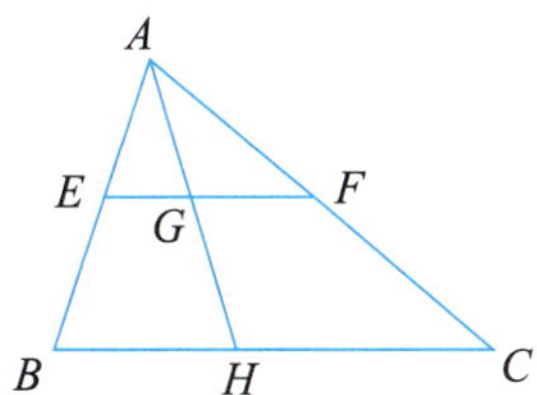

(1)点 H 是线段 BC 的中点．

(2)点 G 是线段 AH 的中点．

4. 某小学一年级有一班、二班、三班共 3 个班，已知一、二、三班每个班学生的平均身高．则能确定该小学一年级学生的平均身高．

(1)已知一班、二班、三班的男生人数之比为 8∶5∶4.

(2)已知一班、二班、三班的女生人数之比为 8∶5∶4.

5. 已知二次函数 $y=ax^2+2x+a+1$. 则能确定 a 的值.

(1)函数的图像与坐标轴有两个交点.

(2)函数的图像与直线 $y=x+\frac{1}{4}$ 只有一个交点.

6. 设 m 为实数，$f(x)=|x+m|+|x-1|+|x-2|$. 则 $f(x)\geqslant 3$.

(1)$m\geqslant 1$.

(2)$0\leqslant m\leqslant 1$.

7. 已知$\{a_n\}$是公比为正、项数为 $2n$ 的等比数列. 则 $a_n=2\times 3^{n-1}$.

(1)数列$\{a_n\}$的奇数项构成新数列$\{b_n\}$，且$\{b_n\}$的前 n 项之和为 $S_n=\frac{9^n-1}{4}$.

(2)数列$\{a_n\}$的偶数项构成新数列$\{c_n\}$，且$\{c_n\}$的前 n 项之和为 $T_n=\frac{3(9^n-1)}{4}$.

8. 盒子中共有 8 个小球，其中 3 个白色小球，5 个黑色小球，每次随机从盒子中摸出一个小球. 则第三次摸到的是白色小球的概率为$\frac{3}{8}$.

(1)每次摸完不放回.

(2)每次摸完放回.

9. 现有 6 本不同的书，分给三名同学，每人至少分得一本，共有 M 种分法. 则 $M>100$.

(1)三个人每人分得的本数相同.

(2)至少有两人分得的本数相同.

10. 甲、乙两名股民投资股票，今年第一季度两人对同一只股票同时进行了三次投资，由于市场波动，三次股票价格不同. 则第一季度末甲手上每股的均价要小于乙手上每股的均价.

(1)甲每次投资相等的资金.

(2)乙每次投资相同的股数.

满分必刷卷 8　答案详解

答案速查

1～5　(C)(E)(B)(C)(C)	6～10　(A)(D)(D)(B)(C)

1. (C)

【解析】条件(1)：由 $k+b<0$ 可知，k 和 b 可以为两负、一正一负或一零一负，显然无法确定直线经过的象限，不充分．

条件(2)：由 $kb>0$ 可知，k 和 b 可以为两负或两正，无法确定直线经过的象限，不充分．

联合两个条件，k 和 b 一定都为负，故直线经过第二、三、四象限．联合充分．

2. (E)

【解析】两个条件单独显然不充分，考虑联合．

设甲、乙两组共有 x 个小朋友．由条件(1)可知，糖果的总数是 $6x$．由条件(2)可知，$\frac{6x}{10}=\frac{3x}{5}$ 是整数，则 x 是 5 的倍数，但是求不出 x 的值，不能确定小朋友的人数．故联合也不充分．

3. (B)

【解析】条件(1)：线段 EF 的位置不确定，故不能确定$\triangle AEF$ 与梯形 $BCFE$ 的面积比，条件(1)不充分．

条件(2)：由金字塔模型可得$\frac{S_{\triangle AEF}}{S_{\triangle ABC}}=\left(\frac{AG}{AH}\right)^2=\left(\frac{1}{2}\right)^2=\frac{1}{4}$，故$\frac{S_{\triangle AEF}}{S_{梯形BCFE}}=\frac{1}{3}$，条件(2)充分．

4. (C)

【解析】变量缺失型互补关系，两个条件单独显然不充分，故联合．

联合可得一班、二班、三班的人数之比为 $8:5:4$．设一班、二班、三班的平均身高分别为 a，b，c，则一年级学生的平均身高$=\frac{8a+5b+4c}{8+5+4}=\frac{8a+5b+4c}{17}$．故联合充分．

5. (C)

【解析】条件(1)：二次函数图像与坐标轴有两个交点，有两种情况：①与 x 轴有两个交点，其中一个是原点；②与 x，y 轴各有一个交点．

①当函数图像过原点时，$a=-1$，此时 $y=-x^2+2x=-x(x-2)$，与坐标轴有两个交点，符合题意；

②当函数图像与 x 轴有一个交点时，$\Delta=2^2-4a(a+1)=0$，解得 $a=\frac{-1\pm\sqrt{5}}{2}$．

a 的值不唯一，故条件(1)不充分．

条件(2)：联立两个函数，得 $ax^2+2x+a+1=x+\frac{1}{4}$，整理得 $ax^2+x+a+\frac{3}{4}=0$，故有 $\Delta=$

$1-4a\left(a+\frac{3}{4}\right)=0$，解得 $a=\frac{1}{4}$ 或 $a=-1$，a 的值不唯一，故条件(2)不充分．

联合两个条件，有 $a=-1$，故联合充分．

【易错警示】条件(1)注意是"坐标轴"而不是"x 轴"．

6.(A)

【解析】条件(1)：当 $m\geqslant1$ 时，$-m<1<2$，则 $f(x)_{\min}=|2-(-m)|=|2+m|\geqslant3$，则 $f(x)\geqslant3$，条件(1)充分．

条件(2)：举反例，当 $m=0$ 时，$f(x)_{\min}=|2-0|=2<3$，条件(2)不充分．

7.(D)

【解析】条件(1)：数列 $\{b_n\}$ 是一个以 a_1 为首项、q^2 为公比、总项数为 n 的等比数列，$a_1=b_1=S_1=\frac{9-1}{4}=2$，$b_2=S_2-S_1=\frac{81-1}{4}-2=18$，则 $q^2=9\Rightarrow q=3$，故数列 $\{a_n\}$ 的通项为 $a_n=a_1q^{n-1}=2\times3^{n-1}$，充分．

条件(2)：易知等比数列前 $2n$ 项中 $\frac{S_{偶}}{S_{奇}}=q$，由条件(1)可得 $S_{偶}=3S_{奇}=\frac{3(9^n-1)}{4}$，故两个条件等价，条件(2)也充分．

8.(D)

【解析】条件(1)：摸完不放回，符合抽签模型，第 n 次的概率等于第 1 次的概率，即 $\frac{C_3^1}{C_8^1}=\frac{3}{8}$．条件(1)充分．

条件(2)：摸完放回，则第三次摸到的是白色小球的概率为 $\frac{C_3^1}{C_8^1}=\frac{3}{8}$，条件(2)充分．

9.(B)

【解析】至少有两人分得的本数相同包括三人每人分得的本数相同，故两个条件属于包含关系，若条件(1)充分，则条件(2)也一定充分．

条件(1)：每人分得的本数相同，代表每人分到 2 本，采用先分组再分配的方法，可得 $\frac{C_6^2C_4^2C_2^2}{A_3^3}A_3^3=90<100$，故条件(1)不充分．

条件(2)：至少有两人分得的本数相同包括三人相同和两人相同两种情况．三人相同即条件(1)，有 90 种分法；两人相同即将 6 本书分成 1，1，4 三份，先分组再分配得 $\frac{C_6^1C_5^1C_4^4}{A_2^2}A_3^3=90$(种)分法．故共 180 种分法，条件(2)充分．

10.(C)

【解析】变量缺失型互补关系．两个条件单独显然不充分，故联合．

设三次股价分别为 x，y，z 元，甲每次买入 n 元，乙每次买入 m 股，则甲手上的股票均价为 $\frac{3n}{\frac{n}{x}+\frac{n}{y}+\frac{n}{z}}=\frac{3}{\frac{1}{x}+\frac{1}{y}+\frac{1}{z}}$，乙手上的股票均价为 $\frac{mx+my+mz}{3m}=\frac{x+y+z}{3}$，因为算术平均值恒大于等于调和平均值，又 $x\neq y\neq z$，所以甲的股票均价较低，联合充分．

满分必刷卷 9

难度：★★★☆　　得分：________

条件充分性判断：每小题 3 分，共 30 分。要求判断每题给出的条件(1)和条件(2)能否充分支持题干所陈述的结论。(A)、(B)、(C)、(D)、(E)五个选项为判断结果，请选择一项符合试题要求的判断。

(A)条件(1)充分，但条件(2)不充分．

(B)条件(2)充分，但条件(1)不充分．

(C)条件(1)和条件(2)单独都不充分，但条件(1)和条件(2)联合起来充分．

(D)条件(1)充分，条件(2)也充分．

(E)条件(1)和条件(2)单独都不充分，条件(1)和条件(2)联合起来也不充分．

1. 已知现在酱心的年龄是完全平方数．则能确定酱心的年龄．

(1)12 年后酱心的年龄是完全平方数．

(2)24 年后酱心的年龄是完全平方数．

2. 已知函数 $f(x)=|x-1|+|x-3|$．则不等式 $f(x)\leqslant 2x$ 成立．

(1)$x\in[0,3]$.

(2)$x\in[1,3]$.

3. 已知关于 x 的方程 $x^2+2(m-2)x+m^2-3m+3=0$ 有两个实数根 x_1，x_2．则能确定 m 的值．

(1)$x_1^2+x_2^2=2$.

(2)$x_1-x_2=2$.

4. 已知 m 是实数．则不等式 $\frac{1}{|x^2-2x+m|}\leqslant\frac{1}{2}$ 恒成立．

(1)$m\leqslant -1$.

(2)$m\geqslant 3$.

5. 圆 C 的面积最大值为 16π.

(1)圆 C 在曲线 $|xy|-4|x|-4|y|+16=0$ 所围的封闭图形内．

(2)圆 C 在曲线 $|xy|-2|x|-8|y|+16=0$ 所围的封闭图形内．

6. 小王在某超市做兼职，超市经理要求一周三天工时．则小王下周有不少于 10 种工作安排方案．

(1)工作的 3 天不全相邻．

(2)工作的 3 天全不相邻．

7. 如图所示，AB 是半圆的直径，C，D 为半圆的三等分点，E 为 AB 上一点．则可以确定阴影部分的面积．

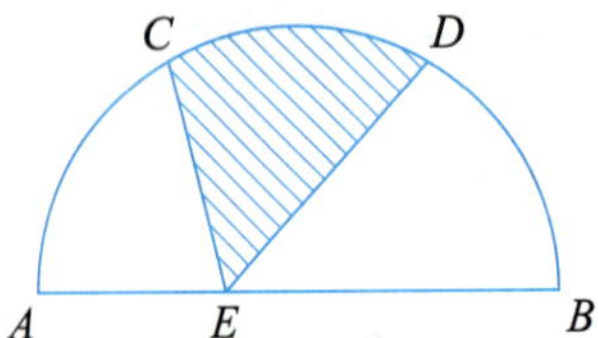

(1)已知 AE.

(2)已知 BE.

8. 已知等比数列 $\{a_n\}$．则 $|q|<1$.

(1)$a_1>a_{10}$.

(2)$a_1^2>a_{10}^2$.

9. 甲、乙两人从同一地点出发环绕周长为 400 米的跑道跑步．则能确定甲、乙两人各自的跑步速度.

(1)两人背向而行，经过 5 分钟相遇．

(2)两人同向而行，经过 20 分钟相遇．

10. 乐乐每天七点半起床，今天吃完早饭后发现家里时钟依然在 07：15，于是将指针调整后才出门，前往健身房锻炼，到健身房时的准确时间是 9：20，锻炼两个小时后回家，指针停留在 11：55. 则可以确定现在的准确时间为 12：15.

(1)乐乐出门前将家里时钟调至 08：05.

(2)乐乐出门前将家里时钟调至 08：15.

满分必刷卷 9　答案详解

答案速查

1～5　(A)(B)(D)(B)(A)	6～10　(D)(C)(B)(E)(A)

1.(A)

【解析】条件(1)：设酱心现在 n 岁，得 $\begin{cases}n=a^2,\\n+12=b^2\end{cases}(a, b\in\mathbf{N}_+)$，所以 $b^2-a^2=12$，因式分解可得 $(b-a)(b+a)=12$，解得 $\begin{cases}a=2,\\b=4,\end{cases}$ 故酱心现在 4 岁，条件(1)充分.

条件(2)：设酱心现在 n 岁，得 $\begin{cases}n=a^2,\\n+24=b^2\end{cases}(a, b\in\mathbf{N}_+)$，所以 $b^2-a^2=24$，因式分解可得 $(b-a)(b+a)=24$，解得 $\begin{cases}a=1,\\b=5\end{cases}$ 或 $\begin{cases}a=5,\\b=7,\end{cases}$ 故酱心的年龄不能唯一确定，条件(2)不充分.

2.(B)

【解析】包含关系. 条件(1)充分，则条件(2)一定充分.

条件(1)：举反例，令 $x=0$，则 $f(x)=4$，$2x=0$，$f(x)>2x$，不充分.

条件(2)：当 $x\in[1, 3]$时，$f(x)=x-1+3-x=2$，$2x\in[2, 6]$，满足 $f(x)\leqslant 2x$，充分.

3.(D)

【解析】方程有两个实根，则有 $\Delta=4(m-2)^2-4(m^2-3m+3)\geqslant 0\Rightarrow m\leqslant 1$，由韦达定理可得 $x_1+x_2=-2(m-2)$，$x_1x_2=m^2-3m+3$.

条件(1)：$x_1^2+x_2^2=(x_1+x_2)^2-2x_1x_2=4(m-2)^2-2(m^2-3m+3)=2$，解得 $m=4$(舍去)或 $m=1$. 故条件(1)充分.

条件(2)：$x_1-x_2=2>0$，则 $|x_1-x_2|=x_1-x_2=\sqrt{\Delta}=\sqrt{4(m-2)^2-4(m^2-3m+3)}=2$，解得 $m=0$. 故条件(2)也充分.

4.(B)

【解析】从结论出发. $\dfrac{1}{|x^2-2x+m|}\leqslant\dfrac{1}{2}$，整理得 $|x^2-2x+m|\geqslant 2$，因为 $f(x)=x^2-2x+m$ 开口向上，故 $x^2-2x+m\geqslant 2$，即 $x^2-2x+m-2\geqslant 0$ 恒成立，因此 $\Delta=(-2)^2-4(m-2)\leqslant 0$，解得 $m\geqslant 3$，故条件(1)不充分，条件(2)充分.

5.（A）

【解析】条件(1)：$|xy|-4|x|-4|y|+16=0$ 表示 $x=\pm4$，$y=\pm4$ 四条直线，如图所示，当圆 C 与四条直线相切时面积最大，此时圆 C 的半径为 4，面积为 16π，条件(1)充分.

条件(2)：$|xy|-2|x|-8|y|+16=0$ 表示 $x=\pm8$，$y=\pm2$ 四条直线，如图所示，当圆 C 与 $y=\pm2$ 相切时面积最大，此时圆 C 的半径为 2，面积为 4π，条件(2)不充分.

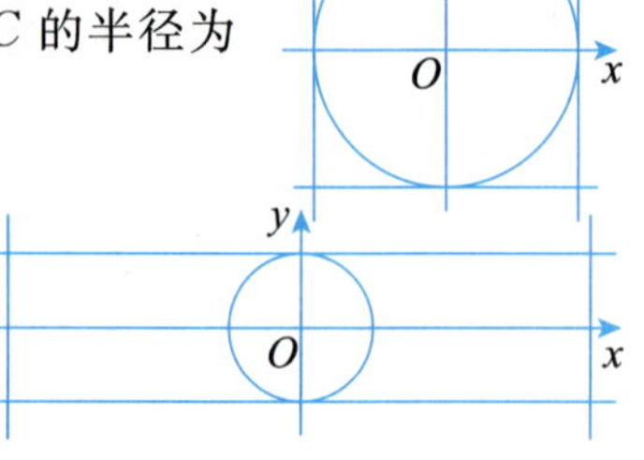

6.（D）

【解析】条件(1)包含三天全不相邻和三天中有两天相邻的两种情况，则条件(1)包含条件(2)，若条件(2)充分，则条件(1)也充分.

条件(2)：不相邻问题，使用插空法，共有 $C_5^3=10$(种)安排方案，条件(2)充分．故条件(1)也充分.

7.（C）

【解析】设圆心为 O，连接 CD，OD，CO. 易知$\triangle CED$ 与$\triangle COD$ 同底等高，所以 $S_{\triangle CED}=S_{\triangle COD}$，故阴影部分的面积等于 $S_{扇形COD}$．已知 C，D 为半圆的三等分点，所以$\angle COD=60°$，$S_{扇形COD}=\dfrac{\pi r^2}{6}$，知道 r 的值即可确定阴影部分面积.

条件(1)和条件(2)单独显然不充分，联合．已知 AE，BE，则可以确定 AB 的值，$AB=2r$，所以 r 的值可以确定，即可以确定阴影部分的面积，联合充分.

8.（B）

【解析】条件(1)：举反例，令 $a_1=1$，$q=-1$，则 $a_{10}=-1<a_1$，此时 $|q|=1$，结论不成立，条件(1)不充分.

条件(2)：$a_1^2>a_{10}^2\Rightarrow a_1^2>a_1^2q^{18}\Rightarrow1>q^{18}\Rightarrow1>|q|$，条件(2)充分.

9.（E）

【解析】条件(1)：根据条件列出方程 $5(v_甲+v_乙)=400$，可以确定甲、乙两人的速度和，但无法确定两人单独的速度，条件(1)不充分.

条件(2)：根据条件列出方程 $20|v_甲-v_乙|=400$，可以确定甲、乙两人的速度差的绝对值，但无法确定两人单独的速度，条件(2)不充分.

联合两个条件，可得$\begin{cases}5(v_甲+v_乙)=400,\\20|v_甲-v_乙|=400,\end{cases}$解得$\begin{cases}v_甲=50,\\v_乙=30\end{cases}$或$\begin{cases}v_甲=30,\\v_乙=50,\end{cases}$结果不唯一，故无法确定两人各自的跑步速度，联合不充分.

10.（A）

【解析】设乐乐从家到健身房用时 t min，则他从出门到回家共用时 $2t+120$ min.

条件(1)：08：05 到 11：55 共 230 min，则 $t=55$，准确时间为 09：20+2 h+55 min=12：15. 条件(1)充分.

条件(2)：08：15 到 11：55 共 220 min，则 $t=50$，准确时间为 09：20+2 h+50 min=12：10. 条件(2)不充分.

满分必刷卷 10

难度：★★★☆　　　　得分：________

条件充分性判断：每小题 3 分，共 30 分。要求判断每题给出的条件(1)和条件(2)能否充分支持题干所陈述的结论。(A)、(B)、(C)、(D)、(E)五个选项为判断结果，请选择一项符合试题要求的判断。

(A)条件(1)充分，但条件(2)不充分.

(B)条件(2)充分，但条件(1)不充分.

(C)条件(1)和条件(2)单独都不充分，但条件(1)和条件(2)联合起来充分.

(D)条件(1)充分，条件(2)也充分.

(E)条件(1)和条件(2)单独都不充分，条件(1)和条件(2)联合起来也不充分.

1. 设 n 为正整数. 则能确定 n 除以 12 的余数.

(1)已知 n 除以 3 余 1.

(2)已知 n 除以 4 余 2.

2. 某学生参加考试，试卷共有 16 道多选题，答对一道题得 5 分，少选得 2 分，答错不得分. 则能确定他答对的题数.

(1)该学生得了 40 分.

(2)该学生答错的题数是一个质数.

3. 在平面直角坐标系中有 A，B，C 三点，A，B 间的距离为 3，B，C 间的距离为 2. 则能确定 $\triangle ABC$ 的面积.

(1)$\angle ABC=30°$.

(2)$\angle BAC=30°$.

4. 某人连续抛硬币 6 次，正面向上 3 次. 则一共有 8 种情况.

(1)正面向上的 3 次中，恰好有 2 次连在一起.

(2)反面向上的 3 次中，恰好有 2 次连在一起.

5. $\frac{1}{2}<a<1$.

(1)$\log_{2a}\frac{1+a^3}{1+a}>0$.

(2)$\log_{2a}\frac{1+a^3}{1+a}<0$.

6. 已知两条直线 l_1 和 l_2 相互垂直，实数 $a>0$，$b>0$. 则能确定 $\frac{1}{a+1}+\frac{1}{b}$ 的最小值．

(1) l_1：$x+(a-4)y+1=0$.

(2) l_2：$bx+y-2=0$.

7. 已知 S_n 是数列 $\{a_n\}$ 的前 n 项和．则能确定 $\{a_n\}$ 的通项．

(1) $a_n>0$.

(2) $S_n=a_n^2+\frac{1}{2}a_n(n=1, 2, \cdots)$.

8. 袋子中有红球和黑球共 10 个，随机取出 2 个球．则恰有 1 个红球的概率超过 $\frac{1}{2}$.

(1)至少有 1 个红球的概率小于 $\frac{13}{15}$.

(2)至少有 1 个黑球的概率小于 $\frac{14}{15}$.

9. 甲、乙两地相距 60 千米，其中一部分是上坡路，其余是下坡路．某人骑自行车从甲地到达乙地后沿原路返回，已知骑自行车上坡的速度是 10 千米/小时．则能确定骑自行车下坡的速度．

(1)已知此人往返的总时间．

(2)已知此人往返上坡路与下坡路的时间之比．

10. 已知 a，b 为实数．则 $|a|+|b|\leqslant 4$.

(1) $a^2+b^2\leqslant 8$.

(2) $ab=\frac{1}{2}$.

满分必刷卷 10　答案详解

答案速查

1～5　(C)(E)(A)(C)(B)	6～10　(C)(C)(C)(D)(A)

1.(C)

【解析】条件(1)：由题可知 $n=1$，4，7，…，n 除以 12 的余数分别为 1，4，7，…，不能唯一确定，不充分．

条件(2)：由题可知 $n=2$，6，10，…，n 除以 12 的余数分别为 2，6，10，…，不能唯一确定，不充分．

联合两个条件，由带余除法问题的“差同减差”结论可知，$n=12k-2=12(k-1)+10(k\in\mathbf{N}_+)$，则除以 12 的余数为 10，故联合充分．

2.(E)

【解析】根据题意可设他答对的有 x 道，少选的有 y 道，答错的有 z 道．

条件(1)：$\begin{cases}x+y+z=16,\\5x+2y=40,\end{cases}$ $5x$ 和 40 都是 5 的倍数，故 y 也是 5 的倍数，穷举可得 $\begin{cases}y=0,\\x=8,\\z=8\end{cases}$ 或 $\begin{cases}y=5,\\x=6,\\z=5\end{cases}$ 或 $\begin{cases}y=10,\\x=4,\\z=2,\end{cases}$ 答对的题数不能唯一确定，不充分．

条件(2)：显然不充分．

联合两个条件，则有 $\begin{cases}y=5,\\x=6,\\z=5\end{cases}$ 或 $\begin{cases}y=10,\\x=4,\\z=2\end{cases}$ 答对的题数不能唯一确定，不充分．

3.(A)

【解析】条件(1)：由三角形面积公式可得，$S=\frac{1}{2}AB\cdot BC\cdot\sin\angle ABC=\frac{1}{2}\times3\times2\times\frac{1}{2}=\frac{3}{2}$，故条件(1)充分．

条件(2)：显然不充分．

4.(C)

【解析】条件(1)：将“正正”和“正”往 3 次“反”中插空，一共有 4 个空，且“正正”和“正”有序，故共有 $A_4^2=12$(种)情况．条件(1)不充分．

条件(2)：同理，将“反反”和“反”往 3 次“正”中插空，共有 $A_4^2=12$(种)情况．条件(2)不充分．

联合两个条件，将“正正”和“正”向“反反”和“反”中插空，只能插左边两个或右边两个空，共两种情况；且“正正”和“正”可换位置，“反反”和“反”也可换位置．故共有 $2\times2\times2=8$(种)情况，两个条件联合充分．

5. (B)

【解析】条件(1)：由题可得$\begin{cases}2a>1,\\ \dfrac{1+a^3}{1+a}>1\end{cases}$或$\begin{cases}0<2a<1,\\ 0<\dfrac{1+a^3}{1+a}<1,\end{cases}$解得 $a>1$ 或 $0<a<\dfrac{1}{2}$，不充分．

条件(2)：由题可得$\begin{cases}2a>1,\\ 0<\dfrac{1+a^3}{1+a}<1\end{cases}$或$\begin{cases}0<2a<1,\\ \dfrac{1+a^3}{1+a}>1,\end{cases}$解得$\dfrac{1}{2}<a<1$，充分．

6. (C)

【解析】变量缺失型互补关系，条件(1)和条件(2)单独显然不充分，考虑联合．

因为 $l_1\perp l_2$，则有 $1\times b+(a-4)\times1=0$，即 $b+a+1=5$，则

$$\frac{1}{a+1}+\frac{1}{b}=\frac{1}{5}[(a+1)+b]\left(\frac{1}{a+1}+\frac{1}{b}\right)=\frac{1}{5}\left(1+\frac{a+1}{b}+\frac{b}{a+1}+1\right)$$

$$\geqslant\frac{1}{5}\left(2+2\sqrt{\frac{a+1}{b}\cdot\frac{b}{a+1}}\right)=\frac{4}{5},$$

联合充分．

或者利用均值不等式的对勾化秒杀公式可得，$\dfrac{1}{a+1}+\dfrac{1}{b}$的最小值为$\dfrac{1}{5}(\sqrt{1\times1}+\sqrt{1\times1})^2=\dfrac{4}{5}$.

7. (C)

【解析】条件(1)：显然不充分．

条件(2)：当 $n=1$ 时，$S_1=a_1=a_1^2+\dfrac{1}{2}a_1$，解得 $a_1=\dfrac{1}{2}$或 0，结果不唯一，不充分．

联合两个条件，当 $n=1$ 时，$a_1=\dfrac{1}{2}$；

当 $n\geqslant2$ 时，$S_n=a_n^2+\dfrac{1}{2}a_n$，$S_{n-1}=a_{n-1}^2+\dfrac{1}{2}a_{n-1}$，两式相减可得

$$a_n=S_n-S_{n-1}=a_n^2+\frac{1}{2}a_n-a_{n-1}^2-\frac{1}{2}a_{n-1}$$

$$\Rightarrow a_n^2-a_{n-1}^2-\frac{1}{2}a_n-\frac{1}{2}a_{n-1}=0\Rightarrow(a_n+a_{n-1})\left(a_n-a_{n-1}-\frac{1}{2}\right)=0.$$

又因为 $a_n>0$，则 $a_n-a_{n-1}-\dfrac{1}{2}=0$，即 $a_n-a_{n-1}=\dfrac{1}{2}$，故 $\{a_n\}$ 是首项为$\dfrac{1}{2}$、公差为$\dfrac{1}{2}$的等差数列，$a_n=a_1+(n-1)d=\dfrac{1}{2}n$. 联合充分．

8. (C)

【解析】设袋中红球的个数为 x，则黑球的个数为 $10-x$. 随机取出 2 个球，恰有一个红球的概率为$\dfrac{C_x^1C_{10-x}^1}{C_{10}^2}=\dfrac{x(10-x)}{45}$. 若结论成立，则$\dfrac{x(10-x)}{45}>\dfrac{1}{2}$，又 x 为整数，解得 $x=4$，5，6.

条件(1)：随机取出 2 个球，至少有 1 个红球的概率为 $1-\dfrac{C_{10-x}^2}{C_{10}^2}<\dfrac{13}{15}$，解得 $x<6$，不充分．

条件(2)：随机取出 2 个球，至少有 1 个黑球的概率为 $1-\frac{C_x^2}{C_{10}^2}<\frac{14}{15}$，解得 $3<x<10$，不充分．

联合两个条件，则 $3<x<6$，充分．

9.（D）

【解析】由于去时是上坡，回来时就是下坡，所以往返一趟上坡、下坡的总路程各自都是 60 千米，故上坡的总时间是 $60\div10=6$(小时)．

条件(1)：已知此人往返总时间为 a 小时，则下坡的总时间是 $a-6$ 小时，故下坡的速度是$\frac{60}{a-6}$千米/小时，条件(1)充分．

条件(2)：已知此人往返上坡路与下坡路时间的比值为 b，因为上坡的总时间是 6 小时，则下坡的总时间是$\frac{6}{b}$小时，故下坡的速度为 $60\div\frac{6}{b}=10b$，条件(2)充分．

10.（A）

【解析】条件(1)：由柯西不等式可得，$(|a|+|b|)^2\leqslant2(|a|^2+|b|^2)\leqslant16$，即 $(|a|+|b|)^2\leqslant16$，则 $|a|+|b|\leqslant4$，条件(1)充分．

条件(2)：举反例，当 $a=4$，$b=\frac{1}{8}$时，满足条件，但 $|a|+|b|>4$，条件(2)不充分．

满分必刷卷 11

难度：★★★★　　　　得分：________

条件充分性判断：每小题 3 分，共 30 分。要求判断每题给出的条件(1)和条件(2)能否充分支持题干所陈述的结论。(A)、(B)、(C)、(D)、(E)五个选项为判断结果，请选择一项符合试题要求的判断。

(A)条件(1)充分，但条件(2)不充分.

(B)条件(2)充分，但条件(1)不充分.

(C)条件(1)和条件(2)单独都不充分，但条件(1)和条件(2)联合起来充分.

(D)条件(1)充分，条件(2)也充分.

(E)条件(1)和条件(2)单独都不充分，条件(1)和条件(2)联合起来也不充分.

1. 已知 a，b，c 为互不相等的非零实数．则 a，b，c 成等差数列．

(1) $(a-c)^2=-4(b+a)(c+b)$.

(2) $(a-c)^2=4(b-a)(c-b)$.

2. 设 m，n 是正整数．则能确定 $m+n$ 的值．

(1) $\frac{2}{m}+\frac{3}{n}=1$.

(2) $\frac{1}{m}+\frac{7}{n}=1$.

3. 已知 $ab>0$. 则能确定 $a\geqslant b$.

(1) $a-\frac{1}{a}\geqslant b-\frac{1}{b}$.

(2) $a^2-b^2+a-b\geqslant 0$.

4. 如图所示，在半径为 r 的四分之一圆上，分别以 AB 和 AC 为直径作两个半圆，阴影部分面积分别为 a，b. 则 $a=b$.

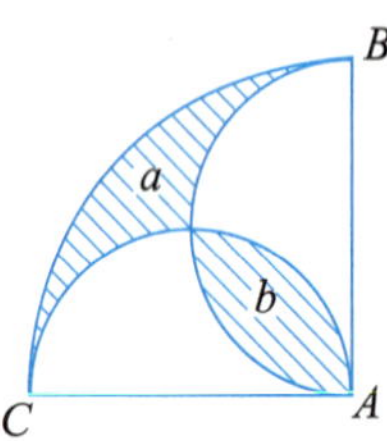

(1) $r=\sqrt{2}+1$.

(2) $r=\sqrt{2}-1$.

5. 某服装店决定售卖甲、乙两种不同款式的服装．则能确定甲、乙两种服装的件数之比．

(1)甲服装进货价为 80 元一件，乙服装进货价为 100 元一件．

(2)若全部卖出后甲服装利润率为 8%，乙服装利润率为 −10%，则服装店最终不赚不赔．

6. 已知 x，y 为实数．则 $x+y$ 存在最大值．

(1)$x^2+y^2=3$.

(2)$x^2+y^2+xy=3$.

7. 方程 $ax^2+bx+\frac{1}{2}c=0$ 有实根的概率为$\frac{1}{3}$.

(1)a，b，c 为互不相等的小于 20 的质数且成等差数列．

(2)a，b，c 为小于 4 的正整数．

8. x，y 为实数．则能确定 $x+y+2\geqslant 0$.

(1)$y=\sqrt{2-x^2}$.

(2)$|2x-2|+|y-1|=4$.

9. 已知数列$\{a_n\}$的前 n 项和为 S_n．则$\{a_n\}$为等比数列．

(1)$a_1a_3=a_2^2$.

(2)$2S_n-S_{n-1}=2(n=2, 3, 4, \cdots)$.

10. 一辆汽车从甲地开往乙地．则能确定甲、乙两地之间的距离．

(1)若汽车匀速行驶 2 小时后减速 20%，则会延误 1 小时到乙地．

(2)若汽车匀速行驶到最后 100 千米，才减速 20%，则会延误 20 分钟到乙地．

满分必刷卷 11 答案详解

答案速查

1～5　(B)(B)(A)(D)(C)	6～10　(D)(B)(D)(C)(C)

1. (B)

【解析】条件(1)：化简整理可得

$$a^2+c^2-2ac+4bc+4ac+4ab+4b^2=0,$$
$$(a+c)^2+4b(a+c)+4b^2=0,$$
$$(a+c+2b)^2=0,$$

故 $a+c=-2b\neq 2b$，所以 a，b，c 不成等差数列，条件(1)不充分．

条件(2)：由 $(a-c)^2=4(b-a)(c-b)$，可得

$$a^2+c^2-2ac-4bc+4ac-4ab+4b^2=0,$$
$$(a+c)^2-4b(a+c)+4b^2=0,$$
$$(a+c-2b)^2=0,$$

故 $a+c=2b$，所以 a，b，c 成等差数列，条件(2)充分．

2. (B)

【解析】条件(1)：原式整理可得 $3m+2n=mn\Rightarrow(m-2)(n-3)=6$．

因为 m，n 是正整数，故 $\begin{cases}m-2=1,\\n-3=6\end{cases}$ 或 $\begin{cases}m-2=6,\\n-3=1\end{cases}$ 或 $\begin{cases}m-2=2,\\n-3=3\end{cases}$ 或 $\begin{cases}m-2=3,\\n-3=2,\end{cases}$ 两式相加，得 $m+n=12$ 或 $m+n=10$，值不唯一，条件(1)不充分．

条件(2)：原式整理可得 $7m+n=mn\Rightarrow(m-1)(n-7)=7$，则有 $\begin{cases}m-1=1,\\n-7=7\end{cases}$ 或 $\begin{cases}m-1=7,\\n-7=1,\end{cases}$ 两式相加，得 $m+n=16$，条件(2)充分．

3. (A)

【解析】条件(1)：令 $f(x)=x-\dfrac{1}{x}$，条件等价于 $f(a)\geqslant f(b)$．因为该函数在 $(-\infty,0)$ 和 $(0,+\infty)$ 内分别单调递增，故当 $ab>0$ 时，$f(a)\geqslant f(b)\Rightarrow a\geqslant b$，条件(1)充分．

条件(2)：移项得 $a^2+a\geqslant b^2+b$．令 $f(x)=x^2+x$，条件等价于 $f(a)\geqslant f(b)$．因为该函数在 $\left(-\infty,-\dfrac{1}{2}\right)$ 内单调递减，故当 $ab>0$ 时，存在 $f(a)\geqslant f(b)\Rightarrow a\leqslant b$，条件(2)不充分．

4. (D)

【解析】易知 $a=\dfrac{1}{4}\pi r^2-\pi\left(\dfrac{r}{2}\right)^2+b=b$，故 $a=b$ 恒成立，与 r 无关，两个条件单独均充分．

5. (C)

【解析】条件(1)：只知两种服装单件进货价，显然不充分．

条件(2)：根据十字交叉法，如图所示，可得

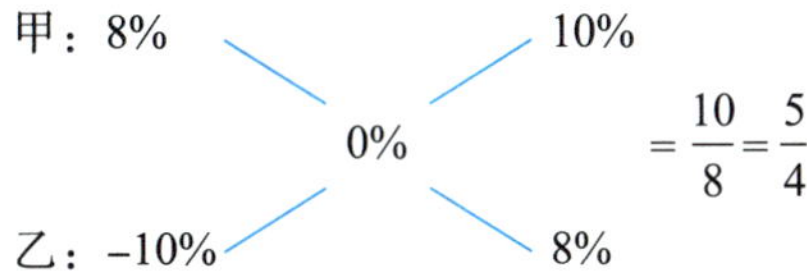

则甲、乙两种服装的成本比为 5∶4，但根据成本比无法得出两种服装的件数比，因此条件(2)也不充分．

联合两个条件，设甲、乙的成本分别为 $5x$，$4x$，可得$\frac{甲件数}{乙件数}=\frac{甲成本}{甲进货价}:\frac{乙成本}{乙进货价}=\frac{5x}{80}:\frac{4x}{100}=\frac{25}{16}$. 两个条件联合充分．

6. (D)

【解析】条件(1)：由柯西不等式可得，$2(x^2+y^2)\geqslant(x+y)^2$，将 $x^2+y^2=3$ 代入，得$(x+y)^2\leqslant 6\Rightarrow x+y\leqslant\sqrt{6}$，因此 $x+y$ 存在最大值$\sqrt{6}$，条件(1)充分．

条件(2)：原式变形可得$(x+y)^2-xy=3$，由均值不等式可得 $xy\leqslant\left(\frac{x+y}{2}\right)^2$，代入得$\frac{3}{4}(x+y)^2\leqslant 3\Rightarrow(x+y)^2\leqslant 4\Rightarrow x+y\leqslant 2$，因此 $x+y$ 存在最大值 2，条件(2)也充分．

7. (B)

【解析】根据条件可知 $a\neq 0$，则方程 $ax^2+bx+\frac{1}{2}c=0$ 有实根等价于 $\Delta=b^2-2ac\geqslant 0$.

条件(1)：显然 a，c 的大小不影响结果，不妨令 $a<c$，故小于 20 的质数且成等差数列有 5 种情况：(3，5，7)，(3，7，11)，(3，11，19)，(5，11，17)，(7，13，19)，其中只有(3，11，19)满足 $b^2-2ac\geqslant 0$，则方程有实根的概率为$\frac{1}{5}$，条件(1)不充分．

条件(2)：a，b，c 均有 3 种取值，故共有 3^3 种情况．其中能使结论成立的有：

当 $b=2$ 时，a，c 可取：(1，1)，(1，2)，(2，1)；

当 $b=3$ 时，a，c 可取：(1，1)，(1，2)，(1，3)，(2，1)，(2，2)，(3，1).

故方程有实根的概率为$\frac{3+6}{3^3}=\frac{1}{3}$，条件(2)充分．

8. (D)

【解析】$x+y+2\geqslant 0$ 相当于点在直线 $y=-x-2$ 上或其上方．

条件(1)：方程整理得 $x^2+y^2=2(y\geqslant 0)$，为半圆圆周上的点，如图所示．所有点都在直线 $y=-x-2$ 上方，满足 $x+y+2\geqslant 0$，条件(1)充分．

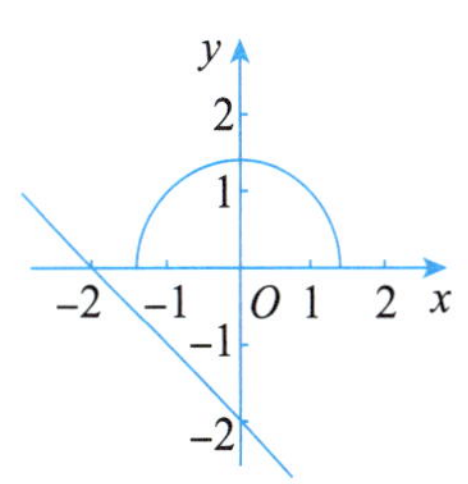

条件(2)：方程表示中心点为(1，1)的菱形．令 $x=1$，解得 $y=5$ 或 -3；令 $y=1$，解得 $x=-1$ 或 3. 故菱形的四个顶点分别为(1，5)，(1，−3)，(−1，1)，(3，1)，画出图像，如图所示．所有点都在直线 $y=-x-2$ 上或其上方，满足 $x+y+2\geqslant 0$，条件(2)充分．

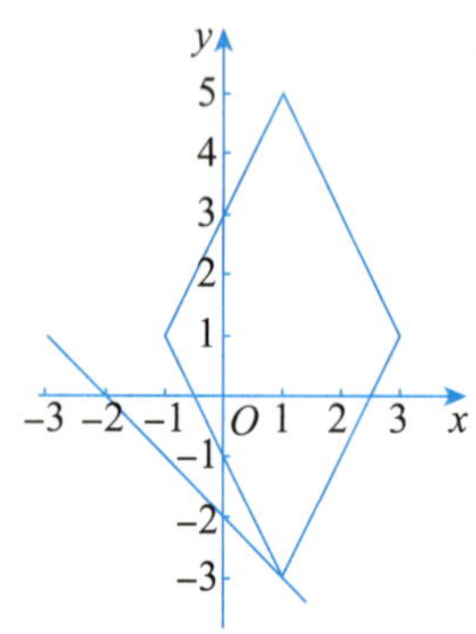

9.(C)

【解析】条件(1)：只有前三项的关系，不确定后面的情况，显然不充分．

条件(2)：举反例，令 $a_1=0$，$a_2=1$，符合条件(2)，但由于有 0，显然不是等比数列，不充分．

联合两个条件，由条件(2)知，当 $n\geqslant 2$ 时，$\begin{cases}2S_n-S_{n-1}=2①,\\2S_{n+1}-S_n=2②,\end{cases}$ 式②－式①得 $2a_{n+1}-a_n=0\Rightarrow \dfrac{a_{n+1}}{a_n}=\dfrac{1}{2}(n\geqslant 2)\Rightarrow\dfrac{a_3}{a_2}=\dfrac{1}{2}$. 又由 $a_1a_3=a_2^2$ 得 $\dfrac{a_2}{a_1}=\dfrac{1}{2}$. 故数列 $\{a_n\}$ 是等比数列，联合充分．

10.(C)

【解析】设原来车速为 v 千米/小时，预计从甲地到乙地所需时间为 t 小时，则甲、乙两地之间的距离为 vt 千米．

条件(1)：$2v+0.8v\cdot(t+1-2)=vt$，解得 $t=6$，但是无法求出车速，也就求不出两地之间的距离，不充分．

条件(2)：$\dfrac{100}{0.8v}-\dfrac{100}{v}=\dfrac{1}{3}$，解得 $v=75$，但是无法求出行驶全程所需时间，也就求不出两地之间的距离，不充分．

联合两个条件，甲、乙两地之间的距离为 $vt=75\times 6=450$(千米)，联合充分．

满分必刷卷 12

难度：★★★★　　　　得分：________

条件充分性判断：每小题 3 分，共 30 分。要求判断每题给出的条件(1)和条件(2)能否充分支持题干所陈述的结论。(A)、(B)、(C)、(D)、(E)五个选项为判断结果，请选择一项符合试题要求的判断。

(A)条件(1)充分，但条件(2)不充分．

(B)条件(2)充分，但条件(1)不充分．

(C)条件(1)和条件(2)单独都不充分，但条件(1)和条件(2)联合起来充分．

(D)条件(1)充分，条件(2)也充分．

(E)条件(1)和条件(2)单独都不充分，条件(1)和条件(2)联合起来也不充分．

1. 已知 a，b，c 为 3 个不同的质数．则能确定 abc 的乘积．

(1)$a+b+c=18$.

(2)$a(b+c)=20$.

2. 现有甲、乙两种药液，甲种药液浓度为 45%，乙种药液浓度为 32%，取两种药液若干混合，得到浓度为 40%的药液．则甲种药液取了 120 千克．

(1)如果乙种药液少取 39 千克，混合后得到浓度为 42%的药液．

(2)如果乙种药液多取 65 千克，混合后得到浓度为 38%的药液．

3. 如图所示，在正方形 $ABCD$ 中，E 是 AD 的中点，AC 与 BE 相交于点 F. 则能确定正方形 $ABCD$ 的面积．

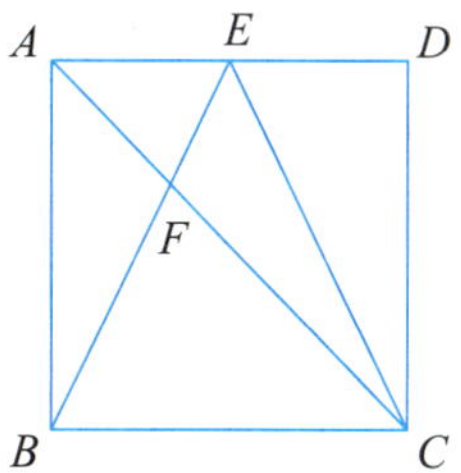

(1)已知$\triangle AEF$ 的面积．

(2)已知$\triangle ABF$ 的面积．

4. 函数 $f(x)=a^2x^2+(2a-1)x+1$ 在 $x\in[-1,1]$时恒大于 0.

(1)$a<1$.

(2)$a>1$.

5. 已知 x_1，x_2 是方程 $x^2+\sqrt{p}x+q=0$ 的两个实根．则 $p+q=-\frac{1}{2}$.

(1)$x_1^2+x_1x_2+x_2^2=\frac{3}{2}$.

(2)$\frac{1}{x_1^2}+\frac{1}{x_2^2}=\frac{5}{2}$.

6. 已知 $\{a_n\}$ 为等差数列，$d>0$. 则能确定 $S_{10}\leqslant S_6$.

(1)对于任意的正整数 n，$S_n\geqslant S_8$ 恒成立．

(2)对于任意的正整数 n，$S_n\geqslant S_9$ 恒成立．

7. 一家公司为了奖励研发团队的创新活动，共发了 40 万元的奖金，奖金分为三个级别：创新领袖奖 7 500 元、创新先锋奖 5 000 元、创新进步奖 2 500 元．则该公司至少有 80 名员工获奖．

(1)获得创新先锋奖的员工人数最多．

(2)获得创新进步奖的员工人数最多．

8. 已知 x，y 为实数．则可以确定 $\sqrt{(x+2)^2+(y-3)^2}$ 的最大值和最小值．

(1)$(x-1)^2+(y-1)^2\leqslant 1$.

(2)$x^2+y^2\geqslant 2$.

9. 若 a，$b\in\mathbf{R}$. 则 $|a-b|+|a+b|\leqslant 3$ 成立．

(1)$|a|\leqslant\frac{3}{2}$.

(2)$|b|\leqslant\frac{3}{2}$.

10. 纸箱里有编号为 1 到 9 的 9 个完全相同的球．则 $P=\frac{1}{21}$.

(1)不放回地随机取 9 次，每次取 1 个球，所有的偶数球被连续取出的概率为 P.

(2)有放回地随机取 3 次，每次取 1 个球，偶数球取出的次数大于奇数球的概率为 P.

满分必刷卷 12 答案详解

答案速查

1～5 (B)(D)(D)(B)(C)	6～10 (B)(B)(A)(C)(A)

1. (B)

【解析】条件(1)：因为 a，b，c 为 3 个不同的质数，和是偶数，所以其中必有一个是 2. 不妨令 $a=2$，则$b+c=16=3+13=5+11$，故 $abc=78$ 或 110，条件(1)不充分.

条件(2)：$a(b+c)=20$，积是偶数，则两个因式必有一个是 2，显然 $b+c>2$，故 $a=2$，则 $b+c=10=3+7$，故 $abc=42$，条件(2)充分.

2. (D)

【解析】如图所示，根据十字交叉法可得

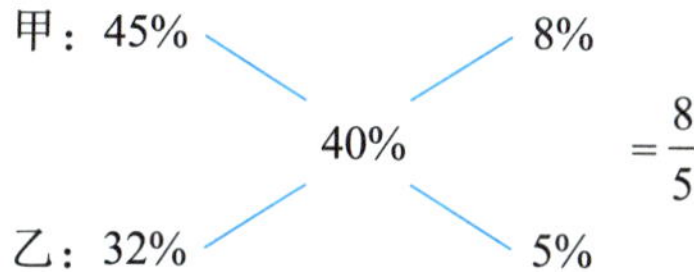

甲、乙两种药液质量比为 8∶5.

条件(1)：如图所示，根据条件可得

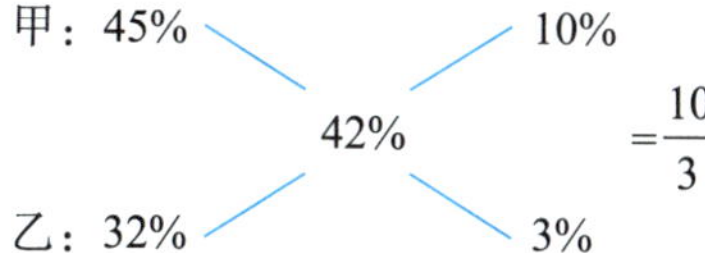

甲、乙两种药液质量比为 10∶3.

因为甲种药液质量不变，故统一甲种药液的份数，即原来甲∶乙$=40:25$，现在甲∶乙$=40:12$，故乙种药液少取了 $25-12=13$ 份，为 39 千克，则 1 份为 3 千克，故甲种药液取了 $40\times3=120$(千克)，条件(1)充分.

条件(2)：如图所示，根据条件可得

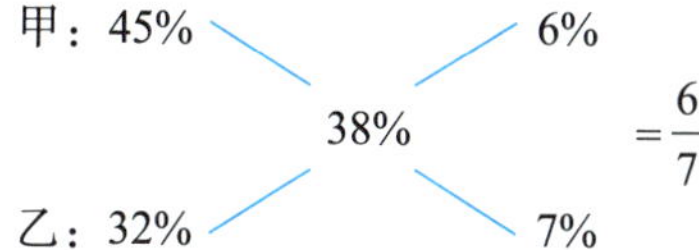

同理，统一甲种药液的份数，即原来甲∶乙$=24:15$，现在甲∶乙$=24:28$，故乙种药液多取了 $28-15=13$ 份，为 65 千克，则 1 份为 5 千克，故甲种药液取了 $24\times5=120$(千克)，条件(2)也充分.

3.(D)

【解析】由梯形蝴蝶模型，可得$\frac{S_{\triangle AEF}}{S_{\triangle BCF}}=\left(\frac{AE}{BC}\right)^2=\frac{1}{4}$；$\frac{S_{\triangle AEF}}{S_{\triangle ABF}}=\frac{EF}{BF}=\frac{AE}{BC}=\frac{1}{2}$；$S_{\triangle ECF}=S_{\triangle ABF}$. 由等面积模型，可得$S_{\triangle EDC}=S_{\triangle AEB}=S_{\triangle AEF}+S_{\triangle ABF}$.

综上所述，$S_{\triangle AEF}:S_{\triangle ABF}:S_{\triangle ECF}:S_{\triangle BCF}:S_{\triangle EDC}=1:2:2:4:3$，故已知这五个三角形中任意一个的面积，均能求出正方形$ABCD$的面积，因此两个条件单独均充分.

4.(B)

【解析】条件(1)：举反例，当$a=0$时，$f(x)=-x+1$，在$x\in[-1,1]$的值域为$[0,2]$，故条件(1)不充分.

条件(2)：当$a>1$时，函数$f(x)$为一元二次函数且图像开口向上，$\Delta=(2a-1)^2-4a^2=-4a+1$，必然小于0，所以$f(x)$恒大于0，故条件(2)充分.

5.(C)

【解析】由韦达定理可得$x_1+x_2=-\sqrt{p}$，$x_1x_2=q$.

条件(1)：$x_1^2+x_1x_2+x_2^2=(x_1+x_2)^2-x_1x_2=p-q=\frac{3}{2}$，求不出$p+q$的值，不充分.

条件(2)：$\frac{1}{x_1^2}+\frac{1}{x_2^2}=\frac{(x_1+x_2)^2-2x_1x_2}{(x_1x_2)^2}=\frac{p-2q}{q^2}=\frac{5}{2}$，求不出$p+q$的值，不充分.

联合两个条件，由条件(1)可得$p=q+\frac{3}{2}$，代入条件(2)的式子中，得$\frac{q+\frac{3}{2}-2q}{q^2}=\frac{5}{2}$，解得$q=\frac{3}{5}$或$q=-1$.

由于方程有实根，故$\Delta=p-4q\geqslant0$，即$q+\frac{3}{2}-4q\geqslant0$，解得$q\leqslant\frac{1}{2}$，因此$q=-1$.

故$p=q+\frac{3}{2}=\frac{1}{2}$，$p+q=\frac{1}{2}-1=-\frac{1}{2}$，两个条件联合充分.

【易错警示】本题在解出q的两个取值之后，容易忘记验证判别式，错选(E)项. 切记，使用韦达定理的前提为方程的判别式$\Delta\geqslant0$.

6.(B)

【解析】等差数列$\{a_n\}$的前n项和是类二次函数，又因为$d>0$，所以开口向上，距离对称轴越近，函数值越小.

条件(1)：$S_n\geqslant S_8$恒成立说明二次函数的对称轴在区间$[7.5,8.5]$上，不能确定S_{10}和S_6谁距离对称轴更近，故条件(1)不充分.

条件(2)：$S_n\geqslant S_9$恒成立说明二次函数的对称轴在区间$[8.5,9.5]$上，可以确定S_{10}距离对称轴更近，则$S_{10}<S_6$，故条件(2)充分.

7.(B)

【解析】设创新领袖奖x人，创新先锋奖y人，创新进步奖z人，若结论成立，则有

奖金：$0.75x+0.5y+0.25z=40$①，

人数：$x+y+z\geqslant80$②，

将式①代入式②，得 $x+y+z\geqslant 1.5x+y+0.5z$，化简得 $x\leqslant z$.

故只需证明创新领袖奖人数小于等于创新进步奖人数即可．

条件(1)：举反例，创新领袖奖 20 人，创新先锋奖 45 人，创新进步奖 10 人，共计 75 人，条件(1)不充分．

条件(2)：创新进步奖的人数最多，则创新领袖奖的人数小于创新进步奖的人数，条件(2)充分．

8.（A）

【解析】两个条件明显与圆的解析式有关，故可以运用数形结合思想．$\sqrt{(x+2)^2+(y-3)^2}$ 的最值可看作动点 $(x,\ y)$ 到点 $(-2,\ 3)$ 距离的最值．

条件(1)：$(x-1)^2+(y-1)^2\leqslant 1$ 表示圆 $(x-1)^2+(y-1)^2=1$ 上或圆内的点．易知点 $(-2,\ 3)$ 在圆外，圆心 $(1,\ 1)$ 到点 $(-2,\ 3)$ 的距离为 $\sqrt{(-2-1)^2+(3-1)^2}=\sqrt{13}$，则动点 $(x,\ y)$ 到点 $(-2,\ 3)$ 距离的最值分别为 $d_{\max}=\sqrt{13}+1$，$d_{\min}=\sqrt{13}-1$. 故条件(1)充分．

条件(2)：$x^2+y^2\geqslant 2$ 表示圆 $x^2+y^2=2$ 上或圆外的点，易知点 $(-2,\ 3)$ 在圆外，故动点 $(x,\ y)$ 到点 $(-2,\ 3)$ 距离的最小值为 0，没有最大值．故条件(2)不充分．

9.（C）

【解析】变量缺失型互补关系．条件(1)和条件(2)单独显然不充分，考虑联合．

$(a-b)(a+b)$ 的正负情况只有两种，即 $(a-b)(a+b)\geqslant 0$ 或 $(a-b)(a+b)<0$.

当 $(a-b)(a+b)\geqslant 0$ 时，由三角不等式取等条件可知，$|a-b|+|a+b|=|2a|$，此时由条件(1)可知 $|a-b|+|a+b|\leqslant 3$；当 $(a-b)(a+b)<0$ 时，同理得 $|a-b|+|a+b|=|2b|$，此时由条件(2)可知 $|a-b|+|a+b|\leqslant 3$. 故两个条件联合充分．

10.（A）

【解析】条件(1)：从纸箱中不放回地随机取 9 次，共有 A_9^9 种情况．

相邻用捆绑法．将 4 个偶数球捆绑在一起，和剩余 5 个球全排列，即 A_6^6；4 个偶数球再内部排列，即 A_4^4. 故所有偶数球被连续取出的概率为 $P=\frac{A_6^6A_4^4}{A_9^9}=\frac{1}{21}$. 条件(1)充分．

条件(2)：每次取出一个球为偶数球的概率为 $\frac{4}{9}$，为奇数球的概率为 $\frac{5}{9}$.

取出偶数球的次数大于奇数球，有两种情况：

①3 次都是偶数球，概率为 $\left(\frac{4}{9}\right)^3$；

②3 次中 2 次是偶数球，1 次是奇数球，概率为 $C_3^2\times\left(\frac{4}{9}\right)^2\times\frac{5}{9}$.

故所求概率为 $P=\left(\frac{4}{9}\right)^3+C_3^2\times\left(\frac{4}{9}\right)^2\times\frac{5}{9}=\frac{304}{729}$. 条件(2)不充分．

满分必刷卷 13

难度：★★★★　　　　得分：________

条件充分性判断：每小题 3 分，共 30 分。要求判断每题给出的条件(1)和条件(2)能否充分支持题干所陈述的结论。(A)、(B)、(C)、(D)、(E)五个选项为判断结果，请选择一项符合试题要求的判断。

(A)条件(1)充分，但条件(2)不充分．

(B)条件(2)充分，但条件(1)不充分．

(C)条件(1)和条件(2)单独都不充分，但条件(1)和条件(2)联合起来充分．

(D)条件(1)充分，条件(2)也充分．

(E)条件(1)和条件(2)单独都不充分，条件(1)和条件(2)联合起来也不充分．

1. 已知 $ab>0$. 则圆 $x^2+y^2=2y$ 与直线 $x-ay=b$ 没有交点．

(1) $|a-b|>\sqrt{1+a^2}$.

(2) $|a+b|>\sqrt{1+a^2}$.

2. 已知二次函数 $f(x)=ax^2+bx+c$. 则可以确定 $b+c$ 的最大值．

(1)已知 $f(x)$ 过点 $(-1,\ 4)$ 和点 $(2,\ 1)$.

(2) $f(x)$ 与 x 轴有两个交点且 a 为正整数．

3. 已知各项为正的等比数列 $\{a_n\}$. 则可确定 a_9+a_{12} 的最小值．

(1)已知 a_5 与 a_{16} 的等比中项．

(2)已知 a_7 与 a_{14} 的等比中项．

4. 已知狗跑 5 步的时间马跑 3 步，马跑 4 步的距离狗跑 7 步，狗先跑一段距离，马开始追狗．则可以确定当马追上狗时马跑的距离．

(1)狗先跑出 30 米．

(2)狗先跑出 30 步．

5. 已知 a，b，c 是长方体从一个顶点出发的三条棱的长度，且为整数．则可以确定长方体的体积．

(1) $a+b+c+ab+bc+ac+abc=29$.

(2) $a+b+c+ab+bc+ac+abc=59$.

6. 为确保马拉松赛事在某市顺利举行，组委会在沿途一共设置了 7 个饮水点，每两个饮水点中间再设置一个服务站，由含甲、乙两队在内的 13 支志愿者服务队负责这 13 个站点的服务工作，每一个站点有且仅有一支服务队负责服务．则 $p\geqslant\frac{5}{13}$.

(1) p 为甲队和乙队在不同类型且不相邻的站点服务的概率．

(2) p 为甲队和乙队在不同类型站点服务的概率．

7. 已知 a，b，c 是三角形的三边长．则能确定三角形面积的最大值．

(1)已知三角形的周长．

(2)三角形是直角三角形，已知斜边 c.

8. 学生会有纪检部、宣传部、文体部、组织部、生活部五个部门招新，每名同学最多可加入三个部门．则至少有 9 名同学加入的部门完全相同．

(1)全校共有 203 人参与学生会纳新．

(2)加入两个部门的同学有 82 名．

9. 已知正整数 a，b 都不是 3 的倍数．则 a^3+b^3 是 9 的倍数．

(1)$a+b$ 不是 3 的倍数．

(2)$a-b$ 不是 3 的倍数．

10. 设 a，b，c 为正实数．则 $a+2b+2c\leqslant 9$.

(1)$\frac{1}{a}+\frac{1}{2b}+\frac{1}{2c}=1$.

(2)$a^2+4b^2+4c^2=27$.

满分必刷卷13 答案详解

答案速查

1～5 (D)(C)(D)(A)(A)	6～10 (D)(D)(D)(B)(B)

1.(D)

【解析】圆与直线没有交点，即圆心到直线的距离大于半径．

将圆的方程化为标准式得 $x^2+(y-1)^2=1$，则圆心坐标为(0，1)，半径为1．将直线方程变形为一般式得 $x-ay-b=0$．由点到直线距离公式可得 $d=\frac{|-a-b|}{\sqrt{a^2+1}}$，则

$$d>r\Rightarrow\frac{|-a-b|}{\sqrt{a^2+1}}>1\Rightarrow|a+b|>\sqrt{a^2+1},$$

故条件(2)充分．又 $ab>0$，则 $|a+b|>|a-b|$，故 $|a-b|>\sqrt{1+a^2}\Rightarrow|a+b|>|a-b|>\sqrt{1+a^2}$，条件(1)也充分．

2.(C)

【解析】条件(1)：将两点坐标代入函数表达式可得

$$\begin{cases}a-b+c=4,\\4a+2b+c=1\end{cases}\Rightarrow\begin{cases}b=-a-1,\\c=3-2a,\end{cases}$$

因此 $b+c=2-3a$．不清楚 a 的范围，故无法确定 $b+c$ 的最大值，条件(1)不充分．

条件(2)：$\Delta=b^2-4ac>0$．显然 b 可以无限大，无法确定 $b+c$ 的最大值，条件(2)也不充分．

联合两个条件，将条件(1)所得式子代入条件(2)的不等式，可得 $(-a-1)^2-4a(3-2a)>0$，解得 $a<\frac{1}{9}$ 或 $a>1$．又 a 为正整数，故 a 的最小值为2，$b+c$ 的最大值为 $2-3\times2=-4$，两个条件联合充分．

3.(D)

【解析】因为数列各项均为正，则利用均值不等式可得 $a_9+a_{12}\geqslant2\sqrt{a_9a_{12}}$．

条件(1)：已知 a_5 与 a_{16} 的等比中项，则 a_5a_{16} 已知，利用等比数列下标和定理可知 $a_9a_{12}=a_5a_{16}$．由均值不等式可知 $a_9+a_{12}\geqslant2\sqrt{a_5a_{16}}$，即最小值为 $2\sqrt{a_5a_{16}}$，充分．

条件(2)：$a_9a_{12}=a_7a_{14}$，同理可得 a_9+a_{12} 的最小值为 $2\sqrt{a_7a_{14}}$，充分．

4.(A)

【解析】狗的步频∶马的步频＝5∶3，狗的步长∶马的步长＝4∶7，根据速度＝步长×步频，可知狗的速度∶马的速度＝20∶21.

条件(1)：设当马追上狗时，马跑出了 x 米，根据相同时间内，路程之比＝速度之比，可得

$\frac{\text{马的路程}}{\text{狗的路程}}=\frac{\text{马的速度}}{\text{狗的速度}}\Rightarrow\frac{x}{x-30}=\frac{21}{20}$，解得 $x=630$，充分．

条件(2)：不清楚狗的一步有多长，求不出任何距离，故不充分．

5. (A)

【解析】不妨设 $a\leqslant b\leqslant c$.

条件(1)：由公式 $1+a+b+c+ab+bc+ac+abc=(a+1)(b+1)(c+1)$，可得

$$(a+1)(b+1)(c+1)=30=2\times3\times5,$$

则 $a=1$，$b=2$，$c=4$，体积为 $abc=8$，条件(1)充分．

条件(2)：同理可得$(a+1)(b+1)(c+1)=60=3\times4\times5=2\times5\times6=2\times3\times10=2\times2\times15$，则 a，b，c 的值不能唯一确定，体积也不确定，条件(2)不充分．

6. (D)

【解析】包含关系．显然条件(1)的限制更多，因此条件(1)的概率更小，若条件(1)充分，则条件(2)也充分．

两个条件都是只和甲、乙两队有关，故可只考虑这两队的位置关系，可简化运算．

条件(1)：先从 6 个服务站中选 1 个，即 C_6^1；再从与其不相邻的 5 个饮水点中选 1 个，即 C_5^1；两队排序，即 A_2^2. 故 $p=\frac{C_6^1C_5^1A_2^2}{A_{13}^2}=\frac{5}{13}$，条件(1)充分．故条件(2)也充分．

7. (D)

【解析】条件(1)：海伦公式：$S=\sqrt{p(p-a)(p-b)(p-c)}$，$p=\frac{a+b+c}{2}$，结合均值不等式，可得

$$(p-a)+(p-b)+(p-c)=p\geqslant3\sqrt[3]{(p-a)(p-b)(p-c)},$$

$$p(p-a)(p-a)(p-c)\leqslant\frac{p^4}{27},$$

$$S=\sqrt{p(p-a)(p-b)(p-c)}\leqslant\frac{\sqrt{3}}{9}p^2,$$

当且仅当 $a=b=c$ 时等号成立．则能确定三角形面积的最大值，条件(1)充分．

条件(2)：由勾股定理得 $a^2+b^2=c^2$，则 $S=\frac{1}{2}ab\leqslant\frac{1}{2}\cdot\frac{a^2+b^2}{2}=\frac{c^2}{4}$，当且仅当 $a=b$ 时等号成立．则能确定三角形面积的最大值，条件(2)充分．

8. (D)

【解析】每名同学可以加入一个、两个或三个部门，加入一个部门有 $C_5^1=5$(种)选择方案，加入两个部门有 $C_5^2=10$(种)选择方案，加入三个部门有 $C_5^3=10$(种)选择方案，一共 25 种方案．若要使每种方案的人数尽量少，则应该将学生均分给每种方案．

条件(1)：$203\div25=8\cdots\cdots3$，每个方案 8 名学生还余 3 人，说明至少有 9 名同学加入的部门完全相同，条件(1)充分．

条件(2)：$82\div10=8\cdots\cdots2$，每个方案 8 名学生还余 2 人，说明至少有 9 名同学加入的部门完全相同，条件(2)充分．

9.（B）

【解析】条件(1)：举反例，令 $a=b=1$，则 $a^3+b^3=2$ 不是 9 的倍数，不充分．

条件(2)：$a-b$ 不是 3 的倍数，则 a，b 两个数除以 3 分别余 1 和 2.

不妨设 $a=3m+1$，$b=3n+2(m，n\in\mathbf{N})$，则

$$a^3+b^3=(a+b)(a^2-ab+b^2)=(a+b)[(a+b)^2-3ab],$$

其中 $a+b=3m+1+3n+2=3(m+n+1)$是 3 的倍数，则$(a+b)^2-3ab$ 也是 3 的倍数，故$(a+b)[(a+b)^2-3ab]$是 9 的倍数，充分．

10.（B）

【解析】条件(1)：举反例，当 $a=b=c=2$ 时，满足$\frac{1}{a}+\frac{1}{2b}+\frac{1}{2c}=1$，但 $a+2b+2c=10>9$，故条件(1)不充分．

条件(2)：根据三项完全平方式得$(a+2b+2c)^2=a^2+4b^2+4c^2+4ab+4ac+8bc$①，利用均值不等式可得 $a^2+4b^2\geqslant 4ab$，$a^2+4c^2\geqslant 4ac$，$4b^2+4c^2\geqslant 8bc$，所以 $2(a^2+4b^2+4c^2)\geqslant 4ab+4ac+8bc$②，结合式①和式②得$(a+2b+2c)^2\leqslant 3(a^2+4b^2+4c^2)=3\times 27=81$，所以 $a+2b+2c\leqslant 9$，故条件(2)充分．

满分必刷卷 14

难度：★★★★★　　　　得分：________

条件充分性判断：每小题 3 分，共 30 分。要求判断每题给出的条件（1）和条件（2）能否充分支持题干所陈述的结论。（A）、（B）、（C）、（D）、（E）五个选项为判断结果，请选择一项符合试题要求的判断。

(A)条件(1)充分，但条件(2)不充分．

(B)条件(2)充分，但条件(1)不充分．

(C)条件(1)和条件(2)单独都不充分，但条件(1)和条件(2)联合起来充分．

(D)条件(1)充分，条件(2)也充分．

(E)条件(1)和条件(2)单独都不充分，条件(1)和条件(2)联合起来也不充分．

1. 关于 x 的方程 $2x^2-3x-2k=0$ 有两个实根．则有且只有一个根在区间 $(-1, 1)$ 内．

(1) $-\frac{1}{2}\leqslant k<2$.

(2) $-1<k<\frac{5}{2}$.

2. 电影院有 1 000 个座位．则可以确定总排数．

(1)总排数是奇数且大于 16.

(2)从第二排起，每排比前一排多一个座位．

3. 已知 $\{a_n\}$ 是等比数列，S_n 是 $\{a_n\}$ 的前 n 项和．则能确定 $\{a_n\}$ 的公比．

(1) $a_n>0$.

(2) $S_9=13S_3$.

4. 已知圆 C：$(x-2)^2+(y-1)^2=16$ 与直线 l 相交．则直线 l 被圆 C 截得的最短弦长大于 6.

(1) $y=k(x-4)+2$.

(2) $y=k(x-2)+4$.

5. 设 a，b 为正整数．则 $20(a+b)+5$ 的最小值是 2 105.

(1) $2\ 014a=1\ 976b$.

(2) $1\ 976a=2\ 014b$.

6. 袋中有红、黄、蓝三种颜色的小球各一个，每次从中抽取一个，记下颜色后再放回袋中，当三种颜色的小球全部取出时停止取球．则停止取球的概率为 $\frac{14}{81}$.

(1)恰好取 4 次时停止取球．

(2)恰好取 5 次时停止取球．

7. 某学校和工厂之间有一条公路，工程师在下午1点离厂步行向学校走去，校车下午2点从学校出发接工程师，途中相遇，工程师便立刻上车赶往学校．则可以确定校车速度与工程师步行速度之比．

(1)若途中未遇到工程师，则校车往返共需1小时．

(2)校车下午2点40分到达学校．

8. 已知 a，b，c 为实数．则 $|a|<|b|+|c|$．

(1) $|a+c|<b$.

(2) $|a|+|c|<|b|$.

9. 某赛车俱乐部举办拉力赛，用一列上下排列的六面旗帜表示一个参赛号，其中黑旗 x 面，红旗 y 面，白旗 z 面(x，y，$z\in\mathbf{N}_+$)．则至少有200个不同的参赛号．

(1) $x<y$.

(2) $z>2$.

10. 已知 a，b 为正实数．则 $a+b$ 的最大值为2.

(1) $a^2+b^2-(a+b)+ab=1$.

(2) a^2+b^2 的最大值为2.

满分必刷卷 14　答案详解

答案速查

1～5　(A)(C)(C)(A)(D)	6～10　(B)(C)(D)(A)(D)

1. (A)

【解析】令 $f(x)=2x^2-3x-2k$，对称轴为 $x=\frac{3}{4}$，若结论成立，只能是较小的根在区间$(-1,1)$内，画图易知$\begin{cases}f(-1)>0,\\ f(1)\leqslant 0,\end{cases}$解得$-\frac{1}{2}\leqslant k<\frac{5}{2}$.

条件(1)充分，条件(2)不充分.

【易错警示】有同学直接用 $f(1)f(-1)<0$ 求解 k 的取值范围，误选(E)项. 须注意区间$(-1,1)$是开区间，$f(1)f(-1)<0$ 忽略了一根在$(-1,1)$内，另一根在区间端点的情况.

2. (C)

【解析】条件(1)：显然不充分.

条件(2)：设共有 x 排座位，第一排有 m 个座位，则每排座位数构成了以 m 为首项、1 为公差的等差数列，由等差数列求和公式可得 $xm+\frac{x(x-1)}{2}=1\ 000$，求不出 x，不充分.

联合两个条件，将上述方程变形为 $m=\frac{1\ 000}{x}-\frac{x-1}{2}$，因为 m 是整数，故$\frac{1\ 000}{x}$是整数，即 x 为 1 000 的奇因数，$1\ 000=2^3\times 5^3$，1 000 的奇因数有 5，25，125. 由于 $x>16$，故 $x=5$ 舍掉；当 $x=125$ 时，$m=8-62<0$，舍掉；当 $x=25$ 时，$m=28$ 符合题意，故总排数为 25. 两个条件联合充分.

3. (C)

【解析】条件(1)：显然不充分.

条件(2)：显然 $q\neq 1$. $S_9=13S_3\Rightarrow\frac{S_9}{S_3}=13\Rightarrow\frac{1-q^9}{1-q^3}=\frac{(1-q^3)(1+q^3+q^6)}{1-q^3}=1+q^3+q^6=13$，采取换元法，令 $q^3=t$，则 $t^2+t-12=0$，解得 $t=3$ 或-4，即 $q=\sqrt[3]{3}$ 或 $\sqrt[3]{-4}$，故条件(2)不充分.

联合两个条件，因为 $a_n>0$，则 $q>0$，故 $q=\sqrt[3]{3}$，联合充分.

4. (A)

【解析】圆心为 $C(2,1)$，半径为 $r=4$.

条件(1)：如图所示，直线过定点 $A(4,2)$，$AC^2=(4-2)^2+(2-1)^2=5$. 当 $l\perp AC$ 时，直线被圆截得的弦长最短. 此时最短弦长为 $2\sqrt{r^2-AC^2}=2\sqrt{16-5}=2\sqrt{11}>6$，故条件(1)充分.

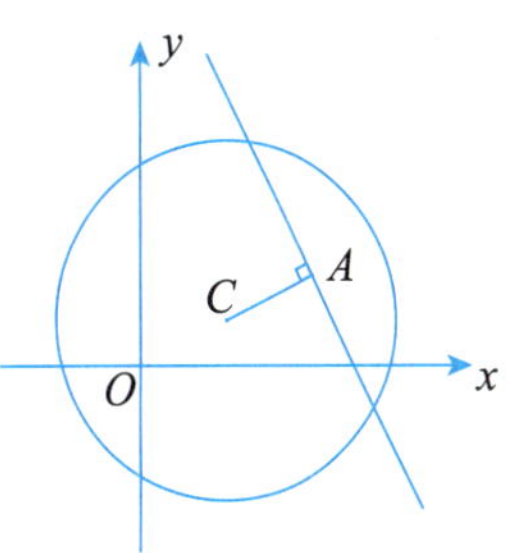

条件(2)：如图所示，直线过定点 $B(2,4)$，$BC^2=(2-2)^2+(4-1)^2=9$. 最短弦长为 $2\sqrt{r^2-BC^2}=2\sqrt{16-9}=2\sqrt{7}<6$，故条件(2)不充分.

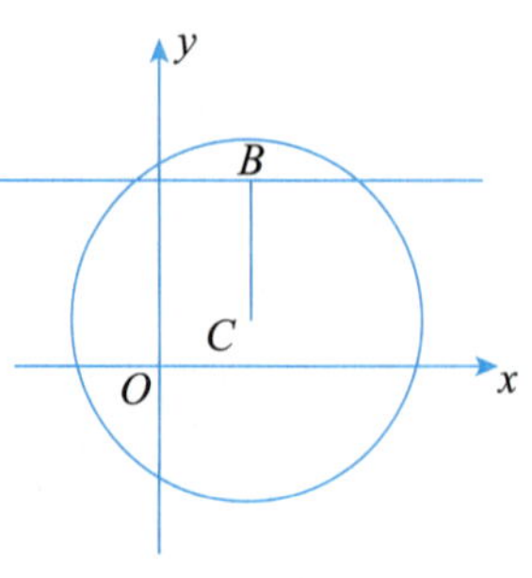

5.(D)

【解析】等价关系. 因为 a，b 互换对结果无影响，故两个条件等价.

条件(1)：$2\ 014a=1\ 976b$，即 $2\times19\times53a=2^3\times13\times19b$，化简可得 $53a=2^2\times13b=52b$，两边均为正整数，且 53 和 52 互质，故 $a_{\min}=2^2\times13=52$，$b_{\min}=53$，$[20(a+b)+5]_{\min}=2\ 105$，条件(1)充分. 故条件(2)也充分.

6.(B)

【解析】条件(1)：第 4 次取出第 3 种球，即 C_3^1；前 3 次取出 2 种颜色的球即可，每次取球有两种情况，减去全是同一种颜色的球的情况，即 2^3-2. 故所求概率为 $\frac{C_3^1\times(2^3-2)}{3^4}=\frac{2}{9}$，不充分.

条件(2)：第 5 次取出第 3 种球，即 C_3^1；前 4 次取出 2 种颜色的球即可，每次取球有两种情况，减去全是同一种颜色的球的情况，即 2^4-2. 故所求概率为 $\frac{C_3^1\times(2^4-2)}{3^5}=\frac{14}{81}$，充分.

7.(C)

【解析】条件(1)：易知校车从学校到工厂需要走 30 分钟，没有其他已知条件，显然不充分.

条件(2)：易知校车 2 点 20 分接到工程师，从学校到接到工程师需要开车 20 分钟，没有其他已知条件，显然不充分.

联合两个条件，可知校车接到工程师比到工厂少开车 10 分钟，而这段少走的路程工程师从1点走到 2 点 20 分，共 80 分钟. 路程相等时，速度和时间成反比，故校车速度与工程师步行速度之比为 $80:10=8:1$，两个条件联合充分.

8.(D)

【解析】条件(1)：由三角不等式得 $|a|-|c|\leqslant|a+c|<b$，即 $|a|-|c|<b$，故 $|a|<b+|c|$，即 $|a|<|b|+|c|$，条件(1)充分.

条件(2)：因为 $|a|+|c|<|b|$，故必有 $|a|<|b|$，则 $|a|<|b|+|c|$，条件(2)充分.

9.(A)

【解析】条件(1)：当 $x<y$ 时，(x,y,z)的值分为四类：

①(1，2，3)；②(1，3，2)；③(1，4，1)；④(2，3，1).

其中，第①②④类，每类都可以表示 $\frac{A_6^6}{A_2^2A_3^3}=60$(个)参赛号；第③类可以表示 $\frac{A_6^6}{A_4^4}=30$(个)参赛号. 故一共可以表示 $60\times3+30=210$(个)参赛号，条件(1)充分.

条件(2)：当 $z>2$ 时，(x,y,z)的值分为三类：

①(1，2，3)；②(2，1，3)；③(1，1，4).

其中，第①②类，每类都可以表示 60 个参赛号；第③类可以表示 30 个参赛号；故一共可以表示 $60\times2+30=150$(个)参赛号．条件(2)不充分．

10.（D）

【解析】条件(1)：$a^2+b^2-(a+b)+ab=(a+b)^2-(a+b)-ab=1$，故

$$(a+b)^2-(a+b)=1+ab\leqslant1+\left(\frac{a+b}{2}\right)^2.$$

令 $a+b=t(t>0)$，则 $t^2-t\leqslant1+\frac{1}{4}t^2$，解得 $t\leqslant2$，故 $a+b$ 的最大值为 2，条件(1)充分．

条件(2)：已知 $a^2+b^2\leqslant2$，由柯西不等式可得，$(a+b)^2\leqslant2(a^2+b^2)\leqslant4$，故 $a+b\leqslant2$，条件(2)充分．

满分必刷卷 15

难度：★★★★★　　　得分：________

条件充分性判断：每小题 3 分，共 30 分。要求判断每题给出的条件(1)和条件(2)能否充分支持题干所陈述的结论。(A)、(B)、(C)、(D)、(E)五个选项为判断结果，请选择一项符合试题要求的判断。

(A)条件(1)充分，但条件(2)不充分．

(B)条件(2)充分，但条件(1)不充分．

(C)条件(1)和条件(2)单独都不充分，但条件(1)和条件(2)联合起来充分．

(D)条件(1)充分，条件(2)也充分．

(E)条件(1)和条件(2)单独都不充分，条件(1)和条件(2)联合起来也不充分．

1. 利用长度为 a 厘米和 b 厘米的两种小钢管焊接成一根长钢管，每个焊接节点处需要损耗 1 厘米的钢管．则能够连接成一根 1 米的长钢管．

(1)$a=15$，$b=8$.

(2)$a=4$，$b=12$.

2. $x^2+y^2+z^2-xy-xz-yz$ 的最小值为$\frac{27}{4}$.

(1)$x-y=3$.

(2)$z-y=3$.

3. 已知一个正项等差数列的前 100 项和 S_{100}的值．则能确定公差 d 的值．

(1)已知 $a_2+a_4+a_6+\cdots+a_{100}$的值．

(2)已知 a_{100}的值．

4. 如图所示，把矩形纸片 $ABCD$ 沿 EF 折叠，使点 B 落在 AD 边上的点 B'处，点 A 落在点 A'处．则 $AE^2+AB^2=BF^2$.

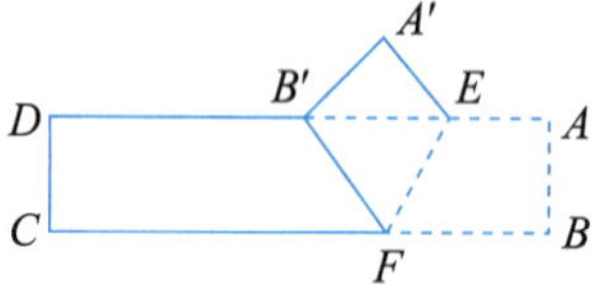

(1)已知 AB 的值．

(2)已知 AE 的值．

5. 已知数列$\{a_n\}$的各项均不为 0. 则数列$\left\{\dfrac{1}{a_n}-1\right\}$为等比数列．

(1)$a_{n+1}a_n=2a_n-a_{n+1}(n\in\mathbf{N}_+)$.

(2)$a_1=2$.

6. 一项工程交由甲、乙、丙三个工程队合作完成，工期为 10 天，已知甲单独完成需要 20 天，乙单独完成需要 12 天，甲、乙两工程队不能合作且乙最多只有 4 天可参与该工程．则该工程可以在工期内完成．

(1)丙单独完成需要 24 天．

(2)丙单独完成需要 30 天．

7. 已知直线方程$4x-3y=0$和$kx-y-3k+4=0(k<0)$与x轴围成的区域为D. 则区域内的任意点(x, y)均满足$x^2+y^2\leqslant25$.

(1)$k\in(-\infty, -2]$.

(2)$k\in\left[-2, -\dfrac{1}{4}\right]$.

8. 某村有 12 位老人，他们的年龄和是 1 164 岁(年龄均为整数). 则能确定最年长老人的年龄．

(1)老人的年龄互不相同．

(2)最年轻的老人的年龄是 91 岁．

9. 已知函数$f(x)=|x+a^2-a|+|x+2|$. 则$f(x)>4$恒成立．

(1)$a<-2$.

(2)$a>3$.

10. 有编号分别为 1，2，3，…，34 共 34 张卡牌，先从中随机抽取一张a，再从中随机抽取一张b. 则$\dfrac{a}{b}>\dfrac{1}{3}$的概率大于$\dfrac{4}{5}$.

(1)a取出后放回．

(2)a取出后不放回．

满分必刷卷15 答案详解

答案速查

1～5　(B)(D)(D)(D)(C)	6～10　(A)(A)(E)(D)(D)

1. (B)

【解析】设长度为 a 厘米和 b 厘米的小钢管分别需要 x 根和 y 根.

条件(1)：$15x+8y-(x+y-1)=100$，整理得 $7(2x+y)=99$，由于 99 不是 7 的倍数，故方程无整数解，条件(1)不充分.

条件(2)：$4x+12y-(x+y-1)=100$，整理得 $3x+11y=99$，解得 $\begin{cases}x=33,\\y=0\end{cases}$ 或 $\begin{cases}x=22,\\y=3\end{cases}$ 或 $\begin{cases}x=11,\\y=6\end{cases}$ 或 $\begin{cases}x=0,\\y=9,\end{cases}$ 有解即充分，故条件(2)充分.

2. (D)

【解析】$x^2+y^2+z^2-xy-xz-yz=\frac{1}{2}[(x-y)^2+(y-z)^2+(z-x)^2]$.

条件(1)：令 $y-z=t$，由 $x-y=3$ 可得 $x-z=3+t$. 故

$$原式=\frac{1}{2}[3^2+t^2+(3+t)^2]=\frac{1}{2}(18+2t^2+6t)=t^2+3t+9,$$

最小值为 $\frac{36-9}{4}=\frac{27}{4}$，充分.

条件(2)：令 $x-y=t$，由 $z-y=3$ 可得 $x-z=t-3$. 故

$$原式=\frac{1}{2}[t^2+3^2+(t-3)^2]=\frac{1}{2}(2t^2-6t+18)=t^2-3t+9,$$

最小值为 $\frac{36-9}{4}=\frac{27}{4}$，充分.

3. (D)

【解析】条件(1)：$a_2+a_4+a_6+\cdots+a_{100}=S_{偶}$，$S_{100}=S_{偶}+S_{奇}$，已知 S_{100} 和 $S_{偶}$，则 $S_{奇}$ 可求，由 $S_{偶}-S_{奇}=50d$ 能求出公差 d 的值，故条件(1)充分.

条件(2)：$S_{100}=(a_1+a_{100})\times 50$，等式中 S_{100} 和 a_{100} 均已知，故可确定 a_1，公差 $d=\frac{a_{100}-a_1}{99}$，故条件(2)充分.

4. (D)

【解析】由题意得 $B'F=BF$，$A'B'=AB$，$A'E=AE$，$\angle B'FE=\angle BFE$. 因为 $AD\parallel BC$，故 $\angle B'EF=\angle BFE$，于是 $\angle B'FE=\angle B'EF$，即 $B'F=B'E$，则 $B'E=BF$.

在 Rt$\triangle A'B'E$ 中，有 $A'E^2+A'B'^2=B'E^2$，则 $AE^2+AB^2=BF^2$，结论自然成立，无需其他条件的补充，故两个条件单独皆充分．

5.（C）

【解析】条件(1)：若 $a_{n+1}=a_n=1$，此时 $\frac{1}{a_n}-1=0$，不是等比数列，不充分．

条件(2)：显然不充分．

联合两个条件，条件(1)所给式子左、右两边同时除以 $a_{n+1}a_n$，可得 $\frac{2}{a_{n+1}}-\frac{1}{a_n}=1$，凑配可得 $\frac{2}{a_{n+1}}-2=\frac{1}{a_n}-1$，即 $\frac{1}{a_{n+1}}-1=\frac{1}{2}\left(\frac{1}{a_n}-1\right)$，又 $\frac{1}{a_1}-1=-\frac{1}{2}\neq0$，故数列 $\left\{\frac{1}{a_n}-1\right\}$ 是首项为 $-\frac{1}{2}$、公比为 $\frac{1}{2}$ 的等比数列，联合充分．

6.（A）

【解析】判断工程是否能在工期内完成，应算最高效率．因为乙的效率最高，所以应该让乙尽可能多参与，即参与 4 天，则甲工作 6 天．丙没有限制，故丙做 10 天．

设丙单独完成需要 x 天．若结论成立，则 $\frac{1}{20}\times6+\frac{1}{12}\times4+\frac{10}{x}\geqslant1$，解得 $x\leqslant\frac{300}{11}\approx27.3$. 故条件(1)充分，条件(2)不充分．

7.（A）

【解析】直线 $kx-y-3k+4=0(k<0)$，可整理为 $k(x-3)-(y-4)=0$，是恒过点 $A(3,4)$ 的直线系，且直线 $4x-3y=0$ 也过点 $A(3,4)$.

$x^2+y^2\leqslant25$，表示以原点为圆心、5 为半径的圆及其内部区域，易知圆也过点 $A(3,4)$.

画图像如图所示，阴影部分即为区域 D. 因为 $k<0$，故直线 $kx-y-3k+4=0(k<0)$ 的临界位置为过点(5，0)和垂直于 x 轴(取不到). 当直线过点(5，0)时，斜率为 $k=\frac{0-4}{5-3}=-2$；当直线垂直于 x 轴时，斜率为负无穷．故 $k\in(-\infty,-2]$. 条件(1)充分，条件(2)不充分．

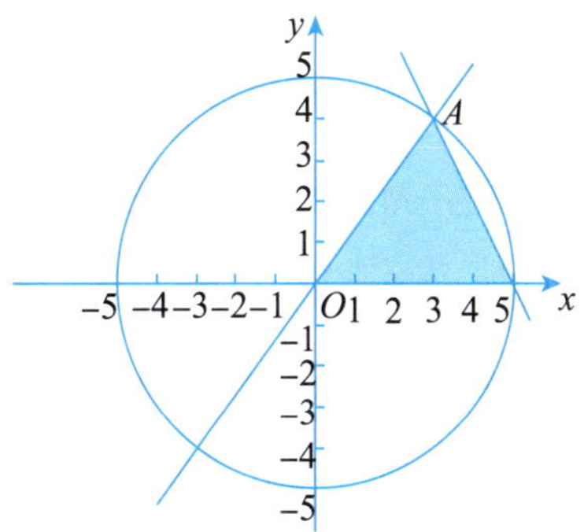

8.（E）

【解析】设 12 位老人的年龄分别为 a_1，a_2，…，a_{12}，由题可得 $a_1+a_2+\cdots+a_{12}=1\ 164$.

条件(1)：1 个方程有 12 个未知数，显然有许多组解，不能确定最年长老人的年龄，不充分．

条件(2)：假设最年轻的老人年龄为 a_1，则 $a_1=91$，故 $91+a_2+\cdots+a_{12}=1\ 164$，此时方程仍

有多组解，如 91+95+…+95+123=1 164，91+96+…+96+113=1 164 等，不能确定最年长老人的年龄，不充分．

联合两个条件，不妨令 $a_1<a_2<\cdots<a_{12}$，已知 $a_1=91$，此时方程仍有多组解，如 91+92+…+100+101+108=1 164，91+92+…+100+102+107=1 164 等，不能确定最年长老人的年龄，不充分．

9.（D）

【解析】由两个绝对值线性和的结论可知 $f(x)$的最小值为$|-2-(a-a^2)|=|a^2-a-2|$．若结论成立，则$|a^2-a-2|>4$．因为 $g(a)=a^2-a-2$ 开口向上，显然$|a^2-a-2|>4$ 等价于 $a^2-a-2>4$，解得 $a>3$ 或 $a<-2$，故两个条件单独均充分．

10.（D）

【解析】$\frac{a}{b}>\frac{1}{3}$，即 $b<3a$．

条件(1)：当 $a=1$ 时，$b=1$，2 共 2 种；当 $a=2$ 时，$b=1\sim5$ 共 5 种；当 $a=3$ 时，$b=1\sim8$ 共 8 种；……；当 $a=11$ 时，$b=1\sim32$ 共 32 种；当 $a=12\sim34$ 时，$b=1\sim34$ 共 34 种．

则符合题意的共有$\frac{(2+32)\times11}{2}+23\times34=969$(种)情况．

故$\frac{a}{b}>\frac{1}{3}$的概率为$\frac{969}{34\times34}=\frac{57}{68}>\frac{4}{5}$，条件(1)充分．

条件(2)：a 取出后不放回，那么每种情况下 b 的取值均比条件(1)中的情况数少 1(去掉 $a=b$ 的情况)，则符合题意的共有 969−34=935(种)情况．

故$\frac{a}{b}>\frac{1}{3}$的概率为$\frac{935}{34\times33}=\frac{5}{6}>\frac{4}{5}$，条件(2)充分．